AF568878
Großer Katzenkopf
Seite 154
Gelbe Mostbirne
Seite 156
Die St. Germain
Seite 158
Guntershauser Birne
Seite 160
Hardenpont's Winterbutterbirne
Seite 162
Herbstgütler
Seite 164
Die Langstielerin
Seite 178
Grüne Magdalene
Seite 180
Trockner Martin
Seite 182
Marxen-Birne
Seite 184
Mockenholzbirne
Seite 186
Napoleons Butterbirne
Seite 188
Schwärzibirne
Seite 202
Schweizer Bratbirne
Seite 204
Schweizerhose
Seite 166
Sommer-Apothekerbirne
Seite 206
Sommer-Eierbirne
Seite 208
Sparbirne
Seite 210
Spitzbirne
Seite 212
Williams Christbirne
Seite 226
Wildling von Motte
Seite 228
Wildling von Sargans
Seite 230
Winter-Dechantsbirne
Seite 232
Zuger Röthler Birne
Seite 234
Zuckerbirne
Seite 236
Zweiäuglerbirne
Seite 238

Gustav Pfau-Schellenberg

100 alte Apfel- und Birnensorten

Haupt
NATUR

Gustav Pfau-Schellenberg

100 alte Apfel- und Birnensorten

Das Meisterwerk «Schweizerische Obstsorten»

Mit einer Einleitung von Luc Lienhard

Haupt Verlag

Gustav Pfau-Schellenberg, 1815–1881, gründete 1864 den Schweizerischen Obst- und Weinbauverein und war Leiter der Pomologischen Kommission des Schweizerischen Landwirtschaftlichen Vereins. Sein umfassendes Wissen zur Obstbaukunde brachte er in verschiedenen pomologischen Werken und Verzeichnissen ein.

Luc Lienhard, Biel, arbeitet als selbstständiger Biologe im Naturschutzbereich. Seit über 20 Jahren beschäftigt er sich auch historisch mit Florenwerken, Herbarien, Pomologien und naturwissenschaftlichen Archiven.

Gertrud Burger, dipl. Biologin, lic. phil. nat., ist Mitglied der Geschäftsleitung und Bereichsleiterin Pflanzen bei ProSpecieRara, Schweizerische Stiftung für die kulturhistorische und genetische Vielfalt von Pflanzen und Tieren.

Die Realisierung dieses Buches wurde ermöglicht durch den Verband Thurgauer Landwirtschaft und das Kulturamt des Kantons Thurgau.

Der Haupt Verlag wird vom Bundesamt für Kultur mit einem Strukturbeitrag für die Jahre 2016–2020 unterstützt.
1. Auflage 2017

Diese Publikation ist in der Deutschen Nationalbibliografie verzeichnet. Mehr Informationen dazu finden Sie unter http://dnb.dnb.de

ISBN: 978-3-258-08013-0

Umschlag, Gestaltung und Satz: Doris Wiese, D-Hausen a. d. Möhlin
Umschlagsbild: Collage aus Tafeln von «Schweizerische Obstsorten»
Korrektorat: Manuela Kupfer, D-Marburg

Printed in Germany

www.haupt.ch

Inhalt

Geleitwort

Die vorliegende neue Ausgabe des Werkes *Schweizerische Obstsorten* von Gustav Pfau-Schellenberg trifft einen Nerv der Zeit. Das Buch spricht ein breites Publikum an. Nicht bloß den Obstliebhaber oder die Sortenkennerin, sondern auch den Genussmenschen, die Historikerin oder den Ästhet. Das Werk lässt Unrast und Beliebigkeit außen vor. Wir finden Sorgfalt, Vertiefung und Verbindlichkeit. Schmökere ich in der etwa zwei Zoll dicken Originalausgabe aus der zweiten Hälfte des 19. Jahrhunderts, ergreift mich Ehrfurcht und Freude. Die Präsentation der Sortenbilder ist detailliert, der Informationsgehalt dicht. Pfau-Schellenbergs tiefgründiges Wissen zu unseren Obstsorten, gepaart mit den künstlerisch präzisen Illustrationen des Malers Salomon Bühlmeier, findet hier die gestalterisch perfekte Form. Ein Abbild seiner innigen Beziehung zu unseren Obstsorten und deren wertvollen Eigenschaften.

Blättere ich im Buch, fällt mir die Apfelsorte «Rümlicher Chrüslicher» auf. Wer so heißt, muss ein Berühmter sein, der im Mund kräuselt! Und in der Tat: Dieser eher kleine, rotorange Apfel überrascht durch seine Spritzigkeit. Heute nennen wir ihn «Edelchrüsler». So heißt auch eine Obstsortenerhaltungsorganisation der Nordwestschweiz, die das pomologische Werk von Pfau-Schellenberg bereits mehrfach ehrte. Jede traditionelle Obstsorte verkörpert Kulturgeschichte. So wurde die «Ettlins Reinette» in der Gemeinde Sarnen beim kleinen Bauernhof namens «Zum Vogelsang» von Landammann Dr. Ettlin in den 1860er-Jahren entdeckt. Sie ist ein Zufallssämling, höchstwahrscheinlich entstanden aus dem weggeworfenen «Bütschgi» (Apfelrest) der Apfelsorte Breitacher. Ettlins Reinette war hoch geschätzt, da über den Winter bis in den Juni haltbar. Sie ist heute sehr selten, denn bloß sechs Baumstandorte sind unserer Stiftung bekannt. Um die Birnensorten hat sich Herr Rath Hardenpont zu Mons aus Belgien sehr verdient gemacht. Unzählige Kerne hat er ausgesät und die daraus entstandenen Sorten kritisch ausgelesen. Darunter auch «Beurré Hardenpont», eine stark wachsende, sehr gute Tafelbirne, feinschmelzend und saftig. Zu Weihnachten ist es eine der wohlschmeckendsten Tafelbirnen – fast ein Muss für jeden Obstgarten. Heute fehlt sie in der Regel und verdient es, wieder mehr angepflanzt zu werden. Das kleine, grüngelbe, mit blauroten Bäckchen versehene «Stuttgarter Gaishirtle» wurde tatsächlich in der zweiten Hälfte des 19. Jahrhunderts von einem Ziegenhirten in der Gegend um Stuttgart als Wildling entdeckt. Eine Allzweckbirne. Und lädt ein zum Frischverzehr in den heißen Spätsommertagen.

Diese vier und noch weitere 1901 Obstsorten gedeihen zum Zeitpunkt des Erscheinens dieses Buches in 155 ProSpecieRara-Obstgärten der Schweiz. In fast jedem dieser Obstgärten dürften Sorten aus dem Werk von Pfau-Schellenberg vorhanden sein. Wir gehen davon aus, dass es heute in der Schweiz noch etwa 2000 Obstsorten gibt. Die meisten aber nur auf ganz wenigen Bäumen. Zu Zeiten Pfau-Schellenbergs gab es schätzungsweise 3000 Sorten, und diese zumeist in größeren Beständen. Die Sorge um den drohenden Verlust unserer Obstsorten ließ ab den 1980er-Jahren europaweit Obstsortenerhaltungsorganisationen entstehen. Absicherung von Obstsorten, Sortenwissen, Bestimmungsarbeit und der Wissensaustausch sind ihr anspruchsvolles Ziel. Ab der Jahrtausendwende werden auch im Rahmen des Nationalen Aktionsplans zur Erhaltung und nachhaltigen Nutzung der pflanzengenetischen Ressourcen für Ernährung und Landwirtschaft (NAP-PGREL) des Bundesamts für Landwirtschaft in der Schweiz Sammlungen mit seltenen Sorten angelegt, Sorten beschrieben und zeitgemäße Nutzungsmöglichkeiten ausgelotet.

Das Buch schlägt eine Brücke zwischen dem Zeitgeist des ausgehenden 19. Jahrhunderts und heute. Denn die historischen Illustrationen werden im Anhang dieser Ausgabe ergänzt mit modernen fotografischen Abbildungen. Das Buch lädt ein zum Verweilen und zum Sortenstudium. Und es huldigt auch der unverzichtbaren ehrenamtlichen Arbeit unserer Obstsortenorganisationen, dank derer es Pfau-Schellenbergs Sorten heute noch gibt.

Gertrud Burger, ProSpecieRara

Das Werk «Schweizerische Obstsorten» und Gustav Pfau-Schellenberg

Eine Einleitung von Luc Lienhard

Pomologie – Begriff und Geschichte

Der Begriff *Pomologie* wurde durch das erstmals 1758 erschienene Werk *Pomologia* des aus Kassel stammenden, in den Niederlanden tätigen Gärtners und Fachbuchautors Johann Hermann Knoop (1706–1769) geprägt. Namensgebend für diesen Begriff war die Römische Göttin *Pomona*, deren Name vom lateinischen *pomum* «Baumfrucht» oder «Obstfrucht» stammt. Pomologie ist die Lehre der Arten und Sorten von Obst sowie deren Bestimmung und systematische Einteilung. Obwohl der Begriff «Obst» alle für den Menschen roh genießbaren Früchte oder Teile davon wie Samen umfasst, liegt der Schwerpunkt der Pomologie bei Kern- und Steinobst, wobei Äpfel und Birnen den Hauptteil der beschriebenen Früchte ausmachen. Der Übergang von «Obst» zu «Gemüse» ist nicht klar definiert, Obst stammt in der Regel von Bäumen, Sträuchern und Stauden und weist einen höheren Zuckergehalt auf, während Gemüse meist von einjährigen Arten geerntet wird.

Obst war seit jeher eines der Grundnahrungsmittel des Menschen, aber erst mit der Sesshaftigkeit begann mit dem Ackerbau langsam auch der eigentliche Obstbau und löste das einfache Sammeln von Wildfrüchten ab.

Die in den Schweizerischen Pfahlbauer-Siedlungen (5. bis 1. Jahrtausend v. Chr.) hauptsächlich gefundenen Überreste von Obst waren Wildäpfel, Kirschen, Haselnüsse und kleineres Beerenobst, es lässt sich also noch eine ausschließliche Nutzung wildwachsender Arten vermuten. Olive, Traube, Birne, Feige, Aprikose, Pfirsich, Zwetschge, Quitte, Mandel und sogar Zitrusfrüchte wurden damals aber nicht nur in ihren Herkunftsländern, sondern bereits auch in Südeuropa angebaut.

POMONA GALLICA, *Titel-Kupferstich aus* TRAITÉ DES ARBRES FRUITIERS *(1768) des französischen Pionieres der Agronomie, Forstbotanik und des Obstbaues, Henri Louis Duhamel du Monceau (1700–1782).* POMONA *war die römische Göttin der Baumfrüchte, die sich ausschließlich mit der Pflege der Pflanzen in ihrem Garten beschäftigte und kein Interesse an Männern zeigte.*

Hochkulturen in China und Indien und dann auch in Kleinasien und Arabien haben zahlreiche Fruchtarten veredelt und sowohl das antike Griechenland wie auch Rom betrieben intensiv Obstbau und kannten verschiedene Arten und Sorten von Obst.

Bis tief ins Mittelalter blieb der Obstbau in Mitteleuropa unbedeutend. Vorwiegend in Klostergärten wurden einige von den Römern mitgebrachte Obstsorten kultiviert. Die Landgüterordnung Karls des Großen (768–814 n. Chr.) aus dem Jahr 812 listet erstmals für das Kaiserreich verschiedene Obstpflanzen auf. Es handelt sich aber wohl mehr um eine Wunschliste als um tatsächlich angebaute Pflanzen. Albertus Magnus (1193–1280), Graf, Dominikaner, Bischof und Gelehrter beschrieb als Erster in Anlehnung an die Antike in seinen Werken zur Botanik auch den Obstbau, erwähnte aber keine speziellen Sorten. Erst mit der Renaissance entwickelte sich Botanik zur Wissenschaft, die über die Erkenntnisse der Antike hinausgeht. Pflanzenarten wurden neu beschrieben, auch Kulturpflanzen, die aus fremden Ländern stammten. Vorwiegend adelige Großgrundbesitzer beschafften sich verschiedene Obstpflanzen und förderten deren Kultur. Im 16. und 17. Jahrhundert nahm das Interesse an

Segen des Landes: Stillleben mit sitzender Frau, Ölgemälde um 1660 von Albrecht Kauw (1621–1681). Der Straßburger Maler war lange auch in Bern tätig. Aus saisonalen Gründen ist diese Vielfalt idealisiert, die Detailtreue lässt aber annehmen, dass die verschiedenen Obstsorten dem Maler zur Verfügung standen. Obst war zu dieser Zeit ein absoluter Luxusartikel.

Tafel III, Kupferstich, aus dem Gartenbuch BESCHOUWENDE EN WERKDADIGE HOVENIER-KONST OF INLEIDUNG TOT DE WAARE OEFFENING DER PLANTEN *(1753) von Johann Hermann Knoop. Die Abbildung zeigt die Gartenanlage mit Gewächshaus, Werkzeuge und Baumvermehrung im 18. Jahrhundert. Knoop war ein Pionier des Obstbaues und hat den Begriff «Pomologie» eingeführt.*

Obst massiv zu, auch wenn sich vorwiegend wohlhabendere Leute den Konsum spezieller Früchte leisten konnten. Der Handel mit Früchten, auch mit exotischen Sorten wie Zitrusfrüchten, wurde zum Geschäft. Ein bedeutender Teil der einheimischen Obstkultur fand in privaten Gärten oder Gartenanlagen statt. Erst die Schriften der Pioniere der Pomologie im ausgehenden 17. und vor allem im 18. Jahrhundert führten zu einer großflächigen Verbreitung des Obstbaus und machten Obst zum Volksnahrungsmittel.

Pomologie in der Schweiz

Einen Einblick in die Geschichte der Pomologie in Europa liefert das umfassende Werk des 1992 verstorbenen Berner Früchtekaufmanns und Pomologiehistorikers Silvio Martini. Er stellt fest, dass in der Schweiz im Verhältnis zu Größe und Einwohnerzahl am meisten Obst erzeugt und gegessen wird und dass dieses Land gleicherweise auch viele Pomologen hervorgebracht habe.

Der hier vorliegende Abriss der Pomologie in der Schweiz soll die *Schweizerischen Obstsorten* und die anderen Beiträge zur Sortenkunde von Gustav Pfau-Schellenberg in einen größeren Zusammenhang stellen. Neben den eigentlichen Obstkundlern werden auch einige wichtige Wegbereiter berücksichtigt. Der Übergang von der Anleitung zum Obstbau hin zur Pomologie war besonders in den Anfängen fließend. Der Schwerpunkt unserer Auswahl liegt beim Kernobst, da auch Pfau-Schellenberg besonders diese Gruppe bearbeitete. Bei allen nicht erwähnten, vergessenen, früheren und aktuellen Pomologen der Schweiz möchte der Verfasser der Einleitung sich an dieser Stelle entschuldigen.

Mit der Renaissance erwachte die Botanik zu neuem Leben. Conrad Gessner (1516–1565), Stadtarzt und Universalgelehrter in Zürich, ebenso wie Felix Platter (1536–1614), Arzt und Naturforscher in Basel, waren neben ihrer Tätigkeit als Ärzte und Professoren auch begeisterte Botaniker. Beide hatten mehrere eigene Gärten und betrieben Obstkulturen. Ihre Erkenntnisse wie auch die Einfuhr interessanter Arten und Sorten haben der Obstkunde wichtige Impulse gegeben.

Conrad Gessner, Einblattdruck 1564, Holzschnitt von Ludwig Fryg, nach dem Gemälde von Tobias Stimmer. Gessner war Arzt und Universalgelehrter, aber auch begeisterter Gärtner.

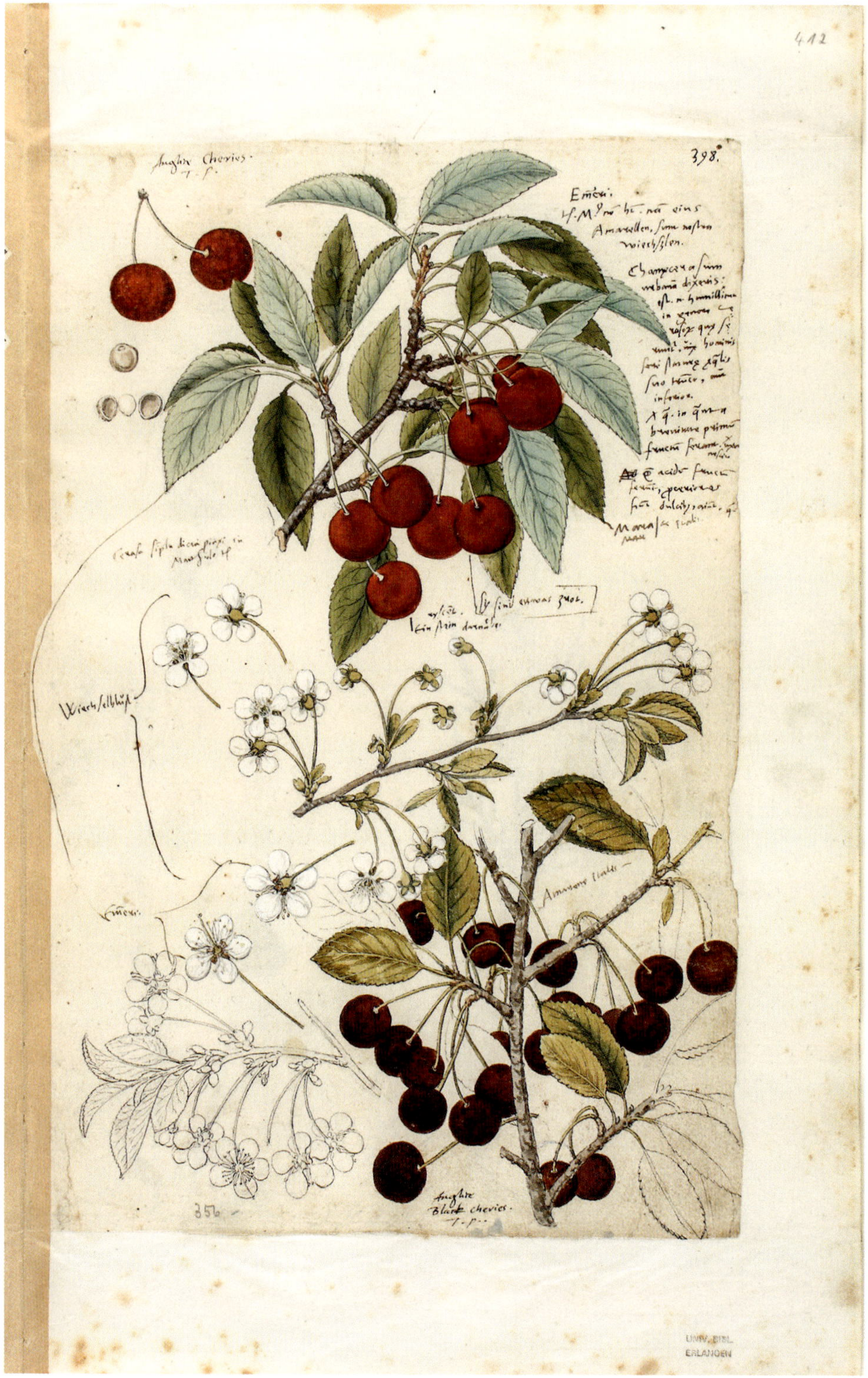

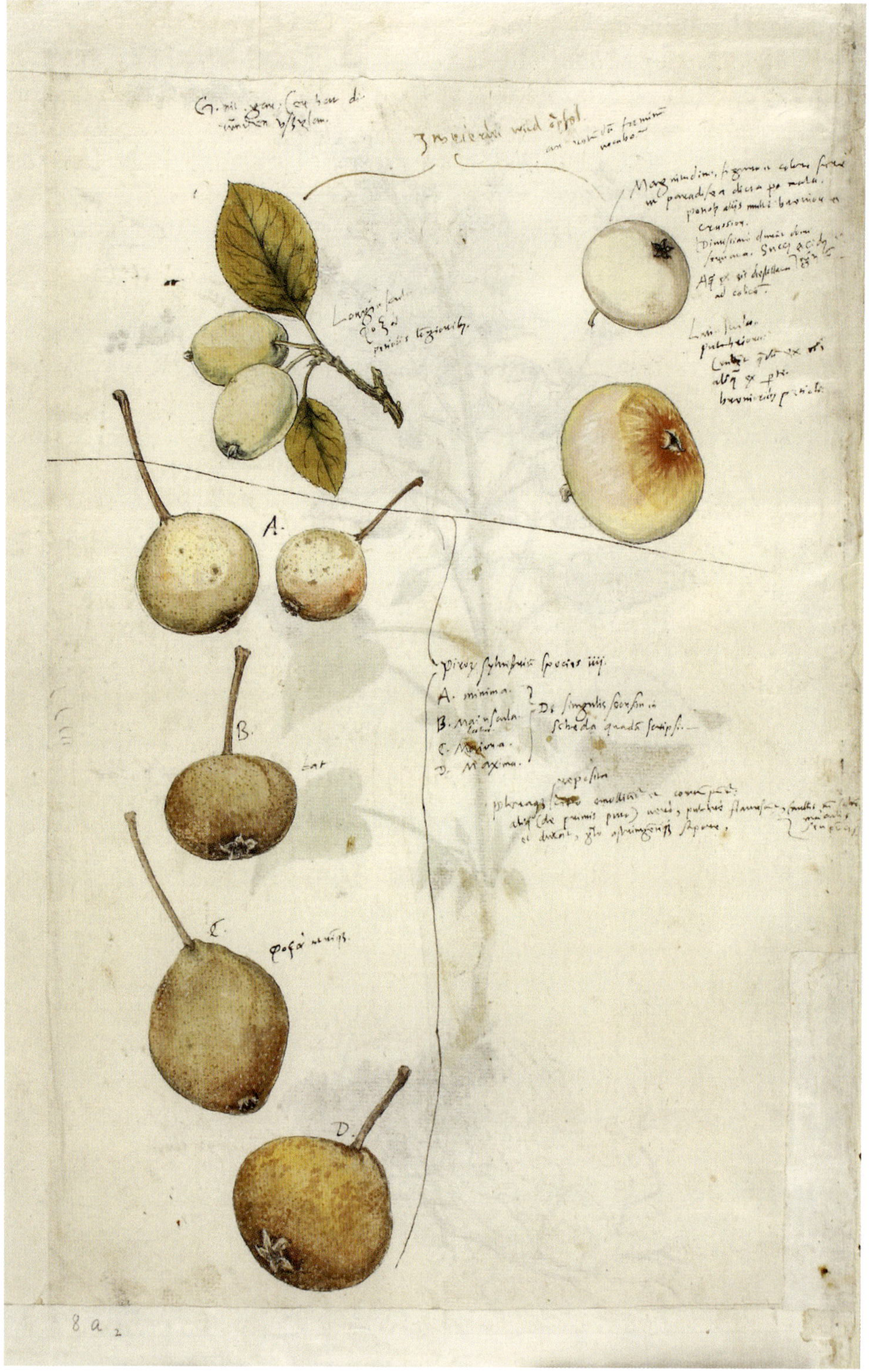

Eines der frühesten Werke überhaupt und das erste in deutscher Sprache, in dem Obstbau behandelt wird, ist der von 1639 bis 1676 in fünf Auflagen erschienene *Pflantz-Gart*. Verfasser ist der Berner Ratsherr, Naturwissenschaftler und Landvogt Daniel Rhagor (1577–1648). Er gibt darin aufgrund eigener Forschung eine praxisnahe Anleitung für den Obstbau und beschreibt auch einige Obstsorten mit ihrem deutschen Namen.

Linke Seite: Tafel mit Kirschen und Tafel mit Wildbirnen und Wildäpfeln, aquarellierte Zeichnungen um 1565 aus dem Manuskript zu einer HISTORIA PLANTARUM *von Conrad Gessner, die infolge seines Pesttodes mit 49 Jahren unveröffentlicht blieb. Die europäischen Wildformen von Apfel und Birne sind nach neueren Untersuchungen wohl nicht die Stammform unserer Kultursorten, wurden aber eingekreuzt.*

Als erstes pomologisches Werk mit Abbildungen wird die dreibändige *Historia Plantarum universalis* von Johannes Bauhin (1541–1612), Arzt und Botaniker aus Basel, bezeichnet. Bauhins Versuch einer umfassenden Darstellung aller bekannten Pflanzen enthält auch zahlreiche Obstpflanzen, unter anderem 63 eigene Beschreibungen neuer Apfelsorten sowie 56 Birnensorten, alle mit Abbildungen in natürlicher Größe.

Im 18. Jahrhundert schufen die Pomologiepioniere, wie die bereits erwähnten Johann Hermann Knoop und Henri Louis Duhamel du Monceau sowie Philip Miller (1691–1771) in England oder Johann Ludwig Christ (1739–1813) in Deutschland ihre Grundlagenwerke.

SALOMO CYRUS

Pflantz-Gart welcher gestalten
1. Obs-Gärten,
2. Kraut-Gärten,
3. Wein-Gärten.
Mit Lust und Nutz an zu stellen. Zubawen und zu erhalten.
Auctore
DANIELE RHAGORIO.
Bern.
Bey Stephan Schmid.
Anno 1639.

Links: Titelblatt des PFLANTZ-GART *von 1639 des Berner Landvogtes Daniel Rhagor. Das Buch gilt als erstes Werk in deutscher Sprache, das den Obstbau beschreibt, und listet auch einige Sorten auf.*
Rechts: Daniel Rhagor mit einem astronomischen Modell. Druck nach dem anonymen Gemälde von 1622.

Links: Seite 53 mit drei Birnensorten aus Band 1 der dreibändigen HISTORIA PLANTARUM UNIVERSALIS *(1650–1651). Das Werk von Johannes Bauhin versucht die damals bekannte Pflanzenwelt zu beschreiben und enthält auch zahlreiche Obstsorten mit Abbildung.*
Rechts: Johannes Bauhin, Holzschnitt 1597, Künstler unbekannt, veröffentlicht in einem seiner medizinischen Werke.

In der Schweiz ist aus dieser Zeit Johannes Gessner (1709–1790), Arzt und Naturforscher in Zürich, als Wegbereiter der Pomologie zu erwähnen. Wie sein Großonkel Conrad Gessner hat er zwar keine eigene Publikation zu Obst verfasst, aber mit seinen *Tabulae phytographicae* sowie als Gründer des Botanischen Gartens Zürich trieb er botanische Arten- und Sortenkunde wie auch Systematik massiv voran. Gessner war ebenso Gründer der Naturforschenden Gesellschaft Zürich, die sich mit der Förderung von Landwirtschaft profilierte und 1786 auch eine *Anleitung über die Anlegung, Pflanzung, Pflege der Obstbäume etc.* veröffentlichte.

Die 1759 gegründete Ökonomische Gesellschaft Bern war an der Verbesserung der Landwirtschaft und Sortenkunde interessiert und einige Mitglieder beschäftigten sich auch mit Obst, so Karl Emanuel von Graffenried (1732–1780), der seine Versuche in Worb mit exotischen Pflanzen und Bäumen, darunter auch einigen Fruchtbäumen, in den Abhandlungen der Gesellschaft 1764 veröffentlichte. Im gleichen Heft der Abhandlungen erschien auch *Von den Nussbäumen* vom Gutsbesitzer in Kehrsatz und Forstspezialisten Niklaus Emanuel Tscharner (1727–1794).

Obstbau und Obstkunde lagen noch in den Anfängen und die Berner Sozietät verwendete deshalb für ihre Anleitung von 1764 eine bearbeitete Übersetzung des entsprechenden Kapitels aus dem *Gardeners Dictionary* des englischen Gärtners und Botanikers Philip Miller.

Johannes Gessner, Kupferstich, 1758 von David Herrliberger. Gessner war Arzt und Naturforscher und gründete die Naturforschende Gesellschaft Zürich.

Tafel 33, CLASSIS XII ICOSANDRIA *«Zwantzigfaedichte» mit* POMACEAE *«Obstbäume», kolorierter Kupferstich der* TABULAE PHYTOGRAPHICAE *(1795–1804) von Johannes Gessner, postum von seinem Großneffen Christoph Salomon Schinz herausgegeben. Die Tafeln zeigen die verschiedenen Vertreter der Klassen des von Carl von Linné (1707–1778) geschaffenen Systems der Einteilung der Pflanzen rein nach Blüten- und Fruchtmerkmalen.*

Die Arbeit mit dem Titel *Vollständige Anleitung zu der Pflanzung, Erziehung und Wartung der Fruchtbäume aus Hrn. Ph. Millers grossem englischem Gärtner-Lexikon durch Veranstaltung der löbl. Oekonom. Gesellschaft in Bern zusammengetragen* enthält 80 Birnen- und 40 Apfelsorten sowie zahlreiche weitere Obstarten. Das Kapitel zum Pfropfen der Obstgehölze wurde einem Werk von Duhamel du Monceau entnommen.

Auch in der französischsprachigen Schweiz bestand Interesse an einer Anleitung zum Obstbau. 1784 erschien in Neuchâtel der *Traité abrégé de la culture des arbres fruitiers, Qui enseigne ce qu'il faut faire à cet égard chaque mois de l'année.* Die Grundlagen für dieses Werk stammten ebenfalls von ausländischen Experten, vorwiegend aus *Every Man His Own Gardener* (1767) der englischen Gärtner Thomas Mawe und John d'Abercrombie.

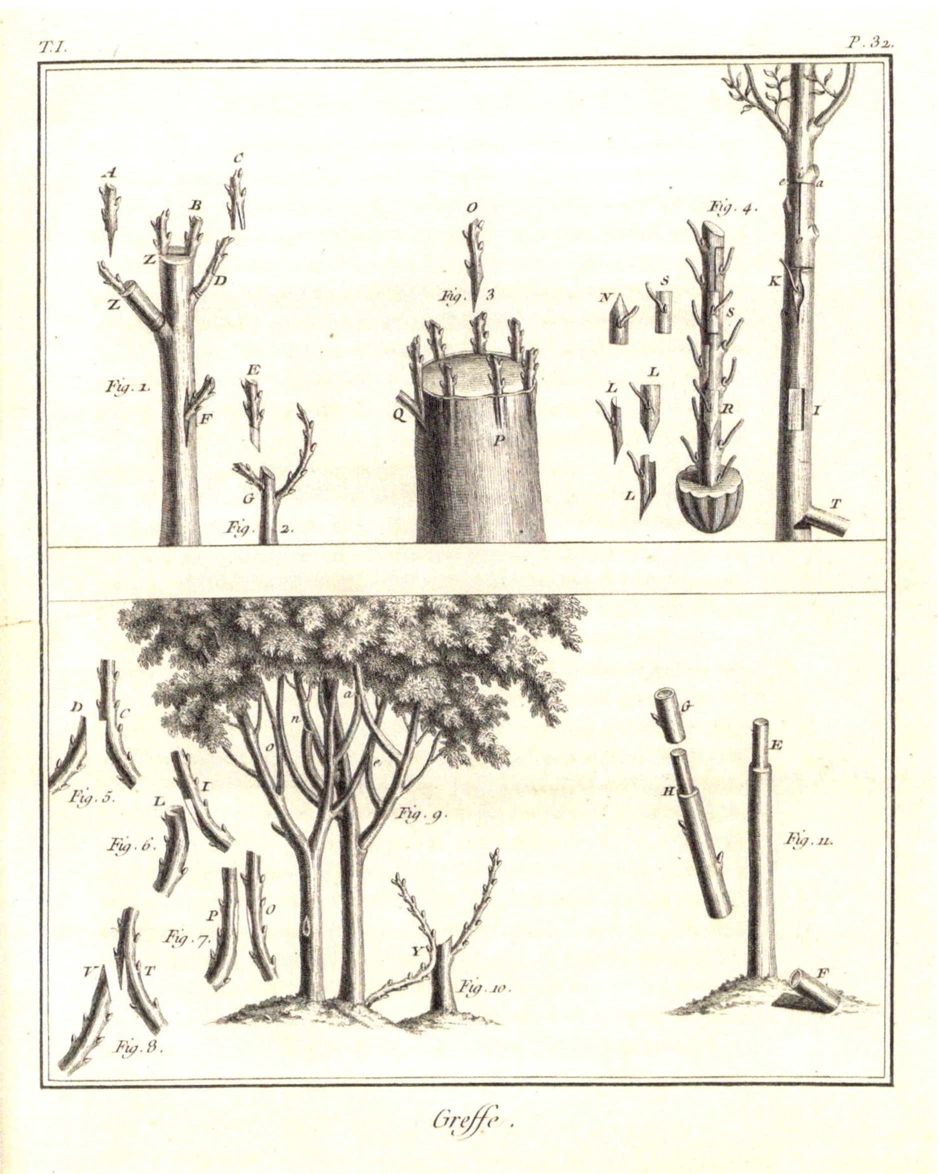

Tafel GREFFE, *Kupferstich aus Band 1,* TRAITÉ DES ARBRES FRUITIERS *(1768) von Henri Louis Duhamel du Monceau. Das Werk gilt als Grundstein der Pomologie in Frankreich, es enthält zahlreiche Tafeln auch von Obstsorten, bei Luxusausgaben waren diese Tafeln handkoloriert.*
Die Ökonomische Gesellschaft Bern engagierte sich auch bei der Förderung des Obstbaues. Für eine Abhandlung von 1764 über Kultur und Sorten der Fruchtbäume übernahm sie das entsprechende Kapitel aus dem Werk von Miller und das Kapitel zum Pfropfen von Duhamel.

Das englische Gartenbuch,
Oder
Philipp Millers
Gärtners der preiswürdigen Apothekergesellschaft in dem Kräutergarten zu Chelsea,
und Mitgliedes der Königl. englischen Societät der Wissenschaften,
Gärtner-Lexicon,
in sich haltend
die Art und Weise,
wie sowohl
der Küchen- Frucht- Blumen- und Kräutergarten, als auch Lustwälder,
Glashäuser und Winterungen, nebst dem Weingarten,
nach den Regeln der erfahrensten Gärtner jetziger Zeit,
zu bauen und zu verbessern seyn:
dazu kommt noch
die Historie der Pflanzen, der Character und englische Name jedes Geschlechtes,
die deutschen und lateinischen Namen aller besondern Sorten, wie auch eine Erklärung
der in der Botanick und Gartenkunst gebräuchlichen Kunstwörter,
nebst einer
den Lehren der besten Naturkündiger gemäß verfaßten, und Gärtnern dienlichen Nachricht,
von der Beschaffenheit und dem Nutzen des Barometers, Thermometers und Hygrometers, wie auch von dem
Ursprung, den Ursachen, und der Natur der Meteoren, und dem besondern Einfluß, den die Luft,
die Erde, das Feuer und Wasser in das Wachstum der Pflanzen
haben.
Mit verschiedenen Kupfertafeln gezieret.
Nach der fünften, vermehrten und verbesserten Ausgabe, aus dem Englischen, auf das sorgfältigste
in das Deutsche übersetzet,
von
D. Georg Leonhart Huth,
der Republik Nürnberg ordentlichen Physico.

— Digna manet divina gloria ruris. *Virg. Georg.*

Erster Theil.
Mit Römisch-Kaiserlichem allergnädigstem Privilegio.

Nürnberg,
Auf Kosten Johann Georg Lochners.
1750.

Deutsche Ausgabe (1750-1758) des erstmals 1732 erschienenen, dreibändigen THE GARDENERS DICTIONARY *von Philipp Miller.*

Karl Emanuel von Graffenried, Ölgemälde, 1758 von Emanuel Handmann.
Graffenried war mit seinen Pflanzungen in Worb einer der Obstbaupioniere der Berner Gesellschaft.

Zwei frühe Publikationen zur Pomologie im engeren Sinn aus der Schweiz betreffen klimatisch begünstigte Regionen. Als *Beyträge zur nähern Kenntniss des Schweizerlandes* beschreibt Pfarrer Johann Rudolf Schinz (1745–1790) aus Uitikon 1787 als ersten *Von den Feigen- und übrigen Obstbäumen im Tessin* und als zweiten *Die Kastanien im Tessin (Sorten)*.

Pfarrer Leonhard Truog (1760–1848) in Thusis veröffentlichte 1808 *Pomologisch – praktische Grundsätze, vorzüglich zur Empfehlung guter Kernobstsorten*.

Ende des 18. und Anfang des 19. Jahrhundert nahm die Zahl der Obstliebhaber in Europa massiv zu. Neben Gärtnern, Gutsbesitzern und Obstbauern interessierten sich auch Akademiker vermehrt für die Obstsortenvielfalt. Es entstanden einige Sortenstudien mit farbigen, handgemalten Illustrationen, die jedoch nie veröffentlicht wurden.

Das wohl umfangreichste Werk dieser Art stammt von Caspar Tobias Zollikofer (1774–1843), Arzt, Apotheker und Verwaltungsmann in St. Gallen, Mitgründer und Präsident der St. Gallischen Naturwissenschaftlichen Kantonalgesellschaft. Seine pomologischen Studien von 1831 bis 1834 beschreiben etwa 200 Sorten mit Text, aber auch mit farbigen Aquarellen der Früchte und einem Zweig mit Blättern, teilweise auch mit Blüten und einem Längsschnitt durch die Frucht. Das Manuskript blieb leider infolge der Erkrankung Zollikofers unvollständig und geriet in Vergessenheit. Erst 2005 wurde es von der Vereinigung Fructus als Faksimile herausgegeben.

Im Laufe des 19. Jahrhunderts erschienen verschiedene kantonale, unterschiedlich ausführliche Obstsortenverzeichnisse. Das erste, für den Kanton Zürich, stammt vom Gärtner und Botaniker Eduard August von Regel (1815–1892). Herausgeber des *Obstbau des Kantons Zürich 1855* war der Verein für Landwirthschaft und Gartenbau im Kanton Zürich, der später zum Zürcher Bauern-Verband wurde.

Nur neun Jahre später, 1864, erschien beim gleichen Verein die *Aufzählung und Beschreibung der wichtigsten Kern-Obstsorten des Kantons Zürich, veranstaltet durch den Züricher Verein für Landwirthschaft, redigirt mit Benutzung der von verschiedenen landw. Gemeindsvereinen mitgetheilten Materialien* des Naturkundelehrers am kantonalen Lehrerseminar in Küsnacht, Johann Michael Kohler (1812–1884). Kohler war auch Mitglied der Eidgenössischen pomologischen Kommission, von der noch bei den *Schweizerischen Obstsorten* die Rede sein wird.

Auch der Kanton Thurgau veröffentlichte 1861 eine beachtliche Liste mit 763 für den Kanton bekannten Sortennamen, aber ohne Beschreibungen und Abbildungen unter dem Titel *Thurgauer Obstbaustatistik*, an der auch Gustav Pfau-Schellenberg führend beteiligt war. Auf die weiteren pomologischen Werke von Pfau-Schellenberg wird in Kapitel 3 vertieft eingegangen.

Für den Kanton Bern gab die kantonale Kommission für Obstbaumzucht 1865 ein *Stamm-Register vorzüglicher Kernobstsorten ... nebst kurzer Anleitung zur Pflege der Obstbäume und zu zweckmässiger Verwerthung des Obstes* heraus, im folgenden Jahr bereits in zweiter Auflage. Der Schweizerische Obst- und Weinbauverein beeinflusste das Sortiment durch die Abgabe von Pfropfreisern empfehlenswerter Sorten. Eine Fortsetzung als drittes (1910) und viertes Stammregister (1921) erschien erst Jahrzehnte später. Die neuen Verzeichnisse wurden durch die bereits im 18. Jahrhundert aktive Ökonomische und gemeinnützige Gesellschaft des Kantons Bern herausgegeben und waren mit 20 farbigen Sortentafeln illustriert.

Caspar Tobias Zollikofer, Zeichnung um 1820, Künstler unbekannt. Zollikofers Manuskript einer Pomologie blieb leider unvollständig.

Beschreibung und Aquarell von «Wahrer gelber Winterstettiner» aus den pomologischen Studien um 1831–1834 von Caspar Tobias Zollikofer. Die hier als Beispiel gewählte, im Thurgau «Breitacher» genannte Apfelsorte ist auch in den SCHWEIZERISCHEN OBSTSORTEN *enthalten.*

Auch andere Kantone, in denen Obstbau eine Rolle spielte, veröffentlichten pomologische Listen, so beispielsweise der Kanton Aargau mit 1853 und 1854 in den *Mittheilungen über Haus-, Land- und Forstwirthschaft für die Schweiz* erschienenen *Empfehlungen für Vorzügliche Obstsorten für den Kanton Aargau.* 1888 werden die Sorten auch in der *Aargauische Obstbau-Statistik für das Jahr 1885* festgehalten.

Fast zeitgleich mit den Schweizerischen Obstsorten von Pfau-Schellenberg, deren Herausgabe sich aber über fast zehn Jahre erstreckte, erschienen in Bern zwei Tafelwerke, 1865 mit Äpfeln und 1866 mit Birnen. Autor war Emanuel Friedrich Zehender (1791–1870), Lehrer am väterlichen «Landerziehungsheim für Söhne gebildeter Stände» im Gut des ehemaligen Klosters Gottstatt bei Biel und Leiter des dazugehörenden landwirtschaftlichen Betriebes mit ausgeprägtem Obstbau. Die Bände enthalten Beschreibungen von je 24 vorwiegend neuen Sorten, dazu sechs farbige Sortentafeln mit je vier Fruchtansichten und einer schwarz-weißen Fruchtformen-Tafel.

Die *Bibliographie der schweizerischen Landeskunde, Fascikel V9ab, Landwirthschaft, Heft III – Gemüse, Obst und Weinbau* von 1894 gibt im Kapitel «Pomologie» Hinweise auf frühe Werke. Aus der italienischsprachigen Schweiz sind kaum Arbeiten erwähnt, auch aus der französischsprachigen Schweiz sind wenige Angaben zu finden. Sicher waren diese Landesteile nicht so aktiv in der Obstsortenkunde, wahrscheinlich hat aber auch die Sprachbarriere eine Aufnahme in die Bibliographie behindert.

Ein Pionier der Pomologie in der französischsprachigen Schweiz war Edmond Vaucher (1842–1899), Direktor der «Ecole cantonale d'horticulture de Genève», Fachbuchautor unter anderem von *Le jardin fruitier* (1887) sowie Gründer und Herausgeber der *Revue horticole de la Suisse romande.* Für die Publikation der wichtigsten Obstsortenwerke in der französischsprachigen Schweiz zeichnete sich durchwegs die «Commission pomologique» der Ende des 19. Jahrhunderts gegründeten «Fédération des sociétés d'horticulture de la Suisse romande» verantwortlich. Eine erste *Pomologie populaire romande* erschien 1908 und bereits acht Jahre später eine Neuauflage mit Abbildungen: *Pomologie romande illustrée* (1916). Das Werk *Nouvelle Pomologie romande illustrée* aus dem Jahr 1937, in zweiter Auflage 1944 erschienen, wurde mit 48 Farbfotografien illustriert und beschreibt 47 Apfel- und 27 Birnensorten und auch Steinobst. Als Ergänzung erschien 1945 ein zweiter Teil, *Arbres et arbustes à petits fruits*, also mit Beerenobst und anderen kleinfrüchtigen Bäumen und Sträuchern.

Foto-Porträt von Emanuel Friedrich Zehender um 1850. Zehender war Lehrer am väterlichen Institut, zu dem auch ein Landwirtschaftsbetrieb mit viel Obstbau gehörte.

Tafel 1 aus AUSWAHL VON BIRNSORTEN *1866 von Emanuel Friedrich Zehender. Seine Apfel- und Birnensorten-Werke mit je sieben Tafeln zeigen vorwiegend damals neue Sorten. Zehenders Anliegen war es, den Obstbau zu fördern, auch in klimatisch weniger privilegierten Lagen und Regionen.*

Das große, zweisprachige *Schweizerisches Obstbilderwerk – Pomologie Suisse illustrée* vom Anfang des 20. Jahrhundert wurde herausgegeben vom Schweizerischen Obst- und Weinbauernverein, dem Verband schweizerischer Obsthandels- und Obstverwertungsfirmen in Zug, dem Verband schweizerischer Handelsgärtner unter Mitwirkung der Schweizerischen Versuchsanstalt für Obst-, Wein- und Gartenbau in Wädenswil und zahlreicher Mitarbeiter. Koordiniert hat das Werk Theodor Zschokke (1868–1951), Lehrer für Obstbau und Obstverwertung an der Versuchsstation Wädenswil. Wie die *Schweizerischen Obstsorten* beschreibt das Werk 100 Sorten mit Bildern, die in zehn Lieferungen mit je zehn farbigen Sortentafeln von 1921 bis 1926 erschienen. Jede Sorte wird in Vollansicht und im Längsschnitt gezeigt, beschrieben werden Herkunft, Baum- und Fruchteigenschaften.

Titelbild und Tafel der POMOLOGIE ROMANDE ILLUSTRÉE *von 1916 der* FÉDÉRATION DES SOCIÉTÉS D'HORTICULTURE DE LA SUISSE ROMANDE.

Edmond Vaucher, Fotografie um 1890. Vaucher war Herausgeber der REVUE HORTICOLE DE LA SUISSE ROMANDE *und erhielt 1899 am* CONGRÈS POMOLOGIQUE DE FRANCE *eine Goldmedaille.*

Fritz Kobel (1896–1981) war Obst-, Wein-, Gemüse- und Gartenbauwissenschaftler an der Eidgenössischen Versuchsanstalt in Wädenswil und wurde auch deren Direktor. Er schuf ein Obstbau-Lehrbuch, das mehrfach aufgelegt und übersetzt wurde. Als Sortenkundler lieferte er das Grundlagenwerk der Kirschen der deutschen Schweiz.

Ziemlich bekannt und verbreitet sind die *Apfelsorten* (1947) und *Birnensorten* (1948) von Hans Kessler (1901–1951). Auch Kessler war als Agronom an der Eidgenössischen Versuchsanstalt in Wädenswil tätig. Die beiden Pomologiebüchlein mit praktischer Spiralbindung sind sauber gegliedert, die Sorten gut beschrieben und bewertet. Es werden 79 Apfelsorten beschrieben und 60 in farbigen Abbildungen dargestellt. Von den 78 beschriebenen Birnensorten sind 40 in Farbe in natürlicher Größe und 38 mit einer schwarz-weißen Zeichnung illustriert.

Philippe Aubert (1899–1960), Leiter der Abteilung Obstbau an der «Station fédérale d'essais viticoles et arboricoles» in Pully-Lausanne übersetzte und bearbeite die beiden Werke von Kessler und gab sie 1949 etwas reduziert in einem Band unter dem Titel *Pomologie illustrée – Pommes et Poires* auf Französisch heraus.

Als letztes Werk des historischen Abschnittes sollen die *100 Obstsorten* von Alfred Aeppli und seinen Mitautoren der Eidgenössischen Forschungsanstalt Wädenswil, herausgegeben von der Landwirtschaftlichen Lehrmittelzentrale Zollikofen, erwähnt werden. Mit ansprechenden, freigestellten Farbfotos werden 36 Äpfel, 22 Birnen und einige Steinobstsorten beschrieben und bewertet.

Die Pomologie hat eine große Tradition in der Schweiz und wird bis heute gepflegt. Hinweise auf jüngere Werke sowie Institutionen und Vereinigungen, die sich mit Obstkunde beschäftigen, sind im Anhang dieser Publikation zu finden.

Theodor Zschokke, Fotografie um 1930. Zschokke war Lehrer für Obstbau und Obstverwertung an der Versuchsstation Wädenswil.

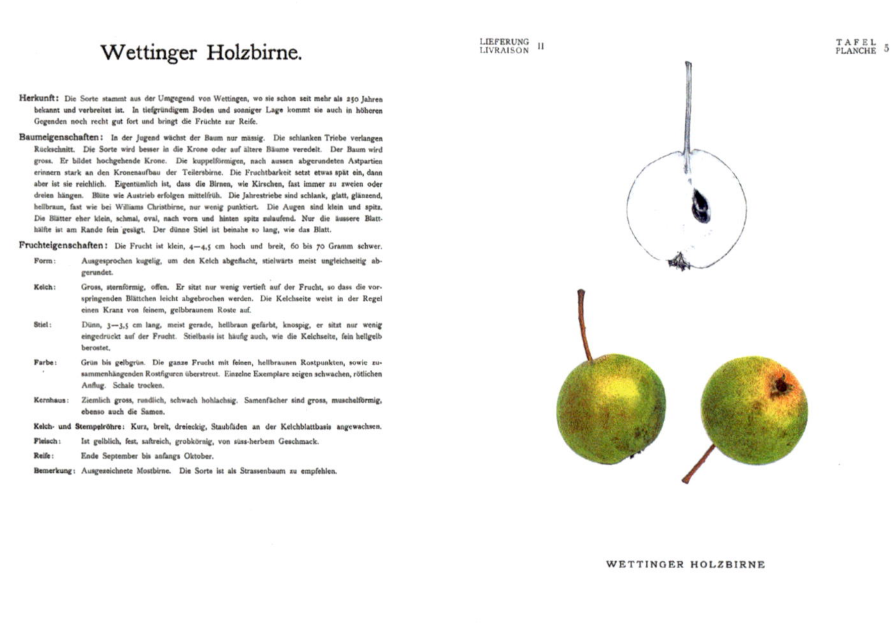

LIEFERUNG / LIVRAISON II — TAFEL / PLANCHE 5

Wettinger Holzbirne.

Herkunft: Die Sorte stammt aus der Umgegend von Wettingen, wo sie schon seit mehr als 250 Jahren bekannt und verbreitet ist. In tiefgründigem Boden und sonniger Lage kommt sie auch in höheren Gegenden noch recht gut fort und bringt die Früchte zur Reife.

Baumeigenschaften: In der Jugend wächst der Baum nur mässig. Die schlanken Triebe verlangen Rückschnitt. Die Sorte wird besser in die Krone oder auf ältere Bäume veredelt. Der Baum wird gross. Er bildet hochgehende Krone. Die kuppelförmigen, nach aussen abgerundeten Astpartien erinnern stark an den Kronenaufbau der Teilersbirne. Die Fruchtbarkeit setzt etwas spät ein, dann aber ist sie reichlich. Eigentümlich ist, dass die Birnen, wie Kirschen, fast immer zu zweien oder dreien hängen. Blüte wie Austrieb erfolgen mittelfrüh. Die Jahrestriebe sind schlank, glatt, glänzend, hellbraun, fast wie bei Williams Christbirne, nur wenig punktiert. Die Augen sind klein und spitz. Die Blätter eher klein, schmal, oval, nach vorn und hinten spitz zulaufend. Nur die äussere Blatthälfte ist am Rande fein gesägt. Der dünne Stiel ist beinahe so lang, wie das Blatt.

Fruchteigenschaften: Die Frucht ist klein, 4—4,5 cm hoch und breit, 60 bis 70 Gramm schwer.

Form: Ausgesprochen kugelig, um den Kelch abgeflacht, stielwärts meist ungleichseitig abgerundet.

Kelch: Gross, sternförmig, offen. Er sitzt nur wenig vertieft auf der Frucht, so dass die vorspringenden Blättchen leicht abgebrochen werden. Die Kelchseite weist in der Regel einen Kranz von feinem, gelbbraunem Roste auf.

Stiel: Dünn, 3—3,5 cm lang, meist gerade, hellbraun gefärbt, knospig, er sitzt nur wenig eingedrückt auf der Frucht. Stielbasis ist häufig auch, wie die Kelchseite, fein hellgelb berostet.

Farbe: Grün bis gelbgrün. Die ganze Frucht mit feinen, hellbraunen Rostpunkten, sowie zusammenhängenden Rostfiguren überstreut. Einzelne Exemplare zeigen schwachen, rötlichen Anflug. Schale trocken.

Kernhaus: Ziemlich gross, rundlich, schwach hohlachsig. Samenfächer sind gross, muschelförmig, ebenso auch die Samen.

Kelch- und Stempelröhre: Kurz, breit, dreieckig, Staubfäden an der Kelchblattbasis angewachsen.

Fleisch: Ist gelblich, fest, saftreich, grobkörnig, von süss-herbem Geschmack.

Reife: Ende September bis anfangs Oktober.

Bemerkung: Ausgezeichnete Mostbirne. Die Sorte ist als Strassenbaum zu empfehlen.

WETTINGER HOLZBIRNE

Doppelseite mit Tafel 5 der Lieferung II aus Zschokkes SCHWEIZERISCHES OBSTBILDERWERK *von 1921–1926. Wie die* SCHWEIZERISCHEN OBSTSORTEN *von 1863–1872 erschien das Werk in zehn Lieferungen und enthält ebenfalls 100 Sorten mit Farbtafeln und Textseite. Als Grundlage für die Bilder dienten Schwarz-Weiß-Fotografien, die Ansichten der Früchte wurden beim Druck der Lithografien koloriert.*

Fritz Kobel, Fotografie um 1950. Kobel war vielseitiger Wissenschaftler im Bereich Landwirtschaft und Direktor der Versuchsanstalt in Wädenswil.

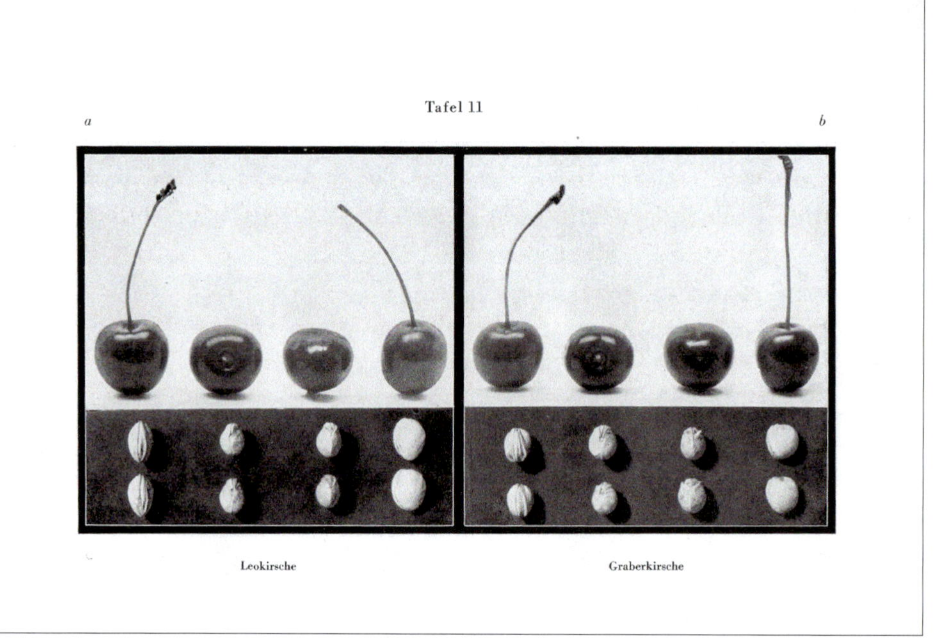

Tafel 11 mit «Leokirsche“ und „Graberkirsche» aus DIE KIRSCHENSORTEN DER DEUTSCHEN SCHWEIZ *von Fritz Kobel 1937. Sein Werk mit 120 illustrierten und über 500 beschriebenen Sorten ist heute noch Standard. Kobel hat aber auch allgemeine obstbauliche Publikationen verfasst.*

Gustav Pfau-Schellenberg

Jakob Gustav Pfau kam an Heiligabend 1815 in Winterthur als Sohn von Abraham, Stadtrat und Kirchenpfleger von Winterthur, und Barbara Susanne Philippine, geborene Mayr, zur Welt. Der Onkel seiner Mutter war der Großindustrielle Johann Heinrich Mayr, der in Arbon verschiedene Textilunternehmen und einen großen Landwirtschaftsbetrieb besaß.

Bereits als Knabe litt der junge Gustav an extremer Kurzsichtigkeit. Er war regelmäßig als Ausgleich zum Stadtleben bei seinen Verwandten in Arbon zu Besuch und genoss die ausgedehnten Wanderungen im Oberthurgau.

Mit zwölf Jahren wurde er in ein Erziehungsinstitut in Trogen geschickt, 1830 holte der Großonkel den Fünfzehnjährigen zu sich. Gustav interessierte sich für exaktes Zeichnen und war sehr fleißig und genau, sodass er 1831 eine Lehre als Mechaniker bei Georg Öri in Zürich beginnen konnte. Nach Abschluss der dreijährigen Ausbildung folgten Wanderjahre, Pfau konnte bei Meistern feiner optischer Geräte in München, Stuttgart und Jena arbeiten und reiste bis nach Paris und London. 1838, mit 23 Jahren, eröffnete Gustav Pfau in Winterthur eine eigene Werkstatt als «Mechanikus und Optikus». Er hatte einen guten Ruf und bekam sogar ein Angebot für eine Anstellung an der Sternwarte von Petersburg, die er aufgrund seiner Kurzsichtigkeit nicht annehmen konnte. 1839 heiratete er Susanna Schellenberg aus Winterthur, die er in Briefen liebevoll sein «Fraueli» nennt, auf das er sehr angewiesen war. Susanna war die Tochter des Kaufmanns und Zeichners Johann (Hans) Ulrich Schellenberg (1773–1846), der wiederum Sohn des berühmten Kupferstechers, Illustrators und Naturforschers Johann Rudolf Schellenberg (1740–1806) war. Die Einheirat in die berühmte Malerdynastie hat Pfau wohl dazu bewegt den Doppelnamen zu verwenden.

Aus seiner Zeit als Instrumentenoptiker stammt eine Publikation Pfaus, die 1842 in den Verhandlungen der Schweizerischen Naturforschenden Gesellschaft unter dem Titel *Ueber Heliographie* erschien. Er erörtert darin die neuesten Erkenntnisse zu der noch in den Kinderschuhen steckenden Fotografie – das Verfahren der «Daguerrotypie» wurde erst 1835–1839 von Louis Jacques Mandé Daguerre entwickelt.

Johann Heinrich Mayr (1768–1838), 1836, Ölgemälde von Conrad Hitz. Mayr, der Großonkel von Gustav Pfau, war Textilfabrikant in Arbon, besaß auch einen Landwirtschaftsbetrieb und war ebenso publizistisch tätig. Er kümmerte sich um seinen Großneffen Gustav.

Stadtansicht von Winterthur, kolorierter Stich um 1840. Die Stadt, in der Gustav Pfau 1815 das Licht der Welt erblickte, in der er aufwuchs und 1838 bis 1848 eine eigene Werkstadt für mechanische und optische Geräte betrieb. Auch seine Frau Susanna, geborene Schellenberg, stammte aus Winterthur.

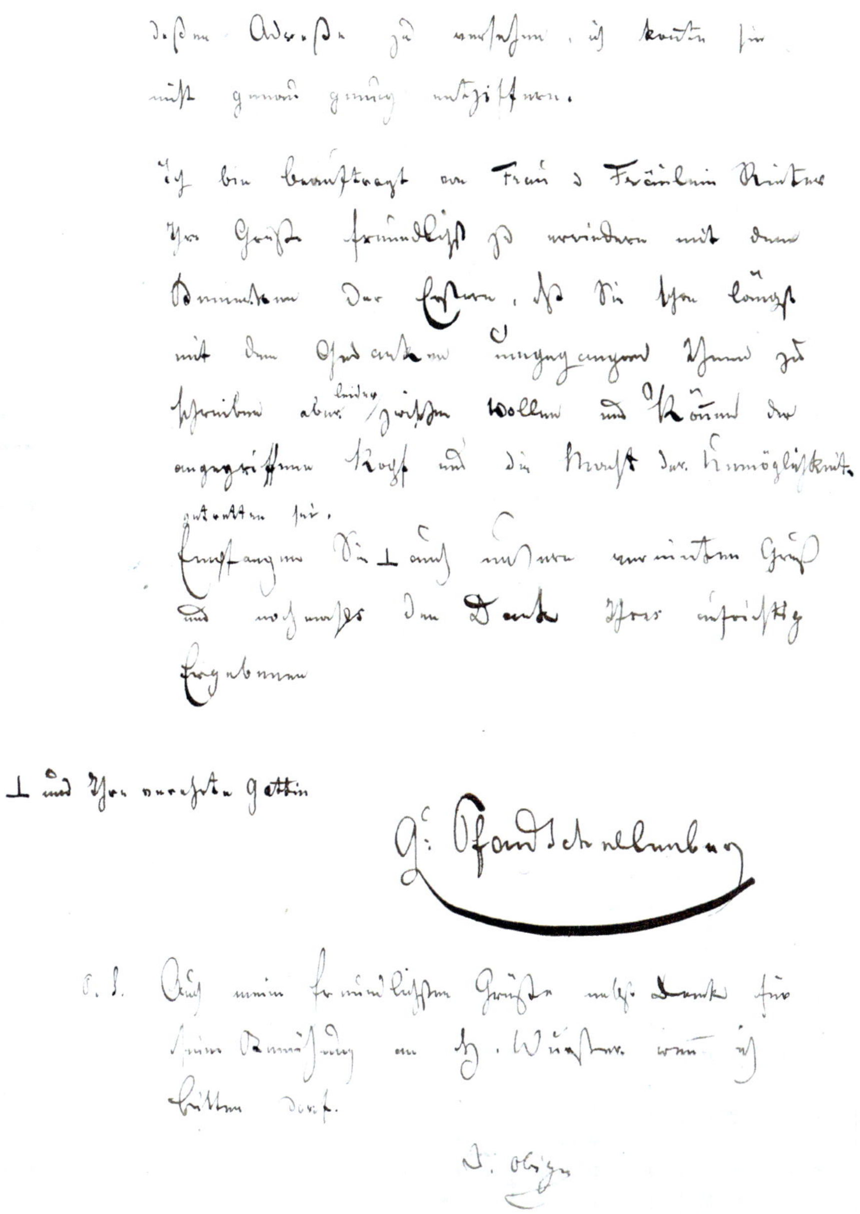

Brief von Gustav Pfau-Schellenberg vom 23. Februar 1862 an einen unbekannten Empfänger. Von Pfau-Schellenberg ist kein Porträt überliefert, der Brief auf kariertem Papier, seine Schrift, die saubere, großzügige Darstellung und die selbstbewusste Unterschrift geben aber auch einen Eindruck von seiner Person.

Das ständig präzise Arbeiten an den feinen mechanischen Instrumenten verschlimmerte Pfau-Schellenbergs Augenleiden und 1848 musste er seine Werkstatt aufgeben. Auf Anraten der Ärzte wandte er sich der Landwirtschaft zu. Der Oberthurgau war ihm von den Wanderungen mit seinem Großonkel in guter Erinnerung, und er erwarb das Landgut «Schloss Gristen» in Neukirch-Egnach. Es war ein großer Besitz mit viel Rebland und Gustav plante, zahlreiche neue Obstbäume zu pflanzen.

Sein Vermögen war groß genug, damit er nicht auf die Ernteeinnahmen angewiesen war. Er bildete sich in der Landwirtschaft aus, indem er unzählige Publikationen, auch fremdsprachige, las. Eines seiner besonderen Interessensgebiete war die Verbesserung der Obstsortenqualität und er begann auch praktisch zu forschen.

Reproduziert mit Bewilligung von swisstopo (BA170064)

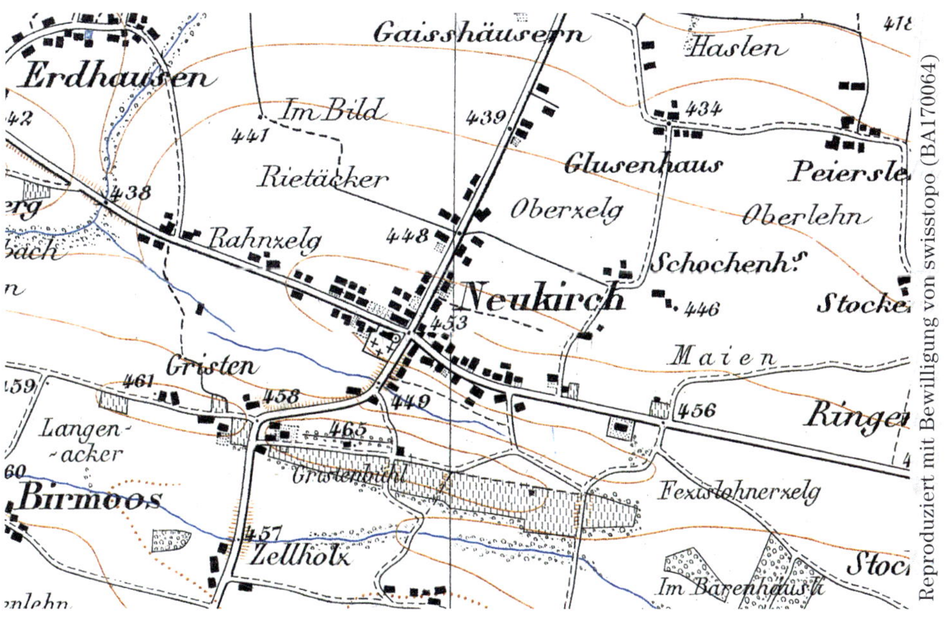

Ausschnitt aus dem Topographischen Atlas der Schweiz, Maßstab 1:25'000, Erstausgabe, oben Blatt 064 «Romanshorn» von 1885 und unten Blatt 077 «Arbon» von 1881. Die so genannte Siegfriedkarte wurde in drei Farben gedruckt, mit braunen Höhenlinien. Der Ausschnitt zeigt das Dorf Neukirch, schon damals Teil der Gemeinde Egnach, mit dem Hügelzug Gristenbühl. Auf der Kuppe, bei der Höhenkote 465, sind Allee und Gutsgebäude von Pfau-Schellenberg und am Südhang der Rebberg ersichtlich.

Gristenbühl in Neukirch-Egnach, Fotografien um 1880. Wohnhaus und Ökonomiegebäude auf dem Hügel, Blick von Neukirch Richtung Süden. Gustav Pfau erwarb das Gut am 29. Juni 1848 mit über fünf Hektar Umschwung.

Das sogenannte Schloss Gristen von hinten. Pfau-Schellenbergs bewirtschafteten das Gut gemeinsam bis zu Gustavs Tod im Jahr 1881, Susanna dann noch acht Jahre alleine. Am 4. Mai 1891 fielen die Gutsgebäude einem Brand zum Opfer.

Bald war er einflussreiches Mitglied des Thurgauischen landwirtschaftlichen Vereins und hielt Vorträge. Seine bevorzugten Themen waren Obst- und Rebbau sowie Bienenzucht. 1852 wurde er auch für vier Jahre Kantonsrat. Er war Redaktor der *Monatszeitschrift für Obst- und Weinbau* und gründete 1861 den schweizerischen Bienenzüchterverein und zwei Jahre später das thurgauische Pendant. 1864 wurde er Gründer und Präsident des Schweizerischen Obst- und Weinbauvereins.

Für das hier vorliegende Werk *Schweizerische Obstsorten* wurde Pfau-Schellenberg als Aktuar der eidsgenössischen pomologischen Kommission ernannt. Als Herausgeber figuriert nur der Schweizerische Landwirtschaftliche Verein. Im Vorwort, verfasst durch den Vereinspräsidenten Friedrich von Tschudi (1820–1886), Gutsherr und Privatgelehrter in St. Gallen, als Naturwissenschaftler bekannt auch durch sein *Tierleben der Alpenwelt*, und den Vereinssekretär Elias Landolt (1821–1896), Forstprofessor am Polytechnikum in Zürich, steht: «Für die Sammlung des Materiales, Bearbeitung des Textes und Ueberwachung der artistischen Arbeiten bestellten wir eine Spezialkommission aus den Herren Professor Kopp in Zürich (Präsident), Pfau-Schellenberg auf Christenbühl, Seminarlehrer Kohler in Küsnacht, Regierungsrat Wassali in Chur, Handelsgärtner A. Zimmermann in Aarau und Gut in Langenthal (b. Bern).» «Herr Pfau-Schellenberg erwarb sich durch seine Sorgfalt für die erste Redaktion des Textes und die Kontrolle der artistischen Ausführung ein besonderes Verdienst für das Werk.» In den folgenden neun Jahren der Herausgabe der kommentierten Obstbilder hat sich Pfau noch mehr engagiert und er wird heute eindeutig als Hauptautor aufgeführt.

Auch bei einem weiteren Werk von Pfau-Schellenberg, der *Beschreibung Schweizerischer Obstsorten* in zwei Heften 1870 und 1876, herausgegeben vom Schweizerischer Obst- und Weinbauverein steht auf dem Titelblatt nur: «bearbeitet von der Kommission für Obstbeschreibung». Pfau-Schellenberg zeichnet aber als Kommissionspräsident das Vorwort

UEBER BIENEN UND BIENENZUCHT.

(Aus einem Vortrag von Hrn. Pfau.)

I. Einleitung.

Die Bienenzucht steht nicht mehr auf der Stufe, wie in früheren Zeiten. Laut einer Chronik vom Jahr 1600 bildete sie einen Hauptzweig der Landwirthschaft, weil damals der Zucker, aus Zuckerrohr verfertigt, theurer zu stehen kam, als der Honig. Die Verhältnisse haben sich geändert, die Bienenzucht hat in Bezug auf Umfang einen Stoss erlitten: der inländische Honig ist nun theurer als der Zucker. Demungeachtet bezieht die Schweiz jährlich noch viele hundert Centner Honig und Wachs vom Auslande. Diese Thatsache sollte jeden patriotischen Landmann anspornen, nach Kräften auf die Hebung der Bienenzucht hinzuarbeiten. Der Canton Thurgau ist allerdings keiner von denjenigen Theilen der Schweiz, welche für Bienenzucht besonders empfohlen werden können. Der angränzende See, die rauhen Lüfte, der Mangel an honigreichen Kräutern und Waldungen sind einer *üppigen* Entfaltung der Bienenzucht hinderlich. Trotzdem lehrte mich eine langjährige Erfahrung, dass dieser Zweig landwirthschaftlicher Betriebsamkeit, wenn die erforderliche Sachkenntniss vorhanden ist, sich auch bei uns gut rentirt. Aber den meisten unserer Bienenzüchter fehlt es eben an dieser Sachkenntniss; sie wollen auch in Bezug auf diesen Punct nicht begreifen, dass die Theorie die sicherste Grundlage und der untrüglichste Leitstern der Praxis ist.

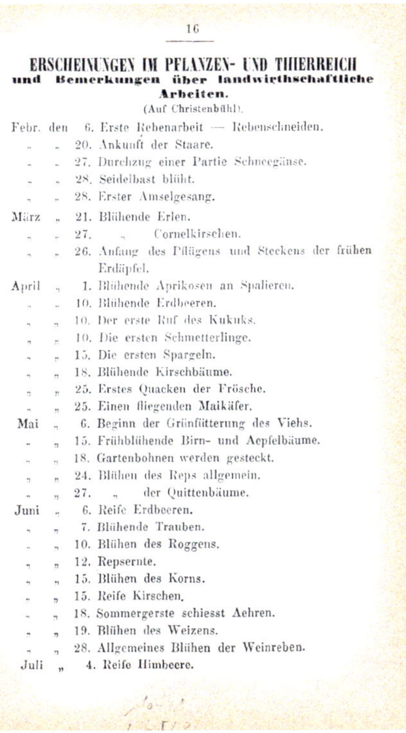

16

ERSCHEINUNGEN IM PFLANZEN- UND THIERREICH und Bemerkungen über landwirthschaftliche Arbeiten.

(Auf Christenbühl).

Febr. den 6. Erste Rebenarbeit — Rebenschneiden.
„ „ 20. Ankunft der Staare.
„ „ 27. Durchzug einer Partie Schneegänse.
„ „ 28. Seidelbast blüht.
„ „ 28. Erster Amselgesang.
März „ 21. Blühende Erlen.
„ „ 27. „ Cornelkirschen.
„ „ 26. Anfang des Pflügens und Steckens der frühen Erdäpfel.
April „ 1. Blühende Aprikosen an Spalieren.
„ „ 10. Blühende Erdbeeren.
„ „ 10. Der erste Ruf des Kukuks.
„ „ 10. Die ersten Schmetterlinge.
„ „ 15. Die ersten Spargeln.
„ „ 18. Blühende Kirschbäume.
„ „ 25. Erstes Quacken der Frösche.
„ „ 25. Einen fliegenden Maikäfer.
Mai „ 6. Beginn der Grünfütterung des Viehs.
„ „ 15. Frühblühende Birn- und Aepfelbäume.
„ „ 18. Gartenbohnen werden gesteckt.
„ „ 24. Blühen des Reps allgemein.
„ „ 27. „ der Quittenbäume.
Juni „ 6. Reife Erdbeeren.
„ „ 7. Blühende Trauben.
„ „ 10. Blühen des Roggens.
„ „ 12. Repsernte.
„ „ 15. Blühen des Korns.
„ „ 15. Reife Kirschen.
„ „ 18. Sommergerste schiesst Aehren.
„ „ 19. Blühen des Weizens.
„ „ 28. Allgemeines Blühen der Weinreben.
Juli „ 4. Reife Himbeere.

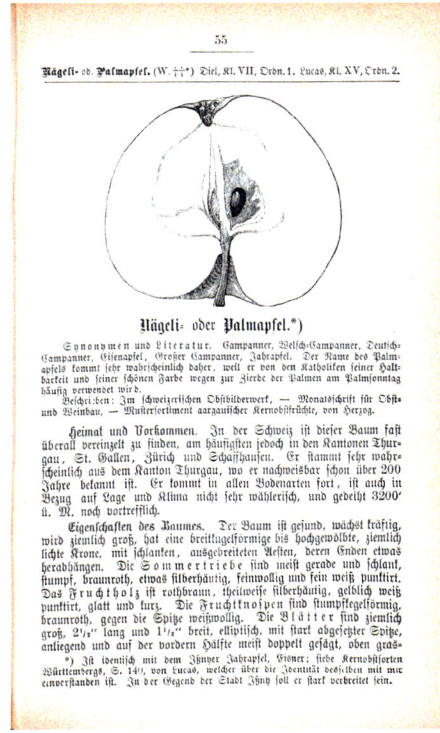

55

Nägeli- od. Palmapfel. (W. ††*) Diel, Kl. VII, Ordn. 1. Lucas, Kl. XV, Ordn. 2.

Nägeli- oder Palmapfel.*)

Synonymen und Literatur. Campanner, Welsch-Campanner, Deutsch-Campanner, Eisenapfel, Großer Campanner, Jahrapfel. Der Name des Palmapfels kommt sehr wahrscheinlich daher, weil er von den Katholiken seiner Haltbarkeit und seiner schönen Farbe wegen zur Zierde der Palmen am Palmsonntag häufig verwendet wird.

Beschrieben: Im schweizerischen Obstbilderwerk, — Monatsschrift für Obst- und Weinbau, — Mustersortiment aargauischer Kernobstfrüchte, von Herzog.

Heimat und Vorkommen. In der Schweiz ist dieser Baum fast überall vereinzelt zu finden, am häufigsten jedoch in den Kantonen Thurgau, St. Gallen, Zürich und Schaffhausen. Er stammt sehr wahrscheinlich aus dem Kanton Thurgau, wo er nachweisbar schon über 200 Jahre bekannt ist. Er kommt in allen Bodenarten fort, ist auch in Bezug auf Lage und Klima nicht sehr wählerisch, und gedeiht 3200′ ü. M. noch vortrefflich.

Eigenschaften des Baumes. Der Baum ist gesund, wächst kräftig, wird ziemlich groß, hat eine breitkugelförmige bis hochgewölbte, ziemlich lichte Krone, mit schlanken, ausgebreiteten Aesten, deren Enden etwas herabhängen. Die Sommertriebe sind meist gerade und schlank, stumpf, braunroth, etwas silberhäutig, feinwollig und fein weiß punktirt. Das Fruchtholz ist rothbraun, theilweise silberhäutig, gelblich weiß punktirt, glatt und kurz. Die Fruchtknospen sind stumpfkegelförmig, braunroth, gegen die Spitze weißwollig. Die Blätter sind ziemlich groß, 2½″ lang und 1½″ breit, elliptisch, mit stark abgesetzter Spitze, anliegend und auf der vordern Hälfte meist doppelt gesägt, oben gras-

*) Ist identisch mit dem Isnyer Jahrapfel, Lisner; siehe Kernobstsorten Württembergs, S. 140, von Lucas, welcher über die Identität desselben mit mir einverstanden ist. In der Gegend der Stadt Isny soll er stark verbreitet sein.

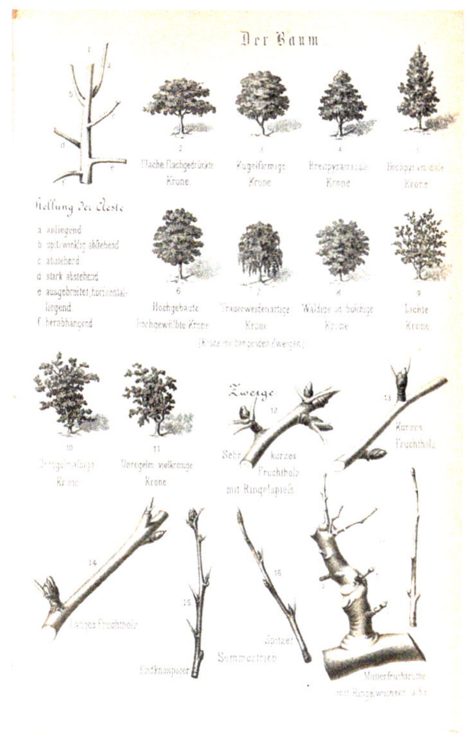

Zwei Beispiele für Publikationen Pfau-Schellenbergs zu nicht obstkundlichen Themen, in den MITTEILUNGEN DER THURGAUISCHEN NATURFORSCHENDEN GESELLSCHAFT *veröffentlicht. Aus Band 1, 1855–1857: «Ueber Bienen und Bienenzucht» und aus Band 2, 1858–1863: «Erscheinungen im Pflanzen- und Thierreich und Bemerkungen über landwirthschaftliche Arbeiten». Die Honigbiene interessierte Pfau auch als wichtigster Bestäuber der Obstblüte und das genaue Datieren von Phänomenen in der Natur, sogenannte phänologische Beobachtungen, erlaubte eine Optimierung der landwirtschaftlichen Arbeiten. Heute ist die Phänologie ein wichtiger Zweig der Klimaforschung.*

Links: Seite aus der BESCHREIBUNG SCHWEIZERISCHER OBSTSORTEN. *Das Werk mit Pfau-Schellenberg als Hauptautor erschien in zwei Heften 1870 und 1876. Die Beschreibung der Sorte wird durch eine Schnittzeichnung ergänzt.*
Rechts: Die erste von zehn Tafeln aus dem Werk POMOLOGISCHE TERMINOLOGIE *von Pfau-Schellenberg, das 1873 veröffentlicht wurde und ausführlich die Benennung und Beschreibung der Früchte und Obstbäume mit allen Teilen erklärt.*

und da bei jeder Beschreibung der Bearbeiter notiert ist, wird er auch hier deutlich als Hauptautor ersichtlich. Das Werk enthält im ersten Heft 53 Apfel- und 27 Birnensorten, im zweiten Heft 44 Apfel- und 40 Birnensorten, jede Beschreibung wird im Text mit einer schwarzweißen Abbildung, ein Querschnitt der Frucht, ergänzt.

1873 veröffentlichte Pfau seine *Pomologische Terminologie*, worin er auf 96 Seiten Benennung der Sorten, der Baumteile, Eigenschaften der Früchte sowie Vorkommen und Ansprüche des Kernobstes erläutert, ergänzt mit 143 Illustrationen auf 10 Tafeln.

Neben der landwirtschaftlichen Arbeit und den Freiland-Versuchen, den Redaktions-, Vereins- und Amtsarbeiten unterhielt Gustav Pfau zahlreiche Korrespondenzen landesweit und bildete sich mit Fachliteratur laufend weiter. Er engagierte sich aber auch in seinem Dorf und gründete 1877 den Landwirtschaftlichen Lokalverein Egnach.

Gustav Pfau-Schellenberg war stets aktiv und sehr genau. Sein Gut bewirtschaftete er mit großem Fachwissen, er ließ sich dabei nichts vorschreiben, wie einige aktenkundige Anzeigen und Bussen zeigen. Die Beschreibung eines Dorfgenossen Ende der 1870er-Jahre zeigen Pfau-

Schellenbergs als herrschaftliche, sportliche Erscheinung: «... den ziemlich schlanken Herrn, der sein Haar auf die Schultern wachsen liess, nicht anders als zu Pferde, einem gelblichweissen Ungar, oft in Begleitung seiner auf einem zweiten Pferde sitzenden Frau.»

1880 beginnt Pfau-Schellenberg als Fortsetzungsartikel in der «Monatsschrift für Obst und Weinbau» mit der Veröffentlichung seiner umfassenden Arbeit *Die Pomologie in Gegenwart und Zukunft.* Nach dem dritten Teil in Heft 3 des Jahrgangs ist die Anmerkung der Redaktion angefügt: «In Folge vermehrten Augenleidens des geehrten Verfassers wird die Fortsetzung des obigen Artikels einigen Unterbruch erleiden. Hoffen wir, doch nicht für lange.» Gustav Pfau-Schellenberg sollte seine Abhandlung mit hoch gestecktem Ziel nicht mehr beenden können. Anfangs Juni 1881 verschlimmerte sich sein Gesundheitszustand und er starb mit 66 Jahren am 25. des Monats auf seinem «Christenbühl», wie er das Gut stets nannte. Seine Frau Susanna pflegte den Landwirtschaftsbetrieb fachkundig noch acht Jahre lang weiter, bis auch sie 1889 starb.

Als abschließende Würdigung von Gustav Pfau-Schellenberg sei der Schlusssatz des Artikels zu Pfau von André Salathé im kurz gefassten *Historischen Lexikon der Schweiz* zitiert: «Pfau war der bedeutendste Schweizer Pomologe des 19. Jahrhunderts.»

Originales Wappen von Egnach, 1917 kreiert, auf der Fassade des Gemeindehauses und die um 1960 geschaffene Variante des Kantons. Das von Gustav Pfau-Schellenberg bewirtschaftete Gut Gristenbühl lag in der Gemeinde, die heute einen Birnbaum im Wappen trägt. Birnen waren in der Region wichtiger als Äpfel; zu Pfau-Schellenbergs Zeit gab es im Bezirk Arbon doppelt so viel Birnbäume wie Apfelbäume. Ob der Birnbaum aufgrund der Tätigkeiten von Pfau-Schellenberg ins Gemeindewappen gelangte?

Das Werk «Schweizerische Obstsorten» 1863–1872

«Schweizerische Obstsorten herausgegeben vom Schweizerischen Landwirthschaftlichen Verein» steht auf dem Titelblatt des Werkes. Das Vorwort ist mit September 1863, das Schlusswort mit Dezember 1872 datiert. Die Lieferung erfolgte in zehn Heften über die ganze Zeitspanne mit je fünf Apfel- und fünf Birnensorten pro Heft. Ein «Verzeichnis nach Heftenfolge» ist den Registern beigefügt. Es wurden wohl auch zwei braunrote Leineneinbände mit goldgeprägtem Titel und Blattranken-Rahmenverzierung mitgeliefert, wie heute noch erhaltene Exemplare zeigen, aber auch grüne Halblederbände sind bekannt. Unter dem oben erwähnten Titel trägt ein Einband die Ergänzung «Aepfel», der andere die Bezeichnung «Birnen», sodass die jeweils 50 Sorten separat gebunden werden konnten.

Titelblatt und Vorwort waren für den Apfelband vorgesehen, der Birnenband als zweiter enthält das Schlusswort, die künstlichen und natürlichen Systeme der Sorteneinteilung, verschiedene Register und den Dank

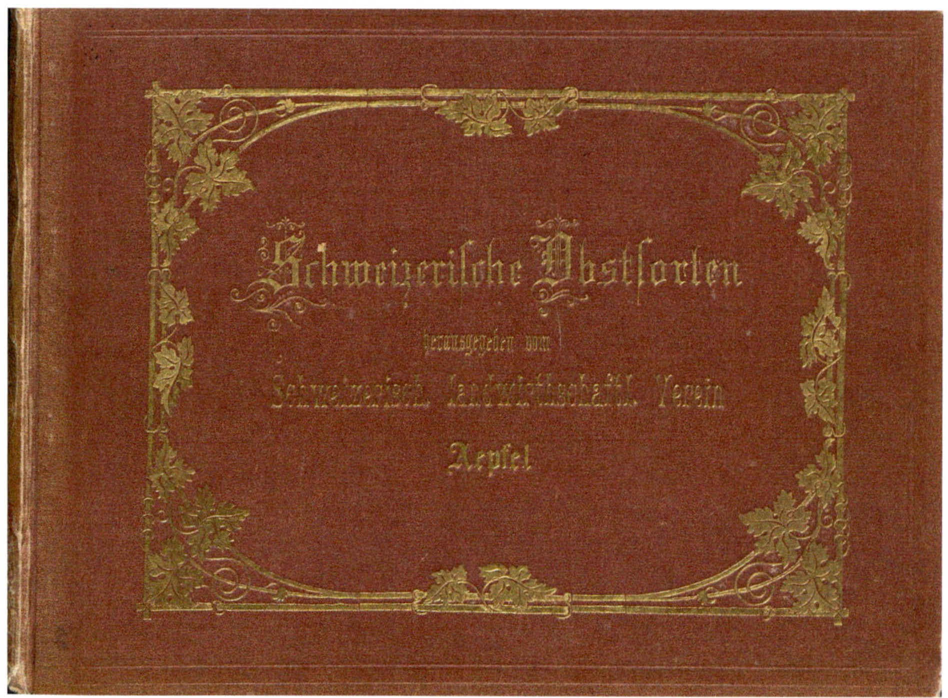

Original Leineneinband des Apfelbandes. Die Einbände, je einer für Aepfel und für Birnen, konnten wahrscheinlich mit dem letzten Heft 1872 bestellt werden. Es sind auch grüne Halbledereinbände bekannt.

der eidgenössischen pomologischen Kommission mit den Namen der damaligen Mitglieder. Es zeichnen: J. M. Kohler, Küssnacht (Zürich), Präsident / Pfau-Schellenberg, Neukirch (Thurgau), Aktuar / Ad. Bosshard, Pfäffikon (Zürich) / Johs. Gut, Langenthal (Bern) / François Wyss, Solothurn / A. Zimmermann, Aarau. Seit dem Vorwort wurden also die dort erwähnten Mitglieder Kopp und Wassali durch Bosshard und Wyss ersetzt, und Kohler stieg zum Präsidenten auf. Die Kommission betrachtete ihr gestecktes Ziel, «100 der besten und empfehlenswerthen Kernobstsorten für Tafel und Wirthschaft, zunächst schweizerischen Ursprungs, sollten durch Bild und Text jedem Abnehmer unseres Werkes genau bekannt gemacht werden», im Schlusswort als erreicht.

Da bis auf die Einleitungs- und Schlusstexte eine Datierung des Werkes fehlt, wird der Apfelband oft 1863 und der Birnenband 1872 zugeordnet. Nur auf dem farbigen Titelblatt, das bei vielen Ausgaben fehlt, ist die Druckerei auch als Verlag erwähnt. Das Werk kam also nicht, wie bei einigen Autoren vermutet, im Eigenverlag des Vereines heraus und hat auch nicht zwei Erscheinungsorte, wie die im Vorwort «Namens der Direktion des schweizerischen landwirthschaftlichen Centralvereins» erwähnten St. Gallen, Wohnort des Präsidenten, und Zürich, Wirkungsort des Sekretärs, denken lassen.

Das Titelblatt des Werkes, eine Farblithografie, wurde wohl mit dem ersten Heft 1863 mitgeliefert. Es belegt den Erscheinungsort St. Gallen und die Lithographische Anstalt Tribelhorn als Druckerei und Verlag.

744. Herren-A., Aargauer.

Aargauer Herrenapfel.

(Herrenapfel.)

(Pomme Monsieur argovien.)

Diel Cl. V. Ordn. 2. (H. ††!*) Lucas Cl. XIII. Ordn. 4.

Im Aargau kömmt dieser Baum fast überall vor, sowie mehr oder weniger in den Kantonen Bern, Luzern, Solothurn 2c. Es wird, ohne dessen Abstammung näher bezeichnen zu können, behauptet, derselbe sei im Aargau erzogen und von da aus verbreitet worden.

Die schönsten Bäume stehen auf tiefgründigem, eher leichtem als schwerem Boden mit kalkhaltigem Untergrund in südlich liegenden, geschützten Thälern; nichts destoweniger gedeihen sie auch in höhern, rauhen Lagen.

Der Baum wächst in der Jugend langsam, wird groß, hat eine breitpyramidenförmige Krone, deren untere Aeste größtentheils wagrecht liegen.

Die Blätter sind hellgrün, mittelgroß, länglich, stumpf gesägt und haben eine wollige, weißliche Rückseite.

Die Blüthezeit sowie die Fruchtreife sind spät; erstere gegen Ende Mai, letztere durchschnittlich gegen Ende Oktober.

Der Baum trägt fast alljährlich, und reichlich alle zwei Jahre. Das Maximum seiner Tragbarkeit beläuft sich auf 50—70 Sester; er erreicht ein Alter von 80—100 Jahren.

Der Aargauer Herrenapfel, gewöhnlich unter dem Namen Herrenapfel bekannt, führt in den aargauischen Bezirken Baden, Brugg, Kulm, Muri und Zofingen auch folgende Namen: Süßreinette, Backapfel, Gelbweiler, Mättle- und Erdbeerenapfel.

Die Form dieses Herbststreiflings ist hochgebaut, länglich, zugespitzt, hat meist ungleiche Hälften; der größte Durchmesser ist nahe an der Stielwölbung, die blatt abgerundet ist.

Eine Mittelfrucht ist 2″ 3‴ (69 mm) breit, und 2″ 5‴ (75 mm) hoch.

Der Kelch ist groß, breitblättrig, offen und sitzt in einer weiten, mit starken Rippen besetzten Einsenkung, die Kelchröhre erstreckt sich bis zum Kernhaus.

Der kurze, holzige Stiel sitzt in einer tiefen, trichterförmigen, glatten und regelmäßigen Höhlung.

Die Schale ist glatt und nach Neujahr etwas fett anzufühlen.

Die Grundfarbe der Frucht ist weiß, gelagert weißgelblich, auf der Sonnenseite mit carmoisinrothen Streifen besetzt, und auf der Schattenseite mit größern und kleinern Rostpunkten besprengt, während die Stielbucht immer berostet ist; bei vollkommenen Früchten finden sich nicht selten rostig rothe Warzen.

Das Fleisch ist ganz weiß, feinkörnig, ziemlich saftig und süß.

Das geschlossene Kernhaus hat eine hohle Achse mit ziemlich geräumigen Kammern und größtentheils vollkommenen, hellbraunen Kernen.

Der Apfel hält bis Januar, ist für die Küche ausgezeichnet, sowie zum Dörren sehr beliebt und nimmt deßwegen als Wirthschaftsobst den ersten Rang ein.

Aargauer Herrenapfel

(Herrenapfel)

(Pomme Monsieur Argovien)

Je eine Doppelseite aus dem Apfel- und dem Birnenband mit Text und Bild als Beispiel. Die Textseite beginnt mit dem Sortennamen in der Mitte, darunter Synonyme wie französische oder lokale Namen. Unter dem Namen steht in Klammern ein Buchstaben- und Zeichencode zur Eignung und Bedeutung der Frucht. Links etwa auf gleicher Höhe die Einreihung in das pomologische System von Diel und rechts in jenes von Lucas.

Das Werk im Querformat (240 × 340 mm) enthält 100 Chromolithografien, jede mit entsprechendem Textblatt, dieses teilweise über zwei Seiten. Die Farbtafeln zeigen eine bis zwei Ansichten der Frucht mit Blüten- und Stielansatz, einen Längsschnitt, der das Fruchtinnere zeigt, und einen kolorierten Zweig mit unkolorierten Blättern.

Der Text beginnt mit dem offiziellen Sortennamen und /oder der französischen Variante, auch Synonyme, teilweise Lokalnamen werden erwähnt. Es folgt die systematische Einteilung nach Diel und Lucas. August Friedrich Adrian Diel (1756–1839), Arzt und Pomologe in Gladenbach und Diez, schuf das erste umfassende System der Einteilung des Kernobstes. Karl Friedrich Eduard Lucas (1816–1882), Gärtner und Pomologe in Reutlingen, überarbeitete das System von Diel.

Unter dem Sortennamen steht eine codierte Einteilung in Sommer-, Herbst- oder Winterfrüchte und die Bedeutung als Tafel- oder Wirtschaftsfrucht. Die Aufschlüsselung der Zeichen ist in den Erläuterungen am Ende des Vorwortes zu finden.

Der Beschreibungstext ist in Vorkommen, Eigenschaften des Baumes, Eigenschaften der Frucht (Größe und Form) und Nutzung gegliedert. Manchmal gibt es noch eine Anmerkung zur Illustration. Durch den laufenden Auswahlprozess konnten die Tafeln nicht nummeriert oder paginiert werden. Die definitive Reihenfolge erfolgte dann alphabetisch nach dem Sortennamen, Äpfel und Birnen getrennt. Die von Pfau-Schellenberg in einem Register vorgegebene, originale Reihenfolge wurde trotz einiger Inkonsequenzen – Casseler-Reinette ist beispielsweise unter K eingereiht – auch beim hier vorliegenden Neudruck, der auch Seitenzahlen hat, beibehalten.

Das Titelblatt nennt weder Pfau-Schellenberg als Hauptautor noch den Maler der Tafeln.

Brat-B., Schweizer.

Schweizer Bratbirne.

Diel Cl. V. Ordn. 1. Lucas Cl. XII. Ordn. 1.

(W. ††)

Syn. Kugelbirne, Kügelibirne, Bratbirne.

Vorkommen. Diese Birne kommt vorzugsweise im Kanton Zürich vor, namentlich in der Gegend von Küßnacht, Meilen, Stäfa ꝛc. Sehr wahrscheinlich ist sie eine in diesem Kantone entstandene Kernfrucht.

Eigenschaften des Baumes. Der Baum ist klein, buschig, wächst langsam; er würde sich deßhalb vorzüglich als Unterlage für Pyramiden und Halbhochstämme eignen. Die Sommerzweige sind von mittlerer Länge und Stärke, etwas stufig und kahl, röthlich braun mit feinen, gelblich-weißen Punkten besetzt: die Augen sind dunkelbraun, spitzkegelförmig, etwas abstehend und sitzen auf ziemlich stark vorstehenden Trägern. Das Fruchtholz ist kurz und silberhäutig. Die Blätter sind ziemlich groß, meist rundlich, zuweilen auch eirund, fast ganzrandig, und nur hie und da schwach gesägt oder gekerbt. Die obere Blattfläche ist glänzend dunkelgrün, die untere matt, ohne eine Spur von Wolle. Ein mittleres Blatt ist 2" 3"' lang und 1" 8"' breit, der Blattstiel 1" lang. Das Blatt ist von der Spitze aus stets rückwärts gebogen.

Der Baum blüht im Mai und trägt fast alljährlich und oft traubig voll. Er ist hinsichtlich des Bodens und der Lage nicht wählerisch, findet sich meist in Wiesen längs den Straßen, auch nicht selten an rauhen, sterilen Rainen.

Eigenschaften der Frucht. Die Form dieser beliebten Wirthschaftsbirne ist plattrund, der Bauch in der Mitte rundet sich nach beiden Seiten schön, nach dem Stiel jedoch mehr verjüngt ab. Einzelne ganz flache, auf der Mitte der Frucht am deutlichsten bemerkbare Erhöhungen machen die Rundung etwas uneben. Sie ist meist ungleichhälftig. Ihre gewöhnliche Größe beträgt in der Höhe 1" 4"' (42 mm), in der Breite 1" 6"' (48 mm). Der Kelch ist offen, aufliegend, sternförmig, sehr schwach befilzt und sitzt in einer seichten Einsenkung. Der Stiel ist stark, holzig, ½ Zoll lang, meist etwas seitlich wie eingedrückt. Die Grundfarbe der Schale ist anfänglich grün, später gelblich grün, tritt aber höchst selten rein hervor, indem sie fast ganz mit einem röthlich-braunen rauhen Rost, Rostfiguren und grauen Rostpunkten bedeckt wird. Auf der Sonnenseite der Frucht zeigt sich eine erdartige Röthe, auf der die Punkte besonders deutlich hervortreten. Das Fleisch ist grobkörnig, ziemlich saftreich und fest. Die Kelchröhre ist etwas breit kegel, das Kernhaus kreiselförmig: in letzterem befinden sich muschelförmige, breite, geräumige Kammern mit kleinen, vollkommenen, dunkelbraunen Kernen. Die Birne reift erst um Martini und hält bis gegen das Frühjahr.

Nutzung. Diese Birne ist im Winter für die Küche gesucht, und am Zürichsee die gewöhnlichste Kochfrucht; ist auch zum Rohgenuß nicht übel.

Schweizer Bratbirne.

Erst das Schlusswort gibt den Hinweis zu den Illustrationen: «Anlangend die bildlichen Darstellungen dürften die schweizerischen Obstsorten einzig dastehen. Zunächst sind die Originalbilder, welche nun dem schweizerischen Polytechnikum als Eigenthum übergeben worden sind – durch Herrn Bühlmeier in St. Gallen in solch meisterhafter Weise zur Darstellung gelangt, dass sie die strengste Kritik nicht zu scheuen haben.»

Die Vorlagen für die Farblithografien lieferte also der St. Galler Kunstmaler und Kupferstecher Salomon Bühlmeier (1814–1876). Er erhielt vom Schweizerischen landwirtschaftlichen Verein den Auftrag, 100 Apfel- und 100 Birnensorten zu malen. Früchte und Zweige mit Blättern wurden ihm von den Mitgliedern der bereits erwähnten «Eidgenössischen pomologischen Kommission» zugesandt. Die Kommission hatte dann auch den Auftrag, eine Auswahl von je 50 Sorten für das Obstbilderwerk zu treffen, das Vorwort lässt noch eine Fortsetzung offen: «Von der Aufnahme, welche diese erste Centurie findet, wird das Erscheinen einer zweiten abhängig sein.» Im Schlusswort steht dann selbstbewusst: «Was die Auswahl der Sorten anbetrifft, so darf die pomologische Kommission sich das Zeugnis geben: keine Zeit und Mühe gespart zu haben, um nur Gutes und Bestes zu bieten, und es darf unser Werk in dieser Hinsicht getrost mit allen bisher erschienen Arbeiten gleicher Tendenz in Vergleich treten.» Eine zweite Serie von 100 Obstbeschreibungen wurde nicht mehr angetönt, die Originalbilder sind aber alle noch im Besitz des ETH-Hochschularchivs erhalten und online erschlossen.

«Die einlässliche und getreue Vervielfältigung der Originalbilder durch lithographischen Farbendruck gereicht der betreffenden Anstalt zur Ehre, sowie sie auch dem vorliegenden Werke einen bleibenden Werth verleiht.» Das Vorwort verdankt das «Tribelhorn'sche Atelier in St. Gallen» für die Ausführung der Abbildungen in naturgetreuem Farbendruck. Das farbige Titelblatt nennt «Farbendruck und Verlag der lithographischen Anstalt J. Tribelhorn».

Johannes Jakob Tribelhorn (1804–1877) gilt mit seinem Atelier in St. Gallen als Pionier des Farblithografiedruckes. Die starke Leuchtkraft der Drucke in den Schweizerischen Obstsorten und die erstaunlich naturgetreue Wiedergabe des Originals zeigen deutlich sein Können. An der ersten allgemeinen schweizerischen landwirtschaftlichen Ausstellung 1873 in Weinfelden erhielten Maler und Druckereiatelier für die überragende Leistung das Ehrendiplom mit silberner Medaille, die höchste Auszeichnung, zuerkannt.

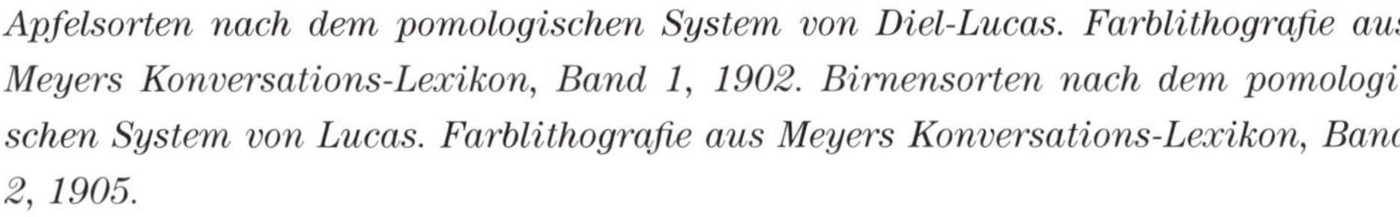

Apfelsorten nach dem pomologischen System von Diel-Lucas. Farblithografie aus Meyers Konversations-Lexikon, Band 1, 1902. Birnensorten nach dem pomologischen System von Lucas. Farblithografie aus Meyers Konversations-Lexikon, Band 2, 1905.

Die Pomologie kennt natürliche und künstliche Systeme, Äpfel und Birnen in Familien und Klassen einzuteilen. Pioniere dieser Einteilung waren die deutschen Pomologen August Friedrich Adrian Diel und Eduard Lucas.

An der Weltausstellung 1878 in Paris wurden die *Schweizerischen Obstsorten* mit der Bronzemedaille ausgezeichnet. Trotz begeisterter Aufnahme bei den Fachleuten, die die präzisen Texte wie auch die noch nie dagewesene Qualität der Abbildungen lobten, wurde eine Fortsetzung des Tafelwerkes nie realisiert. Für ein breites Publikum war wohl der Preis des reich illustrierten Werkes das Kaufhindernis. Wie viele Exemplare der je 50 Apfel- und Birnentafeln 1863–1872 gedruckt wurden, ist uns nicht bekannt. 1896 erschien bei Emil Wirz in Aarau eine zweite, unveränderte Auflage in einem Band. Auch die Höhe dieser Auflage ist unbekannt, in Bibliotheken und Antiquariaten ist sie aber sehr selten. Das aufwendige Werk bleibt bis heute gefragt und wird als Standardwerk oder «eines der schönsten pomologischen Werke» antiquarisch hoch gehandelt. 1998 hat der Verein Edelchrüsler den Apfelband und 2005 den Birnenband als Faksimile herausgegeben. Der aktuelle Neudruck vereint beide Bände und der neu gesetzte Text erleichtert die Lesbarkeit.

Die Pomologie pflegt die Kenntnis der Obstsorten. Als Wissenschaft versucht sie, die für die verschiedenen Zwecke und Klimabedingungen optimalen Pflanzen zu finden. Während bis ins 19. Jahrhundert die Bestrebung war, die Vielfalt mit möglichst vielen neuen Sorten zu ergänzen, ist heute die Aufgabe der Pomologie auch, die große Fülle der Obstvarietäten zu bewahren und vergessene Sorten zu erhalten. Es geht um die Erhaltung eines Kulturgutes. Eine große Vielfalt an Obstsorten ermöglicht kulinarischen Reichtum, garantiert jedoch ebenso Zuchtmöglichkeiten auch im Hinblick auf Krankheiten und Schädlingsbefall. Pfau-Schellenbergs Werk mit seiner Genauigkeit, dem Umfang und dem Fokus auf die Schweiz liefert heute noch das passende Werkzeug zum Erkennen dieser Vielfalt.

«Breitacher», Aquarell (1863) von Salomon Bühlmeier (1814–1876). Darstellung des Apfels in zwei Seitenansichten und im Längsschnitt sowie eines Zweiges in natürlicher Größe. Eine der 200 im Auftrag des Schweizerischen landwirtschaftlichen Vereins für das Obstbilderwerk gemalten Sortenillustrationen.

«Breitacher», eine der Apfeltafeln der ersten Lieferung 1863 der SCHWEIZERISCHEN OBSTSORTEN. Die Farblithografie zeigt die meisterhafte Umsetzung des Originals von Bühlmeier durch das Atelier von Johannes Jakob Tribelhorn in St. Gallen.

Zum Neudruck

Der hier vorliegende Neudruck der «Schweizerischen Obstsorten» zeigt die Tafeln als Original-Scan des Buches von 1863–1872 nur unwesentlich, um etwa zehn Prozent, verkleinert.

Der Text im Original wurde in der «alten deutschen Schrift», korrekterweise in der Schriftart Fraktur gedruckt. Da diese Schrift heute für viele Leute schwer lesbar ist, wurde der Text neu in einer modernen, gut lesbaren ITC Century gesetzt.

Teile des Nachwortes und des Registers wurden weggelassen, da die darin aufgeführten, verschiedenen natürlichen und künstlichen Systeme der Äpfel und Birnen überholt sind. Historisch Interessierte können den Originalscan dieser Seiten auf der Website des Haupt Verlages konsultieren.

Schweizerische Obstsorten 1863–1872

Vorwort

Der Obstbau nimmt in der schweizerischen Volkswirthschaft eine sehr bedeutende Stelle ein, und man schlägt sein jährliches Erträgniß nach einer annähernden Durchschnittsberechnung auf zwanzig Millionen Sester an. Schon lange ist von vielen Seiten dringend gewünscht worden, es möchte ein pomologisches Werk bearbeitet werden, welches namentlich den Schatz der in der Schweiz vorzugsweise gebauten und theilweise ihr eigenthümlichen Obstsorten sowohl in jeder Beziehung wissenschaftlich genau charakterisire, als auch in naturgetreuen, künstlerisch vollendeten Abbildungen darstelle, ähnlich wie Deutschland und Frankreich ihre Obstschätze behandeln. Im Vertrauen auf die allseitige und energische Unterstützung der landwirthschaftlichen Vereine und Obstbaumfreunde unsers Vaterlandes hat das Centralkomité des schweizerischen landwirthschaftlichen Centralvereins die Anhandnahme und Ausführung dieses großen Werkes im Herbste 1860 beschlossen.

Nach dem festgesetzten Programme soll sich das Werk für einmal nur auf die Aepfel und Birnen erstrecken und nur die besten bei uns gezogenen, voraus die der Schweiz eigenthümlichen Sorten umfassen. Die möglichst naturgetreuen Abbildungen, bei welcher wir der Naturwahrheit jedes andere Interesse (wie z. B. das der Zierlichkeit, der brillanten Färbung ec.) opferten, stellen in natürlicher Größe dar:

a) Die Seitenansicht einer Mittelfrucht mit Kelch, von der Sonnenseite.
b) Einen Längsschnitt mit den Gefäßbündeln des Kernhauses, Kernhaus, Samen, Kelchröhre, Stiel, Stielbucht und Kelch. Eine zweite Ansicht, vom Stiel aus, wird nur dann gegeben, wenn diese besonders charakteristisch ist, und sich die betreffende Eigenthümlichkeit im Längsschnitte nicht hinlänglich darstellen läßt.
c) Einen reifen, beblätterten Zweig, wobei wir auf die oft varirende, im Farbendruck kaum darstellbare Nüancirung des Blattgrüns ganz und auf die spezielle Detaillirung der Zweigrindenfärbung wenigstens theilweise verzichteten. Der Verlauf des Blattnervennetzes, soweit er mit unbewaffnetem Auge erkennbar bleibt, ist jeweilen auf einem Zweigblatte nach photographischer Aufnahme genau wiedergegeben; die übrigen Blätter enthalten nur die genauen Randkonturen.

Der kurz und möglichst genau gehaltene Text enthält:

a) Den systematischen oder (in Ermangelung eines solchen) den Lokalnamen der Sorte, sowie die in der Schweiz gebräuchlichsten Synonymen.
b) Die Abstammung und die Verbreitung der Sorte in der Schweiz.
c) Die Beschreibung der Gestalt und Größe der Frucht, des Kelchs und der Kelchhöhle, des Stiels und der Stielbucht, der Schale, des Fleisches, der Kelchröhre und des Kernhauses, sowie der Gestalt, der Blüthezeit, des Standortes ec. des Baumes.
d) Die Angaben über die Benutzung der Früchte.

Für die Sammlung des Materiales, Bearbeitung des Textes und Ueberwachung der artistischen Arbeiten bestellten wir eine Spezialkommission aus den Herren Professor Kopp in Zürich (Präsident), Pfau-Schellenberg auf Christenbühl, Seminarlehrer Kohler in Küßnacht, Regierungsrath Wassali in Chur, Handelsgärtner A. Zimmermann in Aarau und Gut in Langenthal (b. Bern). Die Ausführung der Abbildungen in naturgetreuem Farbendruck übernahm das Tribelhorn'sche Atelier in St. Gallen. Herr Pfau-Schellenberg erwarb sich durch seine Sorgfalt für die erste Redaktion des Textes und die Kontrole der artistischen Ausführung ein besonderes Verdienst um das Werk; auch erkennen wir dankbar an, daß dasselbe durch mehrere landwirthschaftliche Vereine und einzelne Pomologen kräftig unterstützt wird. Es soll sich vorläufig auf die Publikation von Einhundert Sorten (in je zwei Jahreslieferungen à 10 Sorten) beschränken. Von der Aufnahme, welche diese erste Centurie findet, wird das Erscheinen einer zweiten abhängig sein. Der Vereinsvorstand sowohl als die pomologische Spezialkommission wird es an nichts fehlen lassen, um der Arbeit die möglichste Vollendung zu geben und ihr einen bleibenden Werth zu sichern.

St. Gallen und Zürich, September 1863

Der Präsident:
Dr. F. v. Tschudi.
Namens der Direktion des schweizerischen
landwirthschaftlichen Centralvereins
Der Sekretär:
E. Landolt.

Erläuterungen

Die Aepfel und Birnen theilt man nach ihrer Reifezeit in Sommerfrüchte (S.), Herbstfrüchte (H.) und Winterfrüchte (W.) ein. Die Sommerfrüchte erlangen ihre volle Reife am Baum und sind vor Ende Septembers zeitig; die Herbstfrüchte reifen von Anfang Oktobers bis Mitte Novembers und müssen einige Zeit lagern; die Winterfrüchte reifen von Mitte Novembers, größtentheils erst vom Dezember an.

**! bedeutet Tafelfrucht ersten Ranges,
** Tafelfrucht zweiten Ranges,
* Tafelfrucht dritten Ranges,
*† Tafelfrucht vierten Ranges.
††! bedeutet Wirthschaftsfrucht ersten Ranges,
†† Wirthschaftsfrucht zweiten Ranges,
†* Wirthschaftsfrucht dritten Ranges,
† Wirthschaftsfrucht vierten Ranges.

Als Süßmostprobe gilt die Oechslische bei 12½° R. Die Angaben «ü. M.» bezeichnen die Höhe über dem mittell. Meer.

50 alte Apfelsorten

Diel Cl. V. Ordn. 2.
Lucas Cl. XIII. Ordn. 4.
(H.††!*)

Aargauer Herrenapfel

(Herrenapfel)

(Pomme Monsieur argovien)

Im Aargau kömmt dieser Baum fast überall vor, sowie mehr oder weniger in den Kantonen Bern, Luzern, Solothurn etc. Es wird, ohne dessen Abstammung näher bezeichnen zu können, behauptet, derselbe sei im Aargau erzogen und von da aus verbreitet worden.

Die schönsten Bäume stehen auf tiefgründigem, eher leichtem als schwerem Boden mit kalkhaltigem Untergrund in südlich liegenden, geschützten Thälern; nichts destoweniger gedeihen sie auch in höhern, rauhen Lagen.

Der Baum wächst in der Jugend langsam, wird groß, hat eine breitpyramidenförmige Krone, deren untere Aeste größtentheils wagrecht liegen. Die Blätter sind hellgrün, mittelgroß, länglich, stumpf gesägt und haben eine wollige, weißliche Rückseite.

Die Blüthezeit sowie die Fruchtreife sind spät; erstere gegen Ende Mai, letztere durchschnittlich gegen Ende Oktober.

Der Baum trägt fast alljährlich, und reichlich alle zwei Jahre. Das Maximum seiner Tragbarkeit beläuft sich auf 50 – 70 Sester; er erreicht ein Alter von 80 –100 Jahren.

Der Aargauer Herrenapfel, gewöhnlich unter dem Namen Herrenapfel bekannt, führt in den aargauischen Bezirken Baden, Brugg, Kulm, Muri und Zofingen auch folgende Namen: Süßreinette, Backapfel, Gelbweiler, Mättle- und Erdbeerenapfel.

Die Form dieses Herbststreiflings ist hochgebaut, länglich, zugespitzt, hat meist ungleiche Hälften; der größte Durchmesser ist nahe an der Stielwölbung, die blatt abgerundet ist.

Eine Mittelfrucht ist 2“ 3‘‘‘ (69 mm) breit, und 2“ 5‘‘‘ (75 mm) hoch.

Der Kelch ist groß, breitblättrig, offen und sitzt in einer weiten, mit starken Rippen besetzten Einsenkung, die Kelchröhre erstreckt sich bis zum Kernhaus.

Der kurze, holzige Stiel sitzt in einer tiefen, trichterförmigen, glatten und regelmäßigen Höhlung.

Die Schale ist glatt und nach Neujahr etwas fett anzufühlen.

Die Grundfarbe der Frucht ist weiß, gelagert weißgelblich, auf der Sonnenseite mit carmoisinrothen Streifen besetzt, und auf der Schattenseite mit größern und kleinern Rostpunkten besprengt, während die Stielbucht immer berostet ist; bei vollkommenen Früchten finden sich nicht selten rostig rothe Warzen.

Das Fleisch ist ganz weiß, feinkörnig, ziemlich saftig und süß.

Das geschlossene Kernhaus hat eine hohle Achse mit ziemlich geräumigen Kammern und größtentheils vollkommenen, hellbraunen Kernen.

Der Apfel hält bis Januar, ist für die Küche ausgezeichnet, sowie zum Dörren sehr beliebt und nimmt deßwegen als Wirthschaftsobst den ersten Rang ein.

Aargauer Herrenapfel

(Herrenapfel)

(Pomme Monsieur Argovien.)

Diel Cl. IV. Ordn. 1.
Lucas Cl. VIII. Ordn. 2 (1).
(W.**!††)

Ananas-Reinette

(Reinette Ananas)

Syn. Ananas-, Goldapfel

Vorkommen Diese Reinette ist bei uns noch wenig verbreitet, man findet sie meist nur in Tafelobstgärten auf Pyramiden oder Spalieren, selten auf Hochstamm. Sie stammt sehr wahrscheinlich aus einem brabantischen Kloster der Niederlande und wurde erst im zweiten Dezennium dieses Jahrhunderts bekannt. Diel beschrieb sie zuerst im Jahr 1826.

Eigenschaften des Baumes Der Baum ist leicht kenntlich durch seine auffallend dicken und gedrungen wachsenden Zweige, durch die dicht stehenden Knospen am jungen Holz, und endlich durch die dichtbelaubte, hochgewölbte, wenig ausgebreitete Krone mit ihren schönen regelmäßig gebildeten Blättern. Der Wuchs ist mäßig, es erreicht daher der Baum nur eine mittlere Größe. Die Sommerzweige sind mattgrün, auf der besonnten Seite bräunlich, dick, stumpf, bewollt, mit wenigen aber feinen, weißgrauen Punkten besetzt. Der Blattstiel ist 1" lang, dick und etwas rinnenförmig. Die Blätter sind ziemlich groß, breit eiförmig, glänzend dunkelgrün, meist etwas wellenrandig, unten wollig, schwach, aber ziemlich gleichförmig gesägt. Um schnell schöne Bäume zu erhalten, pfropfe man ihn in die Krone erwachsener Bäume. Pyramiden auf Wildlingen bilden sich sehr schön und tragen oft schon im zweiten Jahr; auch in der Baumschule, wo man ihn durch sein dichtes, buschiges Aussehen sofort erkennt, erhält man bald Früchte von ihm. Selbst zur Topfkultur wird er verwendet. Er blüht in der Regel in der ersten Hälfte des Maimonats und ist während dieser Zeit auch bei ungünstiger Witterung nicht empfindlich. Er ist außerordentlich fruchtbar.

Eigenschaften der Frucht Diese einfarbige Reinette ist hochaussehend, hat jedoch auch manchmal die Form eines breitabgestumpften Kegels. Im erstern Fall ist die Frucht 2½" (75 mm) hoch und breit, im letztern ¼" niedriger. Der Apfel ist etwas über mittelgroß und sehr regelmäßig gebaut. Seine Rundung ist fast ganz eben und selten durch eine breite, flache Erhabenheit etwas verschoben. Der Bauch nimmt die ganze Mitte und untere Hälfte des Apfels ein und ist sanft erhaben. Die Kelchfläche ist nur wenig kleiner als die Stielfläche. Der fein- und langspitzblättrige geschlossene, zuweilen halboffene Kelch ist sternförmig zurückgeschlagen und sitzt in einer weiten, bald flachen, bald ziemlich tiefen Einsenkung, die meist feine Falten enthält, von denen einzelne sich zu Rippen erheben, aber auf der Kelchfläche wieder verschwinden. Der Stiel ist dünn, holzig, ¼" bis ¾" lang, geht gewöhnlich nur wenig über die seichte Stielhöhle hinaus, welche meist eng trichterförmig, grünbleibend oder auch bei manchen Früchten fein strahlig berostet erscheint. Die Schale ist glatt, glänzend, tief citronengelb bis goldgelb, letzteres besonders bei starkbesonnten Früchten, ohne Spur von Röthe. Charakteristisch sind die zahlreichen starken und sehr deutlichen, regelmäßig vertheilten Rostpunkte und Roststernchen. Auf der Lichtseite stark besonnter Früchte erscheinen manchmal röthliche Punkte, wie bei der Reinette von Breda. Rostanflüge sind sehr selten, dagegen zeigt sich auf der Schattenseite zuweilen dünner, grünlicher Rost. Das Fleisch ist gelblich-weiß, sehr saftvoll, feinkörnig, von einem der Ananas ähnlichen Geruch und von gewürzhaftem, weinigem Zuckergeschmack. Das Kernhaus ist groß und oft weit offen; die Kammern sind geräumig und enthalten viele vollkommene Kerne; die Kernhausader ist gleich der Form der Frucht und die Kelchröhre ziemlich kurz kegelförmig. Die Frucht zeitigt im November und hält sich, ohne zu welken, bis Mitte Februar, gut aufbewahrt noch länger.

Nutzen Dieser Apfel ist eine ebenso schöne als köstliche Frucht, eine der besten für die Tafel und zur Mostbereitung, so daß man dieselbe nicht genug empfehlen und vermehren kann. Bei größerer Verbreitung wird er sicher einer der gesuchtesten und bestbezahlten Markt- und Handelsäpfel für den Winter werden.

Anmerkung Der abgebildete Zweig ist von einem älteren Baum, der wenig mehr in's Holz treibt, entnommen, und daher viel schwächer, als er in der Regel vorkommt.

Ananas-Reinette.

Farbendruck v. J. Tribelhorn in St. Gallen.

Diel Cl. VII. Ordn. 1.
Lucas Cl. XV. Ordn. 2.
(W.**†!)

Kleiner Api

(Api le petit)

Syn. Kampagner, Kampänerli, Welscher Trauben-Apfel, Churzemuserli, Api rouge, Pomme rose, Pomme Dieu, Pyrus malus apiosa

Vorkommen Schon den Römern soll dieser Apfel unter dem Namen Malum Appianum bekannt gewesen. Er ist in der ganzen Schweiz verbreitet, und an einigen Orten kommt er sogar häufig vor, so z. B. am Zürichsee. Im Berner Oberland gedeiht er noch in sehr bedeutender Höhe. Alle Länder um die Schweiz herum besitzen ihn, und selbst in Nordamerika gehört er zu den bekanntesten und verbreitetsten Sorten.

Eigenschaften des Baumes Der Baum wächst sehr langsam, aber er wird groß bis sehr groß. Die Krone ist kegelförmig und schönbelaubt; die Aeste stehen spitzwinklig ab und sind dicht mit silberhäutigem, gelblich punktirtem, kurzem Fruchtholz bekleidet. Die Sommertriebe sind anfänglich roth, sie werden später schwarzbräunlich und mit weißen Punkten reichlich besäet. Die Blätter sind von verschiedener Form, lanzettförmig, eirund oder elliptisch, im Allgemeinen aber sehr schmal und lang. Der Baum blüht spät und trägt alljährlich und außerordentlich reichlich. Man sieht oft vor den Früchten kaum das Laub. Die Aeste der Hochstämme erscheinen im Herbste als riesige Apfeltrauben, die eine wahre Zierde des Baumgartens sind. Seiner Schönheit und Fruchtbarkeit wegen eignet sich der Api vorzugsweise für Cordon und zur Anpflanzung in Töpfen. Die kleinen Bäumchen bedecken sich mit Hunderten von Früchten, die im Zimmer fast den ganzen Winter daran hängen bleiben. Als Hochstamm kann er bis 150 Jahre alt werden.

Eigenschaften der Frucht Der zierliche Apfel ist plattrund, mittelbauchig und klein, durchschnittlich 2" (60 mm) breit und 1" 6''' (48 mm) hoch. Seine schöne, regelmäßige Form wird durch sanfte Erhabenheiten, die von der feingerippten Kelchwölbung ausgehen, fast unmerklich unterbrochen. Der Kelch ist klein, geschlossen und spitzblätterig und sitzt in einer meist seichten und ziemlich weiten Einsenkung. Der holzige 5–6''' lange Stiel steht in einer geräumigen, tiefen, trichterförmigen Höhle und überragt dieselbe bei allen Früchten. Die Schale ist äußerst fein, glatt und dick; ihre Grundfarbe ist anfänglich hellgrün, abgelagert aber blaßgelb. Die Sonnenseite der Frucht ist glänzend blutroth, wie lackirt, manchmal auch streifig marmorirt und verwaschen punktirt, wie die eine Frucht unserer Abbildung. Im Roth sieht man kleine, helle, feine Punkte; beschattete Früchte bleiben ganz hellgrün oder gelblich oder bekommen nur einzelne carmoisinrothe Flecken. Das Fleisch ist gelblichweiß, fein, fest, abknackend, saftreich und von süßsäuerlichem, angenehmem, fast gewürzhaftem Geschmacke. Das geschlossene, herzförmige Kernhaus hat sehr enge Kammern, liegt näher dem Kelche als dem Stiele und ist bei größeren, vollkommenen Früchten vollsaamig, während bei kleinen sich meist nur verkümmerte Kerne befinden. Die Kelchröhre ist trichterförmig und ungewöhnlich kurz.

Nutzung Der Api wird meist zum Rohgenuß und Kochen verwendet, wenn im Frühling die andern Sorten selten geworden sind. Er ist weder ein ausgezeichneter Dessertapfel, wie Hogg behauptet, noch ungenießbar, wie Lucas angiebt. Bei uns und noch mehr im Tyrol ist er ein geschätzter Handelsartikel. Wenn er auch klein ist und nicht zu den feinen Aepfeln gehört, so darf er doch zur Anpflanzung empfohlen werden. Die Fruchtbarkeit und die lange Dauer des Baumes, die Haltbarkeit der Frucht und ihr zierliches Aussehen am Baume und auf der Tafel sind Eigenschaften, die ihn werthvoll machen. Im Winter kann er auch bei großer Kälte versendet werden; denn der Frost schadet ihm nicht; ja, es wird sogar behauptet, daß er durch's Gefrieren noch schmackhafter werde.

Der kleine Api.

(Api le petit)

Farbendruck v. J. Tribelhorn in St. Gallen

Diel IV. 2.
Lucas X. 1 (2); b (a).
(**††W.)

Baumann's Reinette

(Reinette Baumann)

Vorkommen Diese neuere Sorte, die van Mons erzog, hat sich schnell verbreitet, wie sie es verdient sowol hinsichtlich der Gesundheit und Tragbarkeit des Baumes, wie nach Güte und Schönheit der Frucht. Einstweilen finden sich weniger größere Hochstämme dieser Sorte, als Pyramiden und andere Zwergformen. Unsere Baumschulen hegen mit Recht diese Sorte, und werden, wie gewünscht werden muß, zu rascher und immer weiter greifenden Verbreitung beitragen. Die Sorte ist nach den Gebrüdern Baumann in Bollweiler benannt, bekannten Baumzüchtern im Elsaß, von denen viele unserer Leser schon Bäume bezogen haben werden, zu einer Zeit, da unsere schweizerischen Anstalten noch in allzu geringer Zahl bestunden.

Eigenschaften des Baumes Wie oben gesagt, ist diese Reinette ein gesunder und tragbarer Baum. Meistens tragen die Bäume schon in der Baumschule; und manchmal bilden, zumal die Zwergbäume, nur Fruchtknospen. In diesem Falle setzen jedoch die Früchte nicht an, und die Bäume gehen zurück, wenn wir nicht durch energischen Schnitt die Blüthenknospen entfernen und Holztrieb veranlassen. Der Hochstamm bildet eine reich verzweigte, dicht belaubte Krone. Die Sommertriebe sind braunroth, unterhalb der Blattstiele grün, von weißer Wolle dünn bekleidet. Nach oben wird diese wollige Bedeckung etwas dichter und zieht als spiraliges Band um den Zweig, indem vorwiegend nur die eine Hälfte, je auf der Seite des Blattes, weiß bewollt erscheint. Punkte, obgleich zahlreich, treten wegen ihrer Kleinheit wenig hervor. Das Blatt ist mehr als mittelgroß, getragen von einem Zoll langen, am Ursprung etwas verdickten, hier und auf der Unterseite röthlichen Blattstiel, an welchem ganz unbedeutende Nebenblättchen sitzen. Von lang eiförmiger Gestalt, mit kürzerer oder längerer Zuspitzung, finden wir seine Basis oft ungleich; die Blattfläche eben, oberseits kahl, dunkelgrün, glänzend, unterseits matt hellgrün und weißflaumig, den Rand ziemlich regelmäßig scharf gesägt. Weit schmaler als die hier beschriebenen Blätter der Holztriebe sind diejenigen um die Fruchtaugen. Die großen Blüthen erscheinen mittelfrüh.

Eigenschaften der Frucht Die Frucht der Baumann's Reinette ist flachrund, 3" (90 mm) breit und 2½" (75 mm) hoch. Entweder nimmt der Bauch die Mitte ein, wie bei mittleren Exemplaren, oder er ist etwas nach dem Stiele hin gerückt, wie dieß bei größeren Früchten, die dann nach oben mehr verjüngt erscheinen, der Fall ist. Der in geräumiger Senkung stehende Kelch ist geschlossen bis offen, fein zugespitzt. Von den ihn umgebenden Falten und Fleischbeulen geht bisweilen eine feine Kante über die Frucht hinweg, ohne ihre schöne Form zu beeinträchtigen. In tiefer, zimmtfarbig berosteter Stielhöhle steckt der dünne, holzige Stiel, mehr oder minder über die öfters auch noch berostete Stielwölbung hervorragend.

Von der Grundfarbe, die anfänglich grünlichgelb, später weißlichgelb erscheint, ist bei besonnten Früchten wenig zu sehen, indem ein verwaschenes Carminroth, in welchem dunklere Flecken und Streifen auftreten, fast die ganze Schale bedeckt.*) Am wenigsten tritt dieß gegen den Kelch hin ein. Auffallend sind die sparsam im Roth auftretenden, gelb umhoften Punkte. In der Regel finden sich zimmtfarbige Rostanflüge in Flecken und Streifen, auch sind berostete Warzen nicht selten; sonst erscheint die Schale fein, abgerieben glänzend. Die Schale wird im Liegen nicht fettig. Die Frucht ist schwach riechend, während das gelblichweiße, feine, mürbe, saftreiche Fleisch würzig weinartig riecht, und auch entsprechenden Geschmack erweckt. Das Kernhaus ist zwiebelförmig, hohlachsig, und diese Höhlung nahe an die lange, fast cylindrische Kelchröhre reichend. In den geschlossenen Kernhauskammern sind mehr oder minder zahlreiche, lange, eiförmige, braune Samen vorhanden.

Als eine besondere Tugend dieser Sorte führt Oberdieck, einer der tüchtigsten deutschen Obstkenner, an: es vertrage diese Frucht frühe Abnahme, ohne zu welken; so habe er selbst schon am 21. September diesen Apfel ohne Schaden für denselben gebrochen. Sonst zeitigt der Apfel auf dem Lager im Dezember und hält sich während des ganzen Winters. Ebenso empfiehlt der oben Genannte diese Sorte, wenn sie auch von einigen andern Reinetten für die Tafel etwas übertroffen werde, zu allgemeinster Verbreitung und meint, es sollte dieselbe in keinem Garten fehlen.

*) Anmerkung. Im Bilde ist die Röthe etwas zu hell und die Grundfarbe zu gelb dargestellt.

Baumann's Reinette.

Reinette Baumann

Diel Cl. V. Ordn. 3.
Lucas Cl. XIII. Ordn. 2 (1).
(W. bis S.††!)

Großer Bohnapfel

Syn. Großer rheinischer Bohn-, weißer Bohnapfel, Schafskopf-, Ströb-, Wein- und Glöckleapfel, Zimmermännle, Rabiner, Bohnapfel

Vorkommen An vielen Orten in der Schweiz, in hohen und niederen Lagen, ist dieser Apfel zu finden, selten aber mit richtiger Benennung. Wir erhielten ihn aus der deutschen Rheingegend, wo er schon Anfangs der zweiten Hälfte des vorigen Jahrhunderts bekannt war und von wo aus er auch nach andern Ländern verbreitet worden ist. Er kommt in allerlei Boden und Lagen fort.

Eigenschaften des Baumes Der Baum wird stark und groß, wächst kräftig, gesund und gerade, und bildet sehr schöne Hochstämme. Diel sagt von ihm: «Ich kenne keinen so ausgezeichnet kanntlichen Baum in seiner Jugend. Sein Wuchs ist fast pyramidenförmig, wie bei vielen Birnbäumen, so daß die Aeste in spitzen Winkeln in die Höhe gehen. Es hält bei ihm oft schwer, in den ersten 10–12 Jahren, dem Baum Luft in der Mitte zu machen, so sehr drängen sich die Aeste nach dem Mittelpunkt.»

Seine hochgebaute Krone gewährt durch das glänzend dunkelgrüne, wie lackirt aussehende Laub einen wundervollen Anblick. Die Triebe sind mittelmäßig stark und schön, bräunlich hellroth und glänzend, ziemlich häufig mit weiß-grauen feinen Punkten besetzt. Die gleichfarbigen Augen sind mittelgroß, liegen fest an und stehen auf breiten, flachen Augenträgern. Das Blatt ist stark, lang oval oder eirund, unten wollig, wird bis 4“ lang und 2¼“ breit, hat eine schöne Spitze, ist grob geadert, meist doppelt gesägt. Der Blattstiel ist dünn und über 1½“ lang. Der Baum leidet während der Blüthezeit, selbst bei ungünstiger Witterung, nicht. Er liefert deßhalb Früchte, wenn andere Sorten fehlen. Seine Form, sein fast alljährlicher, oft sehr reicher Ertrag, die Ungenießbarkeit der Früchte zur Zeit der Ernte, das Festhalten derselben auch bei Stürmen empfiehlt die Anpflanzung und Verbreitung dieser Sorte besonders an Straßen und in Aeckern.

Eigenschaften der Frucht Die Form des großen Bohnapfels ist veränderlich, mehrtheils länglich konisch, seltener kugel- oder walzenförmig. Der Bauch ist schön gewölbt und sitzt in oder nur wenig unter der Mitte, einzelne breite, flache Erhabenheiten machen die Frucht sehr oft ungleichhälftig. Vollkommene Früchte eines Hochstamms haben 3“ oder 90 mm Breite und Höhe. Der offene, mitunter auch halboffene Kelch sitzt in einer meist seichten, geräumigen Einsenkung, die häufig in eine schiefe Kelchfläche übergeht und wenig Falten zeigt. Der kurze, dicke, fleischige Stiel steht in einer nicht tiefen, meist berosteten Höhle, mitunter besteht er nur aus einem dicken Fleischbutzen. Die glatte, zarte, glänzende Schale ist anfänglich grüngelblich oder auch grasgrün, später blaßgelb bis weißgelb. Die Sonnenseite zeigt schöne, ziemlich breite, kurz abgesetzte, blaßrothe Streifen, die mit dunkleren untermischt, dazwischen marmorirt und getuscht sind. Die Punkte sind zahlreich, fein, schmutzig-grün auf der Schatten-, gelblich auf der Lichtseite. Diese Punkte haben das Eigenthümliche, daß viele derselben, meist gegen den Stiel, von der Grundfarbe oder einem blaßeren Roth umringelt sind. Ueberdieß finden sich noch meistens kleine und große Rost- oder grüne, schmutzig aussehende Flekken an vielen Früchten. Das Fleisch ist fest und dicht (schwer), abknackend, fein, sehr weiß, saftig, anfänglich sauer, im Stadium der vollen Reife von einem mehr süßen, gewürzhaften Geschmack. Das Kernhaus ist eng, gewöhnlich geschlossen, hohlachsig, regelmäßig, näher dem Kelch als dem Stiel, enthält nicht viele, aber schöne, vollkommene Kerne. Die Kelchröhre ist trichterförmig, in eine kleine cylindrische Röhre übergehend. Die Frucht reift im Winter und dauert, ohne welk zu werden, bis in den Juli. Dieser Apfel wurde am Pomologenkongreß in Naumburg unter die dort ausgewählten ökonomisch nutzbarsten Aepfelsorten aufgenommen.

Nutzen Dieser Wirthschafts-Apfel ersten Ranges dient vorzüglich zum Dörren, Mosten, Kochen, auch zum Rohgenuß ist er im Frühjahr noch verwendbar. Die Schnitze davon sind sehr beliebt und bilden einen begehrten Handelsartikel.

Anmerkung Der kleine Bohnapfel ist dem hier beschriebenen so ähnlich, daß er deßhalb wohl ganz entbehrlich ist. Der Baum soll freilich sehr fruchtbar sein, allein auch «der große Bohnapfel» läßt in dieser Hinsicht nichts zu wünschen übrig.

Grofser Bohnapfel.

(Grofser rheinifcher Bohnapfel.)

Diel IV. 2.
Lucas IX. 3. b.
(**W.)

Pomme Bovarde

Vorkommen Diese Sorte ist im ganzen Kanton Waadt vorkommend und sehr geschätzt. Die größte Verbreitung hat der Apfel in den Gegenden von Lausanne, Orbe und im mittleren Waadtland. Hier ist auch sein Heimatland, ohne daß sich mit Sicherheit sagen ließe, wo und wann diese Sorte als Kernstamm sich entwickelt habe.

Eigenschaften des Baumes Die Bäume werden mittelgroß bis groß, und formiren eine kugelförmige Krone. Sie tragen nicht überreichlich, dagegen fast alljährlich. Die Blüthe tritt spät, erst Mitte Mai auf. Die jungen Bäume wachsen in der Baumschule kräftig und schön, später gemäßigt. Das zweijährige Holz ist mit zahlreichen, kurzen Fruchtspießen besetzt, so daß in geeigneten Jahren der Ertrag doch auch groß sein kann. Die Fruchtknospen sind groß, eiförmig, die Knospendecken rothbraun und kahl an der Basis der Augen, während an der Spitze stark grauweiß filzig. Die Zweige erscheinen an der Spitze meist verdickt, hier auch während des Winters befilzt; jedoch auch bisweilen auf der ganzen Oberfläche mit Filz bekleidet, welcher nach unten allmälig schwächer wird. Unter dem Filze bemerken wir eine grau- bis rothbraune, ziemlich glänzende Rinde, auf welcher größere und kleinere Punkte unregelmäßig und nicht gar zahlreich auftreten. Die rothbraunen, glänzenden Augen sitzen auf ziemlich stark hervortretenden Wülsten (Knospenträgern); nichts desto weniger erscheinen die Zweige fast gerade.

Eigenschaften der Frucht Unsere Frucht ist stark mittelgroß, 23–25‴ breit (62–74 mm) und 21–22½‴ hoch (62–67 mm). Im Ganzen von kugelförmiger Gestalt, nach oben und wie unten wenig, aber gleichmäßig abnehmend. Der Bauch liegt in der Mitte, Kelch- und Stielebene schön gerundet. Die Kelcheinsenkung ist flach, von Fleischperlen oder Fältchen umrahmt und theilweise erfüllt. Die Kelchröhre ist höchst unbedeutend (½‴ tief) und größtentheils mit den weißfilzigen Griffeln erfüllt, die ihrerseits wieder von einem Kreise borstiger Staubgefäße umgeben werden. Schwach filzig ist auch der kleine, geschlossene, bis halb offene und vertrocknete Kelch, von welchem ein dünn filziger Ueberzug auch auf die Kelcheinsenkung übergeht. Tiefer als die Kelcheinsenkung ist die wohlgerundete, ziemlich weite Stielbucht, in welcher ein kurzer, oft fleischig werdender Stiel inserirt ist, der jene Höhlung dann nahezu ganz ausfüllt. Rippen oder Nähte fehlen ganz oder sind so unbedeutend, daß sie die Rundung des Querschnittes an unserm Apfel nicht beeinträchtigen.

Die grüne Grundfarbe der Schale geht später, sich stellenweise jedoch lange erhaltend, in's Strohgelbe über, wird aber auf der Sonnenseite mehr oder minder röthlich überduftet und von dunkelrothen, scharf abgesetzten, erd- bis carmoisinrothen Streifen, Flecken und Punkten überdeckt. Leicht bemerkbare, dreieckige Rostpunkte sind nicht besonders zahlreich über die ganze, sonst glatte Schale zerstreut, und erscheinen im Roth häufig mit schön gelblichen Höfen der Grundfarbe umflossen, und sind so in die Augen fallend, daß man hieran die Früchte leicht erkennt. Ein grünlicher, lichter Rost überkleidet die Stielhöhle, und findet sich auch um Kelch, wie an andern Stellen in größerer oder kleinerer Ausdehnung. Ein hochliegendes, kugliges, nach oben in dünnen Hals auslaufendes, ziemlich großes Kernhaus umschließt die kleinen, meist mit zwei vollkommenen, kleinen, rundlichen Samen erfüllten Kammern, die durchweg geschlossen erscheinen, und eine nur höchst unbedeutende hohle Achse zwischen sich bergen. Der Geruch des Apfels ist schwach, aber angenehm, und es schmeckt das gelbe, feinkörnige, mürbe Fleisch vortrefflich. Die Sorte gehört zu den Parmänen, und hat viel Aehnlichkeit mit der Herefordshire P.

War Ende Januar stark stippig, einzelne Früchte hielten sich bis in den Juni, schmeckten auch jetzt noch gar nicht übel, obgleich sie an Wohlgeschmack wie an Saftigkeit viel verloren hatten. – Gewöhnliche Reifezeit Oktober bis April.

Pomme Bovarde.

Farbendruck v. J. Tribelhorn in St. Gallen

Diel Cl. IV. Ordn. 4.
Lucas Cl. VII. Ordn. 1.
(W.**††)

Breitacher

(Pomme large)

Der Breitacherbaum ist beinahe in allen Obstbau treibenden Gegenden der Schweiz vorhanden. Er ist vermuthlich schweizerischer Abkunft, da derselbe schon im Anfange der 90er Jahre des vorigen Jahrhunderts in der Ostschweiz bekannt war, und nach Dochnahl erst 1799 nach Deutschland verpflanzt worden ist.

Der Baum gedeiht in einzelnen Gegenden in jeder Bodenart und Lage bis zu einer Höhe über von 2000‘ ü. M.; anderwärts soll er empfindlicher sein. Er wächst ziemlich langsam und erreicht eine mittlere Größe. Die Krone ist nicht sehr dicht und hat durch die horizontale Lager der Aeste eine flach-gedrückte, breite Form; er trägt reichlich alle 2 Jahre oder auch mäßig alljährlich.

Die Sommerzweige sind wollig, die sehr großen Blätter eiförmig, sehr lang zugespitzt und unregelmäßig stumpfsägezähnig, oben dunkelgrün, glänzend, unten grünlichweiß, filzig.

Die Blüthezeit tritt früh ein, und die Frucht reift im Oktober.

Der Baum erreicht kein hohes Alter.

Der höchste Ertrag eines Baumes ist 40–50 Sester.

Der Breitacherapfel führt bei uns noch folgende Namen: Breitaer, Breitaar, Breitiker, Schweizerbreitacher, Schiebler, Sonnenwirbel, Breitapfel, Sternborsdorfer und engl. Goldreinette. Diel und andere Pomologen nennen ihn «Pomeranzenapfel», welche Benennung nicht als treffend erscheint.

Die Gestalt des Apfels ist plattrund, meist schön regelmäßig, gewöhnlich oben so breit als unten, oder nach oben nur schwach verjüngt. Er hat mitunter ungleiche Hälften.

Die mittlere Größe des Apfels ist 2“ 5‘‘‘ (75 mm) breit und 1“ 7‘‘‘ (51 mm) hoch.

Der Kelch bald offen, bald geschlossen, sitzt in einer schüsselförmigen, schön abgerundeten, geräumigen, zuweilen von schwachen Rippen umgebenen Kelcheinsenkung. Die Kelchröhre reicht bis zum wenig geöffneten Kernhaus.

Der kurze, dicke Stiel sitzt in einer trichterförmigen, mit bräunlichem Rost ausgefüllten Stielhöhle. Die Schale der ganz reifen Frucht ist gelb, mit starken, großen Rostpunkten zerstreut besetzt, stellenweise mit Rostflecken bedeckt und auf der Sonnenseite häufig hell carmoisinroth verwaschen und punktirt.

Das Fleisch ist weißgelb, feinkörnig, fest, süßweinsäuerlich und saftreich.

Das Kernhaus ist geschlossen, breit und enthält viele vollkommene Kerne.

Diese als Tafelfrucht beliebte Sorte hält bis in‘s Frühjahr, wird auch als Wirthschaftsobst sehr geschätzt, sowohl zum Kochen als zur Saftbereitung; sie wird als Tafelobst doppelt so theuer bezahlt als die Wirthschaftsäpfelsorten.

In den Kantonen Aargau, Thurgau, Baselland, Bern und Solothurn kommt unter dem Namen «Süßbreitach» eine Sorte vor, die in Form des Baumes und der Frucht mit dem Breitacher täuschende Aehnlichkeit hat; die Frucht gehört jedoch zu den Süßäpfeln und ist von geringerer Qualität.

Breitacher.

(Pomme large)

Farbendruck v. J. Tribelhorn in St. Gallen

Diel IV. 2. u. 4.
Lucas X. 2. a.
(**††W.)

Carmeliter-Reinette

Syn. Forellen-Reinette, Reinette truite, Perlen-Reinette

Vorkommen Diese Reinette ist eine alte Frucht, wahrscheinlich französischer Abkunft, und hat sich, wie alle älteren Sorten vorzüglicher Art, in unsern Obstbau treibenden Gegenden verbreitet. Und, wie bei uns, findet sich dieser Apfel in Frankreich und Deutschland weit und breit.

Eigenschaften des Baumes Der Baum zeigt nur mäßiges Wachsthum, und zeichnet sich durch schönen geraden Stamm, sowie durch eine kugelförmige Krone aus. So als Hochstamm, der sich besonders als Alleebaum in Gartenanlagen gut eignet. Als Pyramide und in andern Zwergformen begegnen wir der Carmeliter-Reinette besonders häufig in neuern Anlagen, während der Hochstamm mehr in älteren Pflanzungen zu finden ist. Die Zweige unserer Sorte sind auffallend dünn, gelbbraun*), kahl, silberhäutig, besonders an der Spitze. Die Sommertriebe rothbraun, auch grünlich gefärbt, erscheinen von weißen Haaren befilzt. Nur wenige weißgelbe, längliche Punkte treten sichtbar hervor. Das Blatt, mit den Rändern nach oben eingerollt, erscheint schmaler, als es wirklich ist. Es besitzt elliptische Form, hat eine abgerundete Basis, ist aber nach vorn in eine verlängerte Spitze zusammengezogen. Ein doppelt und scharf gezahnter Rand begränzt die glänzendgrüne, kahle Oberseite und die mattere, kurzwollige Unterseite. Der grüne, am Ursprung röthliche Blattstiel trägt zwei unbedeutende, ungleiche Nebenblätter und mißt nur etwa ⅓ von der Länge der Blattfläche. Aus mäßig großen, dicht aber kurzwolligen Fruchtknospen entwickeln sich ziemlich früh ansehnliche, dauerhafte Blüthen, und es beut der Baum je das andere Jahr reiche Ernten.

Es kommen zwei Formen dieser Sorte vor, von denen die eine durch mehr platte Früchte und breite Blätter, die andere durch hohe Früchte und schmaleres Laub sich auszeichnet. Sie coursiren wohl auch unter verschiedenen Namen (platte, rothgestreifte, grüne Reinette; platte, gestreifte Winter-Reinette), dürfen aber, zumal da sie von gleichem Werthe sind, hier als identisch aufgeführt werden.

Eigenschaften der Frucht Ein mittelgroßer, regelmäßig gestalteter Apfel, der, obgleich in Höhe und Breite wenig verschieden, meist hoch aussieht. Mittlere Früchte messen nach beiden Richtungen 2½" (75 mm). Ein großer, blättriger, offener Kelch mit zurückgeschlagenen Kelchzipfeln sitzt in flacher Einsenkung; bei halberwachsenen Aepfeln steht er straußförmig obenauf. Ein dünner, ziemlich langer Stiel steckt in enger, tiefer und glatter Höhle, die sehr oft durch einen schnabelartigen Fleischfortsatz ausgefüllt wird. – Von der Grundfarbe der Schale, die erst blaßgrün, dann grünlichgelb ist, sieht man bei besonnten Früchten nicht viel, indem dieselben geröthet erscheinen. Im gleichmäßigen Roth treten dunklere Streifen auf, und wie Perlen leuchten zahlreiche weiße Punkte aus dem Colorit der Schale zierlich hervor. Rostpunkte und Rostflecken fehlen auf der schon am Baume bedufteten Schale nie. Die Kelchröhre reicht fast auf das regelmäßige, geschlossene, vollsamige Kernhaus hinab.

Das gelblichweiße Fleisch ist markig, voll würzigen Saftes, so daß der Apfel, der nicht welkt, vom November bis März als einer der besten für die Tafel gilt. Er würde natürlich auch ausgezeichneten Obstwein liefern, wird aber hiezu wohl selten verwendet.

---

*) Anmerkung. Im Bilde erscheint der Zweig etwas zu hell.

Carmeliter Reinette.

Farbendruck v. J. Tribelhorn in St. Gallen.

Diel Cl. IV. Ordn. 1.
Lucas Cl. VIII. Ordn. 1.
(W.*††)

Champagner-Reinette

(Reinette de Champagne)

Syn. Jahr-, Tafel-, Herren-, Taffet-, Weißer Zwiebel-, Weiß-, Schätzler-, Kapuziner-, Rinden-, Weißer Band-, Silber-, Grüner Pflasterapfel, Loskrieger, Glasreinette, Königsreinette, Englische und russische Reinette, Breitling, Gülderling, Grüner Borsdorfer

Vorkommen Dieser Apfel ist in der Schweiz, sowie im südlichen Deutschland überall mehr oder weniger verbreitet, stammt nach Dochnal aus Frankreich (1667) und wurde durch Diel 1799 als Loskrieger, und in dem darauf folgenden Jahre als Champagner-Reinette beschrieben. Der Baum verlangt guten Boden und warme Lage.

Eigenschaften des Baumes Der Baum wird mehr als mittelgroß, wächst langsam, macht feines Holz, bildet eine kugelförmige Krone, treibt sehr gedrungene, starke Aeste, welche mit kurzem, aber starkem Fruchtholz dicht besetzt sind. Dieses Fruchtholz treibt meistens Fruchtspieße und nicht selten finden sich drei Früchte auf einem Fruchtkuchen. Die Sommertriebe sind stark, etwas gebogen, silberhäutig, braunroth, mit dichter Wolle bekleidet, nur spärlich, aber fein punktirt und endigen gewöhnlich mit einem Fruchtauge. Einjährige Holztriebe bringen nicht selten Blüthen und tragen Früchte. Die Augen sind dick, hellröthlich, und die Augenträger stehen stark vor. Die Blätter sind mittelgroß, ungleich in der Form, rundlich, elliptisch, eiförmig, ersteres vorherrschend mit kurz abgesetzter Spitze, 2¾“ lang, 2“ breit, fein geadert, grob und scharf, häufig doppelt gesägt, oben mattglänzend dunkelgrün, unten wollig. Der dünne Blattstiel ist 1 bis 1½“ lang und treibt selten Afterblätter. Der Baum blüht und treibt ziemlich spät und wird nicht alt, wie manche sehr fruchtbare Bäume; er wird mit Nutzen an Straßen und freien Stellen gepflanzt, indem der Apfel sehr fest hängt und vom Baum ganz ungenießbar ist, trägt alljährlich und reichlich.

Eigenschaften der Frucht Die Champagner-Reinette ist einer der schönsten und regelmäßigsten, mittelgroßen Blattäpfel. Die flache Wölbung um den Kelch ist nur wenig kleiner, als die um den Stiel, beide sind eben und nur hie und da, meist auf der obern Hälfte, durch breite, flache Erhabenheiten unterbrochen. Die Frucht ist mittelbauchig, um Kelch und Stiel gleichmäßig abgerundet. Die Kelcheinsenkung, in der man viele sehr feine Falten bemerkt, ist ansehnlich tief, ziemlich weit ausgeschweift, flachschüsselförmig. Früchte durchschnittlicher Größe vom Hochstamm sind 2“ 2½‘“ (68 mm) breit und 1“ 7‘“ (53 mm) hoch; dergleichen vom Zwergstamme 2“ 8‘“ (86 mm) breit und 2“ 2‘“ (68 mm) hoch. Der Kelch ist geschlossen, lang- und spitzblätterig, straußartig aufrechtstehend, lange grün bleibend. Der dünne, doch manchmal auch starke Stiel ist 1 bis 1¼“ lang, steht in einer weiten, sehr geräumigen Höhle, welche stets mit einem feinen, gelbgrauen, meist strahlenförmigen Rost, oft über ihre Wölbung hinausreichend, bekleidet ist. Die Farbe der sehr feinen, bedufteten, aber nicht fettigen Schale ist anfänglich grünlichgelb, abgelagert blaßcitronengelb; besonnte Früchte sind mit zartem Rosenroth leicht verwaschen, oft nur wie angehaucht oder auch nur durch rothbekreiste Punkte, dazwischen marmorirt verwaschen, erkennbar; von allem diesem sieht man aber bei beschatteten Früchten gar nichts. Fein gelbliche Rostpunkte, Warzen und Rostfiguren finden sich nicht sehr häufig, hingegen zahlreiche, weißliche Schalenpunkte, welche sich aber auf dem Lager, auf dem die Schale etwas fettig wird, verlieren. Die Frucht ist geruchlos, das Fleisch weiß, bei voller Reife fast markig, fein, sehr saftig und angenehm, weinsäuerlich, doch nicht gewürzhaft. Die Kelchröhre ist trichterförmig, mit mehr oder weniger langer Röhre, oberhalb viel Staubfäden enthaltend. Das Kernhaus ist näher dem Kelch als dem Stiel, herzförmig, hohlachsig, regelmäßig gebaut, vollsamig, mit einer grünen Ader eingefaßt, die bei abgelagerter Frucht gelb wird. Der Apfel reift im November oder Dezember und hält, gut aufbewahrt, bis zum Sommer, schmeckt aber im März am angenehmsten. Zur Anpflanzung sehr zu empfehlen!

Nutzung Diese Reinette ist ein guter Tafelapfel, vorzüglich für die Küche, und nach längerm Lagern ausgezeichnet zur Mostbereitung; als Marktfrucht ist sie, ihrer langen Haltbarkeit wegen, sehr beliebt und gesucht. Zur Anpflanzung sehr zu empfehlen.

Champagner-Reinette.

(Reinette de Champagne.)

Farbendruck v. J. Tribelhorn in St Gallen.

Diel IV. 3.
Lucas IX. 1. b (a).
(**††W.)

Christ's gelbe Reinette

(Späte gelbe Reinette)

Syn. Christ's späte gelbe Reinette, Reinette jaune tardive (Duh)

Vorkommen Ist eine ältere Sorte, über deren Herkunft wir ohne sichere Kunde sind. Nach Dittrich soll sie aus Brüssel stammen. – Fehlt in besseren, älteren Baumpflanzungen selten, und wir finden die Sorte auch schon in den älteren Katalogen von Zimmermann in Aarau, unter dem Namen: Christ's gelbe Reinette. Ist unter den älteren Sorten eine der besten, und behauptet ihren Rang auch unter den neueren Sorten.

Eigenschaften des Baumes Der Baum wächst zu einem mäßig starken Hochstamm heran, in dessen Krone das viele feine Holz, das etwas verworren durch einander steht, als charakteristisch angesehen werden kann. Frühe Tragbarkeit, und häufig reiche Ernten empfehlen diese Reinette, die auch in höheren Lagen noch gut gedeiht und z. B. in dem 2000' hoch gelegenen St. Gallen noch schöne und delikate Frucht bringt.

Die Zweige sind dunkelgrün berindet, violet überhaucht, mit wenigen kleinen, weißen Punkten bestreut. Die röthlichen, sehr kleinen, eng anliegenden Augen stehen auf mäßigen Trägern. Von gleichem Aussehen wie das einjährige ist auch das zweijährige Holz, doch treten hier die einzelnen Lenticellen größer und daher deutlicher hervor.

Eigenschaften der Frucht Ein mittelgroßer bis großer Apfel von 2½" Höhe und Breite und auch darüber. Die einen Früchte sind stumpf kegelförmig, von hohem Aussehen, die andern mehr kugelig, fast breit aussehend und von ungewöhnlich regelmäßiger und schöner Gestalt. Die kaum merklich ungleichhälftige Frucht steht sicher auf der breiten, wohl gerundeten Stielwölbung, und nicht viel weniger auf der Wölbung um den Kelch. Die Einsenkung, in welcher der meist offene, kurzblättrige Kelch sitzt, ist flach und mäßig weit, von einigen unbedeutenden Rippchen verziert; die Kelchröhre erstreckt sich 1–2''' tief und ist von stumpf kegelförmiger bis cylindrischer Form. Aus der tiefen, engen Stielhöhle ragt der holzige, nicht starke Stiel wenig über die Basis der Frucht hervor. Die dünne, aber zähe Schale der kernreifen Frucht ist hellgrün, bedeutend dunklere Punkte treten jetzt auffallend aus der Grundfarbe hervor. Ein schwaches, verwaschenes Roth tritt nur an stark besonnten Früchten auf, und erscheint durch etwas stärker geröthete Flecken wie marmorirt (ähnlich dem marmorirten Sommerpepping). Auf dem Lager tritt nach und nach ein schönes Gelb auf, und nur in der Stielhöhle und an den Punkten, die nicht mehr so deutlich auftreten wie an der kernreifen Frucht, erhält sich die ursprüngliche, grüne Färbung. Regenmale kommen häufig vor.

Das Fleisch der lagerreifen Frucht ist mürbe, gelblich, von feinem Korn, das auf dem Bruch fast krystallinisches Aussehen verbleibt, und von sehr angenehmem Geschmack. Ein recht kleines, fast birnförmiges, sehr wenig hohlaxiges Kernhaus enthält vollkommen geschlossene Kammern mit einem bis zwei länglich eiförmigen Kernen; die Kernhausader und ein nach unten sich erstreckendes Gefäßbändel treten auf dem frischen Längsschnitt durch grüngelbe Färbung deutlich hervor. Die Samenfächer sind von mürben, wenig pergamentigen Blättern gebildet, deren Oberfläche fast zur Hälfte von parallelen Streifen mit flaumigen Efflorescenzen eingenommen wird. – Mitte April sind die Früchte noch ziemlich frisch, wenig welk und von gutem Geschmack, ja ein Exemplar von St. Gallen war am 3. Juni 1871 noch ganz angenehm und von mürbem Fleische, und es konnte jetzt die dünne, zarte Schale in großen, zusammenhängenden Fetzen leicht abgeschält werden.

Christ's gelbe Reinette.

Farbendruck v. J. Tribelhorn in St Gallen.

Diel Cl. I. Ordn. 1.
Lucas Cl. IV. Ordn. 2.
(H.W.**††)

Danziger Kantapfel

Syn. Calvillartiger Winterrosen-, Rosen-, Erdbeer-, Schwaben-, Florentiner-, Kant-, Zuger-, Blut-, Haber-, Rother Liebes-, Schwäbischer Rosen-, Parfümirter Winterrosen-Apfel, Sommerer, Apfelmuser, Rother Calvill, Reinette von Zug, Edelkönig, Rother Cardinal, Rother Herbstcalvill, Rother Wulstling, Tiefbutz, Großer rother Herbst-Faros (nicht zu verwechseln mit dem Faros der Franzosen und Mayer's «Faros»)

Vorkommen In der Schweiz, den Niederlanden und in Deutschland ist dieser Apfel stark verbreitet. In Frankreich und England scheint er bis jetzt noch nicht bekannt zu sein. Stammt nach Dochnahl aus Deutschland (1816). Der Baum verlangt schweren, guten Thonboden und ist in Bezug auf Lage und Klima nicht sehr empfindlich. Nach deutschen Pomologen, wie Metzger u. A., ist eine geschützte Lage für das gute Gedeihen dieses Baumes nothwendig. Er kömmt bei 2000 Fuß ü. M. noch gut fort.

Eigenschaften des Baumes Der Baum ist ansehnlich groß, hat eine meist flachausgebreitete, dichtbelaubte Krone, deren Aeste beinahe wagrecht abstehen und sehr viel Fruchtholz ansetzen. Die Sommertriebe sind ziemlich lang, schwach gekrümmt, nicht sehr stark, mit einem schönen Silberhäutchen belegt, schmutzig wollig und mit gelb eingefaßten, länglich schwarzen, zerstreuten Punkten besetzt. Die dicken Fruchtknospen sind herzförmig. Die Blätter der Holztriebe sind groß, lang, eiförmig, mit einer starken, auslaufenden Spitze, 3¼" lang und 1¾" breit, von dichtem Gewebe, grob geadert, unten stark wollig, oben dunkelgrasgrün, mattglänzend und am Rande stark gekerbt oder stumpf gezahnt. Die Blätter der Fruchtaugen sind viel größer, 5" lang und 2½" breit. Der Baum blüht spät und lang, trägt fast alljährlich und je das zweite Jahr reichlich. Er wächst in der Jugend ziemlich stark, ist dauerhaft und gesund.

Eigenschaften der Frucht Die Gestalt dieses Apfels ist gewöhnlich plattrund, seltener kugelförmig und hoch aussehend. Von der Mitte, seinem größten Umfange aus, wölbt er sich nach Stiel und Kelch schön gleichförmig plattrund ab, wodurch beide Wölbungen sich fast gleich sind. Oft ziemlich stark hervortretende, meistens unregelmäßige Rippen ziehen sich über die ganze Frucht und gehen zuweilen in scharfe Kanten oder Näthe aus. Dieser calvillartigen Form wegen wird sie häufig mit dem rothen Herbstcalvill verwechselt. Eine mittelgroße Hochstammfrucht ist 2" 1"' (63 mm) breit und 1" 9"' (57 mm) hoch. Größere Früchte werden oft ⅓ höher und eben so viel breiter. Der Kelch ist lang gespitzt, grün, wollig, meist geschlossen, sitzt in einer engen, tiefen Einsenkung, die aus feinern und gröbern Rippen besteht, von denen einige über die ganze Frucht hinlaufen, im Querschnitt aber sich nur wenig auszeichnen. Der Stiel ist holzig, grün und braun, wollig und knospig, höchstens 6"' bis 8"' lang und sitzt in einer engen und tiefen, strahlig rostigen Höhle. Die Schale ist abgerieben schön glänzend, fein, glatt und fettig, mit grünlichgelber, etwas matter Grundfarbe, die aber auf der Sonnenseite mit lebhaftem Carmoisinroth streifenartig oder gefleckt verwaschen, seltener gleichmäßig gedeckt ist. Bei ganz besonnten Früchten ist von der Grundfarbe fast gar nichts zu bemerken. Je mehr sie beschattet sind, je weniger sonnenreich das Jahr ist, je jünger die Bäume sind ec. ec., desto mehr sieht man die auf dem Lager schön gelb werdende Grundfarbe, und im umgekehrten Falle, zumal bei günstigem Zusammentreffen des Sonnenscheins mit Regen, ist die Röthe desto verbreiteter und lebhafter. Die Punkte sind etwas weitläufig vertheilt, fein und gelbgeringelt. Die Stielhöhle ist strahlenförmig berostet. Manche Früchte bekommen auch schwarzbraune Flecken und rauhe, aufgesprungene und hellaussehende Warzen. Das Fleisch ist weißlichgelb, die Ader um das Kernhaus grünlichgelb, oft roth, fein, weich, markig, saftvoll und von einem angenehmen, gewürzhaften, fein weinsäuerlichen Geschmack. Die Kelchröhre und die Kelchhöhle bilden zusammen einen kurzen, stumpfen Kegel, erstere geht fast bis auf das Kernhaus herab. Das breitzwiebelförmige, große, etwas offene Kernhaus ist näher dem Kelch als dem Stiel. Die Kammern sind geräumig und mit ziemlich vielen kurzen, dicken, schwarzbraunen Kernen besetzt. Die Frucht reift im Oktober oder Anfangs November, hält, gut aufbewahrt, bis in den Hornung, ausnahmsweise bis März. Der Standort übt auf diese Frucht, die sehr variirt, einen auffallenden Einfluß aus.

Nutzung Der Danziger Kantapfel ist für die Tafel wie für Wirthschaftszwecke gleich gut, gleich empfehlenswerth, und verdient in jeder Beziehung den Grad ersten Ranges.

Danziger Kantapfel.

Diel Cl. IV. Ordn. 2.
Lucas Cl. IX. Ordn. 2.
(**!††!W.)

Edelborsdorfer

(Reinette Batarde)

Syn. Edler Winter-Borsdorfer, Borsdorfer, Maschansker

Vorkommen Diese uralte Sorte ist in Deutschland am weitesten verbreitet; auch in der Schweiz findet sie sich überall, jedoch nicht allzu häufig. Nach Dittrich stammt der Edelborsdorfer von einem gleichnamigen Ort «Borsdorf», deren es zwei gibt, wovon das eine bei Meißen, das andere bei Leipzig belegen ist. Wann und durch wen diese Sorte hier aufgefunden worden sei, ist unbekannt, dagegen erfahren wir durch Hogg, es sei dieselbe schon 1561 bei Meißen angebaut worden.

Eigenschaften des Baumes In der Jugend wächst der Borsdorfer langsam, und er wächst fünfzehn und mehr Jahre, bevor er trägt, wie dieß bei andern Sorten von großem Wuchse und langer Dauer auch der Fall zu sein pflegt. In der That gehört der Borsdorfer zu den mächtigsten, gesundesten und dauerhaftesten Bäumen. Man pfropft die Sorte mit Vortheil in die Krone halb gewachsener Bäume, um früher Früchte als von den in Baumschulen veredelten Bäumen zu erhalten. Hellgrünes, glänzendes Laub und spät erscheinende, fast weiße Blüthen zeichnen die Sorte aus; es stehen diese Bäume noch 10–14 Tage kahl, während die andern sich mit Laub und Blüthen kleiden. Trägt jedes andere Jahr ziemlich voll, ist jedoch bei der geringen Größe seiner Früchte nicht sehr ausgiebig, was bei uns ein Grund sein mag, daß die Sorte nicht so hoch geschätzt wird, wie in den nördlichen Ländern. Die deutschen Pomologen haben in ihren Versammlungen zu Naumburg und Gotha den Edelborsdorfer zu allgemeiner Anpflanzung empfohlen, wozu er sich doch wohl nicht eignet, da er manchenorts zwar zu den einträglichsten Sorten zählt, während anderwärts über seine geringe Fruchtbarkeit geklagt wird. Dr. Lucas nimmt an, die Sorte verlange frischen, fruchtbaren Boden, der übrigens auch andern Sorten am besten zusagt.

Eigenschaften der Frucht Ein meist kleiner, wohlgeformter, plattrunder Apfel. In ganz guten Böden und an jüngern Bäumen wir er auch mitelgroß, dann etwas höher und nach oben abnehmend. Der offene, kurzblättrige Kelch findet sich in einer geräumigen, glatten, sehr selten faltigen Einsenkung, die in eine kurze, weite Kelchröhre übergeht. Der Stiel ist meist länger als hier im Bilde, wo er in einen Fleischbutz umgewandelt erscheint; sonst mißt er ½–¾“ und steckt in einer tiefen, oft etwas rauh berosteten Höhle. Vom Baume ist die glatte, wachsartig glänzende Schale grüngelb, später goldgelb; die Sonnenseite glänzt in schönem Roth. Aus diesem hervor leuchten wenige kleine gelbe Punkte, während diese in der Grundfarbe zimmetbraun aussehen. Es gibt wenige Früchte, welche nicht ein oder mehrere rundliche, zimmetfarbige Warzen tragen; auch sind Rostfiguren nicht selten.

Das Fleisch ist weiß, sehr fein, abknackend und in seiner vollen Reife höchst delikat, von weinigem Zukkergeschmack, der sehr fein gewürzt ist. Diesen edlen Geschmack verliert er nach Lucas in sehr warmen, südlichen Lagen, wie im Tyrol, und dieß dürfte neben der oben erwähnten Kleinheit ein weiterer Grund sein, daß der Borsdorfer in unsern obstreichen, warmen Lagen nie jene Berühmtheit erwerben konnte, deren er sich in Deutschland erfreut. Ein mittelmäßiges, zwiebelförmiges, mehr nach oben verschobenes Kernhaus, von grüner Kernhausader eingegrenzt, ist vollsamig, und die Fächer sind geschlossen.

Unsere Sorte ist am besten Anfangs Winter, im November und Dezember, hält aber bis Februar, von welcher Zeit an die Frucht bedeutend von ihrem Wohlgeschmack verliert.

Der Borsdorfer ist als Tafelfrucht sehr gesucht und daher gut bezahlt, dient jedoch auch zu wirthschaftlicher Benutzung ganz vorzüglich.

Edelborsdorfer.

(Reinette Batarde)

Diel Cl. IV. Ordn. 4.
Lucas Cl. XII. Ordn. 2.
(**!††W.)

Etlins Reinette

Syn. Gsangmostapfel, Vogelsangapfel

Vorkommen Das Bekanntwerden dieser neuen vortrefflichen Reinette verdanken wir dem unermüdlichen Förderer der Obstbaumzucht im Kanton Unterwalden, dem Nationalrath und Landammann Dr. Ettlin in Sarnen, nach dessen Namen Lucas diese Frucht benannte. Der Mutterbaum ist ein Wildling, circa 30 Jahre alt, und steht auf einem kleinen Heimwesen, «zum Vogelsang» genannt, nächst dem Landgut «Landenberg», Gemeinde Sarnen, Kanton Unterwalden (ob dem Wald). Dr. Etlin sah diese Frucht zum erstenmal 1863, bei einem Krankenbesuch, erkannte sogleich, nachdem er sie gekostet, ihre vorzüglichen Eigenschaften, worauf er sein Möglichstes zur Verbreitung des Baumes beitrug. Man glaubt, diese Sorte sei aus einem Kerne des Breitacherapfels entstanden, der nebst andern an jene Stelle nächst dem Wohnhause hingeworfen worden. Der Baum steht in sonniger, ziemlich geschützter, südöstlicher Lage, auf gutem, humusreichem, geschlossenem Boden mit steinigem Untergrund, auf einem sogenannten «Trampelplatz», 1550' über Meer.

Eigenschaften des Baumes Der Baum ist mittelgroß, hat eine flachgedrückte Krone mit hängenden Aesten (vermuthlich durch die Last der Früchte niedergebeugt), setzt viel Fruchtholz an, blüht mittelfrüh, und ist während dieser Zeit weder empfindlich gegen Witterung, noch wirkt der Föhnwind besonders nachtheilig auf die Entwickelung der Blüthe. Der Mutterbaum trägt ohne alle Pflege alljährlich und oft außerordentlich reichlich. In diesem Falle erlangen die Früchte ihre normale Größe nicht und die Sommerschosse bleiben klein und schwach. Am jüngern Holz ist die braune Rinde auffallend bläulich-weiß angelaufen und wenig punktirt. Das Braun am ein- und zweijährigen Holz ist nahezu gleich. Der Baum ist gesund und dauerhaft, hält die Früchte sehr fest, eignet sich daher für windige Lagen, und weil der Apfel frisch vom Baume ungenießbar ist, auch zur Anpflanzung an Straßen. Sein höchster Ertrag war bis jetzt 28 Sester.

Eigenschaften der Frucht Der Apfel ist mittelgroß, theils plattkugelförmig, theils walzenförmig; überhaupt in der Form sehr variabel. Der größte Querdurchmesser geht durch die Mitte der Frucht, und bei platten Früchten ist die Kelchwölbung etwas kleiner als die Stielwölbung; sonst sind beide Wölbungen gleich. Fünf bis sechs schwache Rippen, wovon aber einzelne oft stark hervortreten, ziehen über die Wölbung hin. Die Frucht ist 2" (40 mm) hoch und 2"4"' (52 mm) breit. Der Kelch ist klein, geschlossen, mit langen, schmalen, oben rückwärts gebogenen Blättchen, in meist flacher, viele kleine und einzelne große Rippen und Fleischperlen zeigenden Einsenkung; nur ausnahmsweise ist diese tief und von ungleich großen Rippen etwas eng zusammengedrückt. Die tiefe, enge Kelchröhre endigt nach oben in eine breite, beckenförmige Ausbreitung mit zahlreichen Staubfäden; der Stiel sitzt 5"' – 8"' lang in tiefer, trichterförmiger, mit meist feinem, goldartigen Rost leicht belegten Höhle. Zuweilen ist der Stiel von einem Fleischwulst auf die Seite geschoben.

Die Schale ist glatt, glänzend, die Grundfarbe erst grün, dann stärker citronengelb. Die Sonnenseite ist mit einem sehr schönen, streifigen, oft auch verwaschenen Carmoisin leicht bedeckt, in welchem sich feiner, goldartiger Rost zeigt. Die Röthe ist mitunter blaß oder trüb; auch finden sich in derselben mehr oder weniger rothumringelte Punkte. Ganz beschattete Früchte zeigen oft keine Spur von Roth. Feine Rostpunkte, Wasserflecken, Rostanflüge und Rostfiguren sind mehr oder weniger auf jeder Frucht; seltener hingegen Warzen. Das Fleisch ist gelblich-weiß, fein, markig, von sehr edlem, süßweinsäuerlichem, muskirendem Reinetten-Geschmack. Das Kernhaus ist herzförmig, näher dem Kelch als dem Stiel, hohlachsig, oft etwas offen. Die Kammern sind muschelförmig, in jeder derselben befinden sich zwei vollkommene, hellbraune Kerne.

Der Apfel ist genießbar von Anfang Dezember bis in den Juni. In den Monaten März, April und Mai ist er ungemein delikat. Ebenso gut wie für die Tafel ist er auch für die Küche, zum Dörren und besonders vorzüglich zu Getränk, das sehr geistig und haltbar ist und in Flaschen abgezogen moussirt, was zwar bei gleicher Behandlung andere Moste auch thun.

Für diese noch wenig bekannte Reinette wird im Handel immer Fr. 1 per Sack à 4 Viertel mehr als für andere gute Sorten bezahlt. Wir können diese, der Schweiz eigenthümlich angehörige Sorte zur Anpflanzung und Verbreitung nicht zu viel empfehlen.

Durch die Gefällligkeit des Herrn Dr. Etlin wurden Herrn Pfau auf Christenbühl bei Neukirch einige Edelreiser zu Theil, obschon dieselben sehr schwer erhältlich sind, weil der Baum durch seine allzu große Tragbarkeit nur wenige und schwache Sommerschosse treibt. Wir (Pfau & Comp.) werden uns daher angelegen sein lassen, so viel als möglich Edelreiser in unserer Baumschule zu ziehen.

Es dürfte diese Sorte nunmehr in allen namhaften Baumschulen unseres Landes zu finden sein.

Etlins Reinette.

Farbendruck v. J. Tribelhorn in St. Gallen.

Diel Cl. II. Ordn. 2.
Lucas Cl. IV. Ordn. 3.
(W.**††!)

Fraurothacher

(Pomme Châtaigne)

Syn. Frauenrothacher, Fraurothiker, Rothiker, Welsch-Granar, rothe Reinette, rother Breitar, Schläfler, Karpentecher, Pomme Châtaigne du Léman

Vorkommen Diese Obstsorte kommt in allen obstbautreibenden Gegenden der Schweiz vor, am häufigsten indessen in den nördlichen, nordöstlichen und östlichen Kantonen, in welchen sie nachweisbar schon Mitte des vorigen Jahrhunderts vorhanden war und von hier nach dem Auslande sich verbreitete. Auf diesen Ursprung deutet auch die Notiz der Pomologen Dochnahl und Metzger hin, nach welchen diese Sorte aus der Bodenseegegend stammen soll.

Mittelschwerer und schwerer Thonboden mit kalkigem Untergrund sagt dem Fraurothacher am besten zu. In Gegenden, die 2000' und noch höher über Meer liegen, verlangt der Baum eine geschützte Lage, wenn er lohnen soll, indem hier in harten Wintern die Jahrestriebe leicht erfrieren.

Eigenschaften des Baumes Der Baum wird überhaupt nur mittelgroß, in rauhen Lagen bleibt er klein. Er wächst langsam, weßhalb es rathsam ist, diese Sorte auf kräftige, schon erstarkte Bäume zu pfropfen. Auf Akkerland eignet sie sich weniger, da die flache, sehr dichte Krone zu starken Schatten verursacht. Die horizontal ausgebreiteten, vielfach gekrümmten Aeste sind mit Fruchtholz dicht besetzt, welches mittelstarke, befilzte, längliche Fruchtknospen enthält und gleichfalls nicht sehr kräftige, braunrothe, zum Theil silberglänzende gerade Leitzweige treibt, deren Spitzen weißwollig erscheinen. Die mittelgroßen, eirunden, meist doppelt gesägten Blätter sind oben dunkelgrün und unten weißlich. Die schön geröthete Blüthe entwickelt sich spät (daher der Name Schläfler) und ist nicht sehr empfindlich. In guten Jahren bringt der sehr gesunde und dauerhafte Baum, der gegen 100 Jahre alt werden kann, bis sechzig Sester. Er trägt durchschnittlich alle zwei Jahre, unter günstigen Verhältnissen selbst alljährlich.

Eigenschaftender Frucht Der Apfel ist mittelgroß, von wechselnder Form; meist ist er plattrund, bisweilen auch höher, mittelbauchig bis stielbauchig. Die Stielfläche ist breit und eben, die Kelchfläche kleiner und uneben durch flache Rippen, welche sich mehr oder weniger deutlich über die Frucht hinziehen. Mittelgroße Früchte sind 2" 6"' (78 mm) breit und 2" 2"' (66 mm) hoch. In einer meist weiten, nicht sehr tiefen Einsenkung sitzt der wohlausgebildete, grüne, spitzblättrige, offene oder halboffene Kelch. Der Stiel ist kurz, oft nur ein fleischiger Stummel, der die ganze, meist regelmäßige seichte Stielhöhle ausfüllt. Die glatte, zarte Schale läßt von der Grundfarbe, die vom Baum grüngelb, später hellgelb sich zeigt, nur wenig erkennen, zumal an besonnten Früchten, da ein dunkles Carmoisinroth fast die ganze Schale überzieht, aus dem da und dort noch dunkle, längere und kürzere Streifen hervortreten. Rostwarzen kommen vereinzelt vor, während kleinere und größere Rostpunkte ziemlich zahlreich auf der Schale zerstreut erscheinen. Charakteristisch sind die hellen, fleckenähnlichen Punkte im Roth. Die Stielbucht ist stets berostet, stellenweise rauh. Das Kernhaus ist geschlossen, herzförmig und verhältnißmäßig. Die engen Kammern enthalten viele und meist vollkommene Kerne, die Kelchröhre wechselt, ist weit und kurz bei platten, lang bei hochgebauten Früchten. Das Fleisch ist weiß, fest, abknackend, von feinem, süßsäuerlichem, würzigem, reinettenartigem Geschmack, wodurch sich unser Fraurothacher weit mehr den Reinetten nähert als den Rosenäpfeln, wohin einige Pomologen denselben stellen. Stark besonnte, gelagerte Früchte zeichnen sich durch röthliches Fleisch, besonders in den Kelchgegenden aus. Der Apfel reift von Mitte bis Ende Oktober, hält bis Juli und selbst ein Jahr und darüber.

Nutzung Zum Rohgenuß, Kochen, Dörren, sowie zum Mosten ist dieser Apfel gleich ausgezeichnet und darf in jeder Beziehung als Frucht ersten Ranges bezeichnet werden. Im Jahr 1862 wogen 10 Sester 175–180 Pfund und ergaben durchschnittlich 30 Maß Saft von 69° nach Oechsle. Der Saft ist vorzüglich, frisch zwar herb und rauh, muß daher vor der Verwendung abgelagert sein und hält sieben bis acht Jahre. Vermischt mit einem Drittel Saft und Süßäpfeln, z. B. Usteräpfeln, wird der Saft sofort genießbar und hat einen angenehmen Geschmack. Diese ausgezeichnete Marktfrucht eignet sich bei sorgfältiger Verpackung, ganz besonders zur Versendung, da sie vom Transport selbst in überseeische Länder wenig leidet; sie wird in der Regel höher bezahlt als andere Winteräpfel und darf in jeder Beziehung zu häufiger Anpflanzung lebhaft empfohlen werden.

Fraurothacher.

(Pomme Châtaigne.)

Diel IV. 1.
Lucas VIll. 2. a.
(**††W.)

Gäsdonker Reinette

Syn. Gäsdonker Goldreinette, Diel; kleine englische Reinette von Flotow

Vorkommen Diese köstliche Frucht stammt aus dem Kloster Gäsdonk bei Hoch am Rhein; von da wenigstens erhielt sie der verdienstvolle Pomologe Diel. Von woher sie an jenen ersten Fundort gelangt, ist nicht nachweisbar. Jetzt ist diese Sorte viel verbreitet, darf ihrer trefflichen Eigenschaften wegen allen Liebhabern edler Reinetten zur Anpflanzung empfohlen werden. Alle Baumzüchter halten von dieser Sorte reichen Vorrath.

Eigenschaften des Baumes Der junge Baum wächst kräftig; dagegen ist der Trieb älterer Bäume schwach, so daß einjährige Zweige selten die Länge von 3" überschreiten, gleichwol haben sie ein schlankes Ansehen, da auch die Dicke sehr gering ist. Die Rinde, von rothbrauner Farbe, ist halbseitig silberhäutig, theils kahl; mit ziemlich großen, länglichen grauen Punkten bestreut, theils dicht grau befilzt, so daß nur stellenweise die Rinde durchblickt. Kleine, halb eiförmige Augen – den geraden Zweigen dicht anliegend – sitzen auf wenig markirten Trägern, an denen die Blattstielnarben unbedeutend erscheinen, doch deutlich drei weiße Punkte erkennen lassen, als Rudimente dreier Gefäßbündel, die in's Blatt hineintraten. Die röthlichen Knospendecken verhalten sich, wie die Zweige, denen sie aufsitzen, und sind demnach entweder ganz kahl oder befilzt. Zahlreiche Fruchtknospen auf kurzen Spießen verkünden die Fruchtbarkeit unsers Baumes. Sie sind von ansehnlicher Größe, lang eirund, bunt, indem die Knospenschuppen an der Spitze braun, an der Basis hellroth erscheinen. Nach dem «illustr. Handb. der Obstkunde» wächst der Baum in der Jugend sehr lebhaft, wird aber doch nur mittelgroß, und bildet eine kugelförmige Krone, die reich mit Fruchtholz besetzt die große Fruchtbarkeit der Sorte erkennen läßt. Die Blüthe erscheint ziemlich spät und leidet nur selten; auch gedeiht der Baum selbst in rauheren Obstlagen sehr gut. Für Pyramiden geht unsere Sorte auf Wildling und Johannisstamm.

Eigenschaften der Frucht Unser Apfel gehört zu den kleineren Sorten, da er bei einer Breite von 2–2½" die Höhe von 1¾–2" nicht leicht überschreitet. Sonach erscheint er in platter Gestalt, ist schön geformt, regelmäßig gerundet, aber doch bei genauerer Ansicht etwas ungleichhälftig. Mittelbauchig nimmt er ganz allmälig nach beiden Richtungen an Umfang ab, und zwar nach oben etwas mehr als nach unten; doch ist sowol der Kelch- wie besonders der Stielrand zum ebenen, sicheren Absitzen ganz geeignet. In mäßig tiefer, wohlgerundeter Kelchhöhle sitzt der offene, langblättrige Kelch, mit kurzer, trichterförmiger Kelchröhre. Bedeutend tiefer ist die stark berostete Stielhöhlung, welche den ½" langen, holzigen Stiel einschließt. Wie die trefflichen Abbildungen zeigen, ist die Schale der kernreifen Frucht hellgrün und wird während des Lagerns schön strohgelb. Die Sonnenseite ist von schöner, verwaschener Röthe überlaufen, wovon an Schattenfrüchten keine Spur. Weißlich graue, ziemlich große dreieckige Rostpunkte finden sich über die ganze Schale gestreut. Rostüberzüge um den Kelch sehr oft vorhanden, gebildet aus kleinen, zu concentrischen Kreisen angeordneten Strichen.

Das gelblich-weiße, saftvolle Fleisch ist würzig und von so trefflichem Geschmack, daß die Gäsdonker Reinette unter die Tafelfrüchte ersten Ranges rangirt. Die Frucht hält bis Mai und noch weiter hinaus, während sie von Neujahr genießbar wird. Das Welken, welchem die Frucht späterhin zu ihrem Nachtheil unterliegt, kann vermieden werden, wenn man die wohlgereiften Früchte unmittelbar im Keller aufspeichert.

Daß der Apfel auch einen vortrefflichen Most liefern würde, ist selbstverständlich. Zu dieser Verwendung gelangt er bei uns jedoch nicht, da er viel zu hoch im Preise steht.

Gaesdonker Reinette.

Farbendruck v. J. Tribelhorn in St. Gallen.

Diel Cl. IV. Ordn. 1 (2).
Lucas Cl. XI. Ordn. 2b.
(W.**††)

Gestrickte Reinette

(Reinette filée)

Es herrscht wohl bei keiner natürlichen Aepfelgruppe eine größere Verwirrung, als bei den grauen Reinetten, den sogenannten «Lederäpfeln». Es sind dies all' diejenigen Sorten, deren Schale sich mit einer mehr oder minder zusammenhängenden Schicht von Korksubstanz, welche das lederartige Aussehen verleiht, umkleiden. Die Zahl der hierher gehörigen Sorten ist gar nicht klein, und viele der Lederäpfel dürfen zu unsern geschätztesten Winteräpfeln gestellt werden, und spielen auf allen Obstmärkten eine nicht geringe Rolle. Aber welche Sorten sind die bei uns vorkommenden, und welche von diesen zu empfehlen? Ja, das weiß ich nicht, und auch meine Kollegen sind im gleichen Falle. Man unterscheidet in den einzelnen Landesgegenden die einzelnen Sorten eben nicht, man spricht im Allgemeinen nur von «Lederäpfeln». So macht's das Volk in allen Fällen, wo wegen großer, äußerer Uebereinstimmung eine spezifische Unterscheidung schwer ist; so nennt es die Doldenpflanzen «Bangä, Bangelä», die zahlreichen Seggenarten «schwarze Streu», die höchst wichtigen Grasarten «Schmalä» ec. Wir sogen. Pomologen sind bis hierin nicht viel besser dran und trösten uns für einstweilen mit der Besicherung eines im Alter ergrauten Pomologen ersten Ranges in Deutschland, der mir in Görlitz ganz offen sagte, als ich ihm diese gestrickte Reinette vorlegte: er kenne nicht mehr als drei Sorten von grauen Reinetten ganz genau. Nun, dieser Trost soll uns nicht in der bisherigen Unsicherheit des Wissens erhalten. Die pomologische Kommission, sowie auch die Kommission für Obstbestimmung wird im Laufe dieses, an Aepfeln so gesegneten Jahres keine Mühe sparen, um hier Klarheit zu schaffen, so daß dann in einer spätern Lieferung dieses Werkes eine unserer wichtigsten grauen Reinetten in Abbildung erscheint, deren Beschreibung dann noch eine Uebersicht der bessern Lederäpfel unseres Landes mit ihrer Charakteristik beigegeben werden soll.

Uebergehend zur oben genannten Sorte, wissen wir was folgt:

Vorkommen Die Herkunft dieser Sorte ist unbekannt, und der Verbreitung nach zählt diese graue Reinette keineswegs zu den häufigsten ihrer Familie; dagegen ist sie wohl leichter als jede andere zu erkennen. So weit uns bekannt, beschränkt sich das Vorkommen als Hochstamm auf die Hausgärten.

Eigenschaften des Baumes Unser Baum zeichnet sich durch langsames Wachsthum, durch geringe Größe und ungemeine alljährliche Fruchtbarkeit aus. Die Krone ist flach, aus unregelmäßig sich kreuzenden, nur wenig aufstrebenden Aesten gebildet, an denen meist nur dünne Zweige mit lockerer Belaubung auftreten, und die ganze Krone äußerst licht erscheinen lassen. Die schwachen Sommertriebe sind kurz, weißflaumig, erst im Herbst braun und fahl werdend. Am zweijährigen Holz ist die Rinde silberhäutig, sparsam weißgrau punktirt. Die Blätter sind in der Regel kleiner als im Bilde; die größten 2½" lang und 12"' breit. Die Fruchttriebe zeichnen sich durch besonders kümmerliche Belaubung aus. Die schwach gezahnten Ränder sind ansehnlich einwärts gerollt, wodurch die Blattfläche noch schmaler erscheint als sie wirklich ist, und wodurch die Ansicht der kahlen, grünen Oberfläche entzogen, die hellgrüne, flaumige Unterseite desto besser sichtbar wird. Der flaumige, bisweilen röthliche Blattstiel ist von der halben Länge der Mittelrippe, fast walzlich, mit kaum bemerklicher Rinne und mit unbedeutenden, schmallinealen, 1"' langen Nebenblättchen an der Ursprungsstelle besetzt. Für Hochstämme in gutem Boden, wie auch als Pyramide in Gruppen gleich schätzbar.

Eigenschaften der Frucht Die Frucht hat beinahe kugelige Gestalt, und es erfährt die drehrunde Form durch Unebenheiten irgend welcher Art kaum bemerkbare Störung. 16–17"' (48–50 mm) hohe, und 18–19"' (54–60 mm) breite Früchte sind so ziemlich die Regel, schon eher zu den großen als kleinen Früchten zählend. Kelch- und Stiel-Einsenkung sind weder groß noch tief, aber stets sehr regelmäßig und wohlgerundet. Der stets geschlossene, deutlich blättrige Kelch sitzt manchmal ganz obenauf und verschließt eine cylindrische, 2"' tiefe Kelchröhre. Der kurze, holzige Stiel ragt wenig oder auch gar nicht über die schön gerundete Stielwölbung hervor. Im matt- und gelb-weißen saftigen Fleisch erscheint dunkler die fast kreisförmige Kernhausader, das ziemlich große, dem Kelch näher gerückte Kernhaus umgränzend. Vollkommene Samen sind je einzeln in den sehr kleinen Fächern. Die ursprünglich grüne Grundfarbe der Schale, das später in Gelb umwandelt, wird auf ⅓ der Oberfläche von einem schwach glänzenden Erdroth, das später lichter wird, bedeckt, und ein Maschenwerk von gelbbraunem Rost umstrickt unsere Frucht. Das Maschennetz ist bald weiter, bald enger angelegt, und fließt nur um den Kelch und Stiel zu einem ununterbrochenen Lederüberzuge zusammen. Dieses Maschennetz bildet den Hauptcharakter unserer gestrickten Reinette. Im «niederländischen Obstgarten» und auch im «illustrirten Handbuch der Obstkunde von Oberdieck» ec. ist diese Sorte Charakter-Reinette benannt. Ich glaube, es geschehe dieß irrthümlich. Ich sah die Charakter-Reinette nur einmal in Görlitz; es war dieß aber ein bedeutend größerer Apfel (wie er im Illustr. Handbuch Nr. 410 dargestellt wird), als unsere gestrickte Reinette; auch bildete dorten der Rost nicht ein nach allen Richtungen geschlossenes Netzwerk, sondern einzelnen Schriftzügen ähnliche Figuren. In beiden oben angeführten Werken wird der Baum als lebhaft und groß

Gestrickte Reinette.

Reinette filée.

Farbendruck v. J. Tribelhorn in St.Gallen.

wachsend, und durch eine schöne Belaubung geziert beschrieben, was bei unserer Sorte das gerade Gegentheil ist. Bessere Belehrung vorbehalten, glaube ich in vorliegender Beschreibung die eigentliche gestrickte Reinette geschildert zu haben, und setze zur Vervollständigung nur noch bei, daß dieser Apfel immer etwas welkt, selbst wenn er bis spät hängt, und daß er als trefflicher Tafelapfel vom Januar bis März seine besten Eigenschaften entwickelt.

Die Hieroglyphen-Reinette, die neben den beiden obigen auch vielfach aufgeführt und mit denselben verwechselt wurde (Nr. 224 des illustr. Handbuches), ist nach genauerer Untersuchung nichts anderes als die Reinette von Breda.

Diel Cl. IV. Ordn. 2.
Lucas Cl. IX. Ordn. 1.
(W.**††!)

Glanz-Reinette

Syn. Gallwyler, Wyniger, Zürcher-Apfel, Grüner Borsdorfer, Grünling, Citronen-Apfel, Glas-Apfel, Taffett-Apfel, Diel's Glanz-Reinette, Tyroler Glanz-Reinette, Schweizer Glanz-Reinette, Borsdorfer Reinette, Mascon's harte gelbe Glas-Reinette, Gelber englischer Winterpepping

Vorkommen Nach pomologischen Schriften stammt diese Reinette aus dem Tyrol; es gab jedoch schon zu Diel's Zeiten im Nassau'schen hin und wieder alte Bäume dieser Sorte. In der Schweiz erhielt sie die im zweiten Decennium dieses Jahrhunderts Verbreitung, und zwar besonders im Kanton Zürich. Sie findet sich dort namentlich auf dem linken Ufer des Zürchersee's häufig und in sehr schönen Exemplaren. Der Baum gedeiht besonders gut in offenem, kräftigem und nicht zu schwerem Boden. Die Glanz-Reinette kommt auch noch in höhern Lagen gut fort, besonders an einem etwas geschützten Standorte.

Eigenschaften des Baumes Der Hochstamm wird mittelgroß. Er wächst in der Jugend stark und bildet eine kugelige, schön belaubte, dichte Krone, die öfters gelichtet werden muß. Die Aeste stehen wagrecht ab und steigen dann fast senkrecht in die Höhe. Die dünnen, schlanken Sommertriebe sind braunroth, nach oben etwas weißwollig und haben nur wenige, längliche, helle Punkte. Die Blätter sind lang, elliptisch, abgesetzt, zugespitzt und gesägt, die Afterblättchen sehr fein. Die Blüthe erscheint spät und ist gegen Witterungseinflüsse wenig empfindlich. Der Baum trägt früh und reichlich; man darf alle zwei Jahre auf eine schöne Ernte rechnen. Es wird als vortheilhaft empfohlen, diese Sorte in die Krone älterer Bäume zu pfropfen.

Eigenschaften der Frucht Die Glanz-Reinette ist ein schöner, regelmäßig geformter, vorzüglicher Winterapfel, der mittelgroß bis groß wird, namentlich auf Zwergbäumen. Sie ist hochgebaut und nahezu walzenförmig. Die Wölbung ist gegen den Kelch etwas mehr verjüngt als gegen den Stiel. Von dem mit feinen Falten umgebenen, etwas wolligen geschlossenen, kleinen, grünen Kelche laufen sehr flache Erhabenheiten über die Frucht. Der Stiel ist ½" lang, holzig, braun und sitzt in einer wenig tiefen, oft mit einem Fleischhöcker ausgefüllten Höhle. Diese ist grün, wird aber auf dem Lager rothbräunlich. Eine mittelgroße Frucht vom Hochstamm ist 2" (60 mm) hoch und 2" 1"' (63 mm) breit; nicht selten sind aber auch Früchte von 2" 5"' (73 mm) Breite und einer Höhe von 2" 6"' (77 mm). Die Schale ist wohlriechend, Anfangs hellgelb, später goldgelb; abgerieben ist sie glänzend und wie lackirt. Bei beschatteten Früchten fehlt jegliche Röthe, bei besonnten ist diese Seite hell braunroth. Es finden sich auf denselben manchmal Rostfiguren und Warzen, häufiger feinere und gröbere braune Punkte. Das Kernhaus ist offen, groß, zwiebelförmig und liegt näher dem Kelche als dem Stiele zu. Die Kapsel ist klein, mit geräumigen Fächern und schönen Kernen. Die Kelchröhre ist klein oft verwachsen. Das Fleisch ist gelblichweiß, fein, saftvoll, angenehm weinsäuerlich und von eigenthümlichem Aroma. Die Glanz-Reinette reift auf dem Lager erst nach Neujahr oder gegen den Frühling und hält ein Jahr und darüber.

Nutzung Die Frucht ist für die Tafel und Wirthschaft ganz ausgezeichnet und gehört unstreitig zu den allerfeinsten und empfehlenswerthesten Aepfeln. Man kann es als einen Beweis für ihre Vortrefflichkeit ansehen, daß Diel sie unter fünf verschiedenen Namen beschrieben hat.

Glanz-Reinette.

Farbendruck v. J. Tribelhorn in St. Gallen.

Diel Cl. IV. Ordn. 1.
Lucas Cl. VII. Ordn. 1.
(W.**††)

Goldzeug-Apfel

(Drap d'or)

Syn. Goldstick-, Goldstück-, Goldgestickter, Goldener Zeug-, Goldstoffapfel, Große gelbe Reinette, Große gelbe Zuckerreinette, Véritable Drap d'or, Vrai Drap d'or Fenouillet jaune? – NB. Dieser Apfel giebt häufig zu Verwechslungen, besonders mit den verschiedenene Goldreinetten, Veranlassung

Vorkommen Dieser Apfel ist in der Schweiz nicht sehr verbreitet, häufiger hingegen in Deutschland und Frankreich, wo er sehr beliebt ist. Dochnal beschrieb ihn im Jahre 1768, Diel Anno 1800; obwohl diese Frucht in Frankreich angeblich schon früher bekannt war, ist doch nicht mit Bestimmtheit anzunehmen, daß sie von daher stamme. Das gute Gedeihen des Baumes erfordert einen recht guten, mittelfeuchten Boden und eine geschützte Lage; an nasser oder beschatteter Stelle erhalten die Früchte schwarze Flecken.

Eigenschaften des Baumes Der Baum wird groß und erhält durch die Feinheit des Holzes und die dichte Belaubung seiner hochkugelförmigen Krone, deren Zweigspitzen immer etwas herabhängen, ein charakteristisches Ansehen und eine Form, die ihn sofort kennzeichnet. Seine Aeste trägt er stark abstehend, setzt frühzeitig und viel Fruchtholz in langen und kurzen Ruthen an, wird dadurch sehr holzreich, aber doch alljährlich tragend. Die Sommertriebe sind stark, etwas silberhäutig, fein, ziemlich lang, schwärzlich braunroth, schmutzig befilzt und zahlreich, aber fein punktirt. Die Fruchtaugen sind kurz und dick. Die Blätter sind charakteristisch schmal, lang und dünn, 1" 3"' breit, 3" 6"' lang, sitzen meistens schief auf dem Stiel, haben lang auslaufende Spitzen, wodurch sie sich besonders kennzeichnen, unten fein wollig, etwas gröblich geadert, einfach- und doppelsägezähnig. Der Blattstiel ist ziemlich stark, 1" bis 1 ¼ " lang und hat nur zuweilen sehr feine Afterblättchen. Der Baum treibt und blüht ziemlich spät, daher es kommt, daß er sehr häufige reiche Ernten giebt. Der Baum eignet sich für alle Formen, besonders aber zu Pyramiden in Gärten, wo er nicht nur als Nutz-, sondern auch als Zierbaum betrachtet werden darf. Im Hannoverschen findet sich dieser Baum, nach Oberdieck und Lucas, häufig an Chausseen, wo er reichlich und schöne Früchte tragen soll.

Eigenschaften der Frucht Der Apfel ist ziemlich groß, schön kugelförmig und regelmäßig, die Wölbungen um Stiel und Kelch unterscheiden sich nur durch ein spitzeres Zulaufen gegen den letzteren. Die Frucht wird oft durch flache Erhabenheiten uneben, wodurch die Durchmesser der Breite fast immer verschieden sind. Früchte, die höher als breit sind, gehören zu den seltenen Ausnahmen. Die Kelcheinsenkung ist schön, geräumig, mehr oder weniger tief, schüsselförmig, fein, breitflachfaltig oder mit Fleischperlen besetzt, welche meist am Rande in seichte Erhabenheiten sich umwandeln. Diese Erhabenheiten fehlen bei einzelnen Früchten gänzlich. Die Stielhöhle ist glatt, nur selten tief, die Stielfläche eben. Eine mittelgroße Frucht ist 2" 8"' (84 mm) breit und 2" 1"' (64 mm) hoch. Hat der Baum nicht zu viele Früchte, so giebt er solche von 3" 6"' (108 mm) Breite und 2" 8"' (84 mm) Höhe. Der Kelch ist geschlossen, spitzblätterig, lange grün bleibend und fein weißwollig. Der Stiel ist sehr kurz, oft etwas fleischig. Die Schale ist sehr glatt, glänzend, anfangs gelblich hellgrün, mit mehreren grünen band- oder flammenartigen Streifen, die, meist von der Stielwölbung ausgehend, sich nicht selten über die ganze Frucht erstrecken; zwischen denselben verschwindet die grüne Farbe später und bleibt nur noch in der Stielhöhle als marmorirte Spuren zurück; im Uebrigen wird die Schale blaß goldgelb. Stark besonnte Früchte werden an einer kleinen Stelle goldartig geröthet, was die Schönheit des Apfels sehr erhöht. Die Punkte sind bald fein, bald stark, mehr oder weniger zahlreich und unregelmäßig zerstreut, viele davon, besonders um die Stielwölbung herum, sind röthlich umzingelt. Häufig haben Früchte feine, netzartige, figurenähnliche Rostanflüge, einzelne fast Ueberzüge, namentlich Bandstreifen von Rost an der Stielwölbung, sowie größere oder kleinere schwarzbraune Rost- oder Regenflecken. Die Schale hat keinen Geruch, hingegen riecht das Fleisch sehr angenehm; dasselbe ist besonders unter der Schale gelb, locker, markig, saftvoll, von sehr delikatem, etwas citronenartig gewürztem, weinigem Geschmack. Die trichterförmige Kelchröhre ist schmal und erstreckt sich oft bis auf das Kernhaus herab. Das Kernhaus ist herzförmig, weit, calvillartig, bald offen, bald geschlossen, hat sehr geräumige Kammern, mit vielen schönen, vollkommenen, kaffeebraunen, spitzeiförmigen Kernen. Die Frucht reift im November, hält längstens bis März, wird dann mehlig und fade.

Nutzung Der Goldzeugapfel ist eine Tafelfrucht ersten Ranges, eignet sich aber auch vorzüglich zu jedem ökonomischen Zwecke.

Goldzeug-Apfel.

(Drap d'or.)

Diel Cl. I. Ordn. 1.
Lucas Cl. I. Ordn. 3.
(**††H.)

Gravensteiner

(Calville de Gravenstein)

Syn. Blumen-Calvill, Sommerkönig, Rosenapfel, Küchli Apfel, Strömling, Stromer, Gewürz Apfel, Schmuz-Apfel, Grafen-Apfel, Prinzessinn-Apfel, (Darf ja nicht verwechselt werden mit dem englischen Kantapfel, der in der Mittelschweiz «Sommerkönig» genannt wird)

Vorkommen Stammt aus dem südlichen Tyrol, und wurde von seiner Heimath nach Gravenstein in Holstein verpflanzt. Hier hat er sich inzwischen so außerordentlich vermehrt, daß er nunmehr einen wichtigen Ausfuhr-Artikel nach Osten, namentlich nach Rußland, bildet. In der Schweiz ist der Gravensteiner überall zu treffen, doch nirgends gerade in großer Zahl. – In der Zimmermann'schen Baumschule zu Aarau wurde diese Sorte schon im Jahr 1818 viel gezogen und von da verbreitet. In dem Kataloge jenes Jahres erscheint diese Sorte unter dem Namen: Calville de Gravenstein.

Eigenschaften des Baumes Dieser Baum wächst rasch und groß, und ist sehr dauerhaft. Er bildet eine kugelförmige, hochgebaute, starkästige Krone. Die Sommertriebe sind stark weißwollig, braunroth auf der Sonnenseite, gegenüber dunkel olivenfarbig, mit wenigen rundlichen, weißen Punkten. Der Baum trägt alle zwei Jahre, und dann gewöhnlich sehr voll. Obgleich aus südlicher Lage stammend, kommt er doch auch in hochgelegenen Obstgegenden noch gut fort. Findet sich selbst in Schweden und Norwegen noch vor, und gehört zu den geschätztesten Sorten dieser Länder. Immerhin bedarf der Gravensteiner Schutz gegen Sturm und gegen Obstdiebe. Wegen dieser exponire man den Baum nicht allzusehr! – Für kleinere Gärten geht er am besten als Pyramide auf Johannisstamm und auch auf schwachtreibende Wildlinge veredelt. In beiden Formen wächst die Sorte gern, und ist reichlich tragbar; doch meldet ein Bericht von Pfäffikon (Zürich), das nach etwa zehnjähriger Erfahrung die Tragbarkeit dieser Sorte ziemlich gering sei. In ganz warmen Lagen wird die Frucht zu frühe reif und hat nur kurze Dauer. – Die großen, rundeiförmigen bis elliptischen, unten weißfilzigen, oben dunkelgrünen Blätter sind nach vorn zugespitzt und am Rande grob gesägt. Am meisten aber zeichnet sich unser Baum durch sehr große, früh sich öffnende und gar nicht empfindliche Blüthen aus. Jüngere Exemplare haben an Stämmen und Aesten äußerst glatte Rinde, wodurch die Sorte mehr wie andere vor Ansiedelung parasitischer Flechten und Moose bewahrt bleibt.

Eigenschaften der Frucht Eine in Form und Größe stark variirende Frucht; doch erscheint diese meist hochkugelförmig, bisweilen auch etwas breiter als hoch, im Mittel nach beiden Richtungen 2½" (75mm) messend. Sanfte Rippen, die am Kelch entspringen und mehr oder weniger gegen die Stielfläche hinabziehen, stören seine Rundung, und in Regelmäßigkeit der Gestalt kann sich dieser Calvill nicht mit seinen Vettern, dem weißen Winter-Calvill und dem rothen Herbst-Calvill, messen. Der offene, aber meist unvollkommene Kelch, mit lange grün bleibenden Zipfeln, sitzt in tiefer, nicht immer geräumiger, mit Falten und Rippen verzierter Einsenkung, die in eine weite, tief kegelförmige Kelchröhre ausläuft, welch' beide immer noch einige Zeit schön grün bleiben, während die ganze übrige Schale gelb geworden ist. Auch die Stielhöhle ist tief, trichterförmig, oft durch eine Fleischwulst verengt, und birgt den kurzen, meist nicht ½" langen Stiel.

Die glatte, glänzende Schale ist stroh- bis goldgelb, die Sonnenseite mit karminrothen Punkten und kurzen Streifen, die an Schattenfrüchten fast ganz fehlen, schön bemalt. Schwärzliche Male sind nicht selten an der stark fettig werdenden Schale. Ein Hauptmerkmal ist für unsere Sorte diese fettige Ausschwitzung und der herrliche, starkwürzige Geruch des gelben, lockern, vollsaftigen, erdbeerartig schmeckenden Fleisches, das ein sehr großes, weit offenes Kernhaus umschließt, in welchem reichsamige, geräumige Kammern sich finden.

Es wird kaum eine bessere Herbstsorte unter den Aepfeln geben, die von Ende September bis durch den Oktober hält; länger dauern die Früchte von kühleren Standorten.

Der Gravensteiner gehört zu denjenigen Sorten, die erst in verhältnißmäßig neuerer Zeit bei uns bekannter und geschätzter und daher auch verbreiteter wurden.

Gravensteiner

(Calville de Gravenstein.)

Diel Cl. I. Ordn. 3.
Lucas Cl. III. Ordn. 1.
(H.††!*)

Hans Ulrichs-Apfel

(Hans Ueri-Apfel)

(Pomme de Jean Ulric)

Dieser Baum kommt, so viel bis jetzt bekannt ist, in den Kantonen Zürich, Zug, St. Gallen, jedoch am häufigsten in ersterem vor. Der Stammbaum dieser Sorte stand in den Zwanziger-Jahren in Oberrieden, Kanton Zürich, dessen Eigenthümer Hans Ulrich Staub hieß. Ob der Baum von dem genannten Besitzer gezogen worden sei, oder ob derselbe vom Kanton Zug herüber kam, ist nicht zu ermitteln. Jedenfalls war der betreffende Baum unveredelt und könnte dem Spitzweißer als Kernsorte entfallen sein.

Von Oberrieden verbreitete sich der Hans-Ulrichs-Apfelbaum zunächst an dem linken, hernach in zahlreichen Exemplaren auch an dem rechten Zürichseeufer, und von hieraus wurde er direkte nach St. Fiden im Kanton St. Gallen 2060' ü. M., verpflanzt, wo derselbe gut gedeiht und reichlich trägt. Gegen windige Lagen ist er nicht empfindlich, da seine Früchte sehr fest hangen. Die Erfahrung zeigt, daß dieser Baum sowohl in offenem als geschlossenem Boden, auf durchlassendem und undurchlassendem Untergrund fortkommt.

Der Baum ist starkwüchsig, hat eine kugelige, regelmäßige, dichte Krone, die sich durch die kandelaberartig aufsteigenden, starken, zähen Zweige auszeichnet. Man findet von ihm gegenwärtig eine Menge Exemplare mittlerer Größe, und nach 40jährigen Erfahrungen, die über ihn bis jetzt vorliegen, ist der Baum gesund und dauerhaft, und somit wohl eines hohen Alters fähig. Wegen ihres lebhaften und gesunden Triebes kann diese Sorte ebensowohl auf junge wie auf alte Bäume gepfropft werden.

Der spät treibende Baum blüht spät, reift die Frucht Anfangs Oktober und behält seine dichte Belaubung bis tief in den Herbst. Alle 2 Jahre ist der Baum volltragend, und ist er nicht zu stark beladen, so kann man jedes Jahr Früchte erwarten. 80–110 Sester wurden schon öfters von ihm geerntet.

Der Hans-Ulrich-Apfel in der Volkssprache «Hans-Ueri oder Hans-Uli» genannt, erhielt den Namen von dem schon erwähnten Hans Ulrich Staub. Noch andere Benennungen sind: gelber Hans Müller, Krönli-Apfel.

Die Frucht ist hoch gebaut, gegen den Kelch hin spitz kegelförmig zulaufend, etwas weniger breit als hoch; mehr oder weniger deutlich verlaufen sich Rippen über denselben.

Ein mittelgroßer Apfel ist 2" 3"' (69 mm) hoch und 2" 3"' (69 mm) breit.

Der Kelch ist geschlossen, besteht aus länglichspitzen, grauen Blättchen, sitzt ganz oben auf, umgeben von zusammengezogenen Rippen und Fleischperlen. Der kurze, dünne Stiel befindet sich in einer tiefen, regelmäßigen, meistens mit dünnem Rost überzogenen Höhlung.

Die Schale ist glatt, auf dem Lager fettig werdend, glänzend gelb mit einzelnen Rostpunkten besetzt; auf der Sonnenseite kennzeichnet sie ein eigenthümlich streifig verwaschsenes Roth. Abgelagert ist dieser Apfel auffallend wohlriechend.

Das Fleisch ist fest, dicht, saftvoll, süß-säuerlich, gelblichweiß, feinkörnig und von angenehmem Geschmack.

Das Kernhaus ist weit offen, mit vielen, vollkommenen, braunen Kernen besetzt.

Frisch vom Baum ist der Apfel ungenießbar und erst von Neujahr an schmackhaft, hält ein volles Jahr und darüber, ist als Tafelobst nicht ersten Ranges, dagegen als Wirthschaftsobst übertrifft ihn keine andere Sorte. Wenn die Aepfel theuer sind, werden nur die kleinen Exemplare gemostet, die größeren lagert man bis in den Sommer und erst dann kommen sie als sehr beliebtes Tafelobst zu Markte und werden zu hohen Preisen verkauft.

Auch zum Dörren ist dieser Apfel, wenn er abgelagert ist, vorzüglich, und der von ihm gewonnene Saft schmeckt ausgezeichnet.

Hans Ulrichs-Apfel

(Hans Ueri-Apfel.)

(Pomme de Jean Ulric.)

Farbendruck v. J. Tribelhorn in St. Gallen

Diel Cl. V. Ordn. 1.
Lucas Cl. XIII. Ordn. 3.
(H.††!*)

Hornußecher

Syn. Sigristen-Apfel, Später süßer Berenacher

Vorkommen Im Kanton Luzern längst einheimisch und verbreitet. Es ist wohl eine hier aus Kern entstandene Sorte, die sich auch in den Kantonen Aargau, Bern und Solothurn häufig vorfindet.

Ist mit dem Hornußecher des Aargau's nicht zu verwechseln.

Eigenschaften des Baumes Der Baum liebt einen tiefgründigen, humusreichen Boden, hat guten Wuchs, wird groß und dauerhaft, trägt bald und ist außerordentlich fruchtbar. Die Krone ist ausgedehnt, kugelförmig, licht, und es stehen bei jungen Bäumen die Aeste anliegend, während sie später abstehend, selbst stark abstehend gefunden werden. Die Holztriebe sind dünn, ziemlich lang, röthlich und nur auf der Schattenseite schwach befilzt; dagegen ist das Fruchtholz stark, mit kleinen, quirlförmig gestellten Blättern besetzt, welche ansehnliche und stumpfe Fruchtknospen umgeben. Sonst sind die Blätter groß und breit, auf langem, dünnem Stiele, und am Rande regelmäßig und fein bezahnt.

Der früh blühende Baum reift feine Früchte Ende September, die bei kühler Aufbewahrung sich bis in den November und noch länger erhalten. Man hat Bäume, die über 100 Jahr alt sind. Ausgewachsen trägt der Baum alljährlich, doch je nur alle zwei Jahre reichlich, wo dann der volle Ertrag auf 80–100 Sester steigt.

Eigenschaften der Frucht Der schön geformte Apfel ist meist plattrund, doch auch bisweilen hoch aussehend. Der Bauch ist unter Mitte, und die Breite des Apfels beträgt 2 ½" (75 mm) und die Höhe 2" 1"' (63 mm). Die Rundung der Frucht wird durch einige flache Erhabenheiten gestört, welche in der tiefen, weiten Einsenkung des kleinen, offenen Kelches ihren Anfang nehmen. Die Kelchröhre ist kurz, stumpfkegelförmig, die Stielbucht aber eng und tief, von flacher oder auch unebener Wölbung umgeben, und der kurze Stiel diese nicht überragend. Die hellgelbe Grundfarbe ist auf der Sonnenseite carmoisinroth überlaufen. Aus dieser Röthe treten dunklere Streifen und Flecken mit vereinzelten starken Rostpunkten und Regenmalen meist deutlich hervor. Die Stielhöhle erscheint strahlig berostet, nach der Tiefe in abnehmender Stärke. Das zwiebelförmige, hohlachsige, mehr den Kelch nahgerückte Kernhaus ist geschlossen und enthält große, hellbraune Kerne. Das Fleisch ist weiß, fein, locker und saftig, sehr süß, aber ohne Gewürz. Die Frucht hält bis November, und ist höchst empfehlenswerth für die Wirthschaft, denn sie dient zum Dörren und Kochen in vorzüglicher Weise. Gibt auch guten Most, der aber nicht lange hält.

Den Namen Hornußecher erhielt der Apfel wegen seiner Süßigkeit, welche zu seiner Reifezeit Hornisse und Wespen herbeilockt; nicht aber vom aargauischen Dorfe Hornußen, auf dem Bötzberg gelegen.

Hornufsecher.

Farbendruck v. J. Tribelhorn in St. Gallen.

Diel Cl. V. Ordn. 4.
Lucas CI. VIII. Ordn. 3
(H.††!*)

Gelber Jakobsapfel

(Geljoggecher)

(Pomme Jaques jaune)

Der «Gelbe Jakobsapfelbaum» kommt in der Schweiz, soweit bis jetzt bekannt, nur im Thurgau vor, und ist nach Aussage des bekannten Pomologen Lukas auch in Deutschland nicht vorhanden. In seinem uns bekannten pomologischen Werte wird dessen erwähnt. Im Thurgau findet sich derselbe am häufigsten in der Umgegend von Engishofen, Erlen, Eppishausen, Buchackern bis gegen Zihlschlacht und Bischofszell, und wurde von einer Bauernfamilie in Engishofen erzogen, die «Geljogges» heißt. Die genannten Gegenden haben vorherschend mittelschweren bis schweren Lehmboden meist mit Kalkmergeluntergrund, und liegen 1360–1570' ü. M.; auch bei 2000' kommen einzelne Bäume dieser Sorte vor, die gut gedeihen und tragbar sind. In süd- und südwestlicher Lage, namentlich wenn diese geschützt ist, zeichnen sich die Bäume durch schönern Wuchs und größere Tragbarkeit aus.

Der Baum wird mittelgroß, hat eine flachgedrückte Krone, größtentheils horizontale und auffallend langgestreckte Aeste, die, wenn sie mit Früchten stark beladen sind, mehr als andere der Unterstützung bedürfen.

Die Blätter sind schön dunkelgrün, groß, länglicheirund, gekerbt und zugespitzt.

Die Blüthezeit fällt in der Regel auf Mitte Mai, und die Fruchtreife in die zweite Hälfte September.

Der Baum erreicht ein Alter von 100–110 Jahren, ist ergiebig und trägt, wenn die Witterung während der Blüthezeit günstig ist, in der Regel alljährlich.

Der höchste Ertrag des ausgewachsenen Baumes war bisher 70–80 Sester.

Diese Apfelsorte ist im Thurgau nur unter dem Namen «Geljoggecher» bekannt. Er hat nichts gemein mit dem Jakobiapfel nach Diel II, H, Seite 220, oder mit dem Jakobsapfel von Luvas (Seite 134, Kernobstsorten Württembergs), und darf auch nicht verwechselt werden mit dem Hubacherapfel, der seiner äußern Erscheinung nach diesem sehr ähnlich ist, in der Qualität aber weit unter ihm steht.

In der Form ist der schöne, mittelgroße Herbststreifling flachrund und hat häufig ungleiche Hälften. Der Bauch sitzt in der Mitte und wölbt sich gegen den Stiel plattrund, gegen den Kelch mehr verjüngt zu, wodurch beide Wölbungen sich sichtlich verschieden zeigen.

Eine Mittelfrucht ist 2"1" (63 mm) breit und 1" 9 ¼" (58 mm) hoch.

Der spitzplättrige Kelch ist oft halb, oft ganz geschlossen und sitzt in einer engen, mit sehr wenigen und flachen Erhabenheiten umgebenen Einsenkung. Die Kelchröhre erstreckt sich fast bis auf's Kernhaus hinab.

Der kurze, holzige Stiel sitzt in einer tiefen, trichterförmigen Höhlung, die innen etwas berostet ist.

Die Grundfarbe der Schale erscheint, wenn die Frucht ihre volle Zeitigung erlangt hat, schön weißgelb, abgelagert citronengelb. Die Sonnenseite ist sehr stark mit ziemlich breiten, unregelmäßigen, carmoisinrothen Streifen besetzt und dazwischen ebenso punktirt. Diese Streifen und Punkte vermindern sich jedoch nach und nach bei dem Uebergang von der Licht- zur Schattenseite, erscheinen endlich nur noch vereinzelt und mit wenigen Ausnahmen blaßroth, so daß die Grundfarbe mit der Schattenseite vorherrschend wird. Größere und kleinere Warzen, mit Rost überzogen und theilweise mit schwarzen Punkten begrenzt, kommen häufig vor.

Das Fleisch ist weißgelblich, feinkörnig, eher lokker als fest, ziemlich saftig, von süßweinsäuerlichem Geschmack und bei voller Reife der Frucht, besonders auf der Sonnenseite, oft carminroth gefärbt.

Das geschlossene Kernhaus enthält wenige, aber vollkommene Kerne.

Der Apfel behält sein Güte bis in den Dezember, wird für die Küche, wie für die Tafel benutzt, nimmt jedoch als Tafelobst nur den zweiten, als Wirthschaftsobst dagegen den allerersten Rang ein, und gehört namentlich für Mostbereitung zu den allerbesten Sorten, daher das Sprüchwort: «Wer den Geljoggecher Saft nicht kennt, ist kein Oberthurgauer.»

Für Gewinnung eines vorzüglichen Getränkes ist es eine Hauptbedingung, daß die Früchte bis zum Abfallen reif seien. Nach der Ernte werden die Aepfel auf Haufen geschüttet, mit Tüchern bedeckt und nach 5–6 Tagen gemostet. Frisch vom Baume gemostet, liefern die Aepfel allerdings etwas mehr Saft; derselbe ist dann aber rauher zu trinken.

Im Jahr 1862 wogen zehn Sester Geljoggecher 200 Pfd., und der Saft zeigte an der Oechsle'schen Mostprobe 55°.

Aus 25 Sester Aepfel sind 75 Maaß Saft erhältlich. Auf 100 Maaß dürfen höchstens 5 Maaß Wasser verwendet werden. Das so bereitete Getränk hält sich 6–8 Jahre.

Diese Obstsorte wird ihrer vortrefflichen Eigenschaften wegen 45–60 % höher bezahlt als andere Wirthschaftsäpfel.

Zur Mostbereitung wird dieser Apfel im Thurgau allen anderen Sorten vorgezogen, weßhalb dessen Verbreitung sehr empfohlen werden darf.

Gelber Jacob's Apfel

(Pomme Jaques jaune)

Farbendruck v. J. Tribelhorn in St. Gallen

Diel Cl. V. Ordn. 2.
Lucas Cl. XIII. Ordn. 5.
(W.*††)

Jägerapfel

Syn. Harder-Apfel

Vorkommen Im Aargau allgemein verbreitet; ist hier jedenfalls entstanden, und zwar, wie der Name dieß verräth, bei Hard, einem Weiler zwischen Küttigen und Erlisbach, und, wie die vorhandenen Bäume lehren, vor nicht zu langer Zeit. Der älteste Baum dieser Sorte, welcher noch in schönster Kraft dastund, mußte vor wenigen Jahren, in Folge von Bauten, beseitigt werden.

Hinsichtlich des Namens Jäger-Apfel bleibt unentschieden, ob der Baum zuerst von gewerbsmäßigen Jägern aufgefunden und verbreitet worden sei, oder ob dieses Verdienst einem Manne Namens «Jäger» zufalle. Dieser Name kommt im Aargau vor, und ein Träger dieses in Brugg war ein tüchtiger Kenner und Förderer des Obst- und Weinbaus.

Eigenschaftendes Baumes Der Baum ist mittelgroß und von verschieden gestalteter Krone: doch erscheint diese meist kugelförmig und ist von abstehenden bis stark abstehenden Aesten gebildet, deren dichter Stand öfteres Auslichten der Krone verlangt. Die geraden, ziemlich starken Holztriebe haben einen silberweißen, filzigen Ueberzug; ebenfalls stark befilzt erscheinen auch die auf kurzem Fruchtholz hervortretenden Fruchtaugen. Die mittelgroßen, stark zugespitzten Blätter sind am Rande aufgebogen, unterseits stark befilzt, wodurch der Baum ein eigenthümlich düsteres Aussehen gewinnt, das eine weniger edle Qualität erwarten läßt, als sie in Wirklichkeit sich darstellt. Der Blattstiel ist mindestens halb so lang als die Blattfläche. – Die Blüthezeit tritt ziemlich spät ein, und es trägt der Baum je alle zwei Jahre reichlich, 60–80 Sester auf einmal. Die Sorte wächst in der Baumschule nur schwach; eignet sich daher vorzugsweise zum Umpfropfen älterer Bäume, die eine recht schöne Form erhalten. Alle älteren Exemplare, denen wir gegenwärtig im Aargau begegnen, sind in dieser Weise entstanden.

Eigenschaften der Frucht Die Frucht ist kugelförmig, bisweilen auch von hohem Aussehen; jedoch stets breiter als hoch, und es beträgt die Breite im Mittel 3“ 1‘“ und die Höhe 2“ 8‘“. Der Bauch sitzt fast immer unter der Mitte und geht nach unten in die flache Stielwölbung über, während nach oben die Verjüngung mehr oder minder stark erfolgt. Flache und bisweilen selbst stark hervortretende Erhabenheiten, die am Kelche entspringen, ziehen längs der Frucht und stören ihre regelmäßge Rundung. Die Früchte von Bäumen im Thal sind doppelt so groß als solche von der Höhen des Jura. Diese letztern sind auch fast rein kugelig, bisweilen platt kugelförmig.

Der Kelch, groß, halb offen, breitblättrig, mit rückwärts gebogenen Spitzen, grün und befilzt, sitzt in einer geräumigen, tiefen, bisweilen schwach querstreifig berosteten, meist sehr unregelmäßigen Einsenkung, und entsendet eine bis zum Kernhaus reichende Kelchröhre. Der Stiel ist dick, kurz, nur 2‘“–3‘“ lang, und sitzt in einer wenig, aber rauh berosteten Höhle. Von der Grundfarbe, die anfänglich grünlich, bei Lagerfrüchten blaßgelb ist, sieht man wenig, da blutrothe Färbung sich über den ganzen Apfel ergießt, aus dem dunklere Streifen und Punkte hervortreten. Ein bläulicher Duft überhaucht die ganze Schale, aus dem kleine, weißgraue, etwas erhabene und im Roth gelb umringelte Punkte hervortreten. Das grünlich-weiße Fleisch ist fein, saftig, mürbe, angenehm weinsäuerlich und umschließt ein hohlachsiges Kernhaus, das dem Kelch genähert liegt, und das in geräumigen Kammern zahlreiche Kerne birgt. An Sonnenfrüchten tritt um die Kernhausader eine merkliche Röthe auf.

Der Apfel reift Ende Oktober und hält, gut aufbewahrt, bis in's Frühjahr, immerhin um so länger, je später die Früchte abgeerntet worden sind.

Für die Wirthschaft, also für Küche und Most, ist dieser Streifling gleich vortrefflich, und verdient aus dieser Rücksicht weitere Verbreitung, zu der wir ihn hiemit angelegentlich empfehlen.

Jäger-Apfel.

Farbendruckerei d. Tribelhorn in St. Gallen.

Diel Cl. IV. Ordn. 4.
Lucas Cl. XII. Ordn. 2.
(W.**††)

Große Casseler Reinette

Syn. Holländische Gold-, Casseler-, große Gold-, Herbstgold-, Kron-, Württemberger-, Muscat-, gestreifte-, Dörrel's große Gold-, französische und gelbe Reinette, Holländer Goldströmling, Gernsbacher, Winterhebeling, gestreifter Würzapfel, großer Kopetapfel, französicher Borsdorfer, Gertling, großer Wein-, Streifapfel, Holländer, großer holländischer Pepping, doppelte Casseler Reinette, wahre holländische Gold-Reinette, Paternosterapfel ec.
NB. Metzger, aus dessen Kernobstsorten Deutschlands die meisten dieser Syn. entnommen sind, führt deren noch mehr auf.

Vorkommen Diese Gold-Reinette kommt nur vereinzelt, jedoch in den meisten Kantonen der Schweiz vor. Nach Biel ist sie holländischer, nach Lucas sehr wahrscheinlich deutscher Abstammung. Ersterer beschrieb sie zuerst im Jahr 1801. Dieselbe ist in Beziehung auf Lage und Boden nicht wählerisch.

Eigenschaften des Baumes Der Baum wächst in seiner Jugend lebhaft, wird aber seiner außerordentlich großen Tragbarkeit wegen nur mittelgroß. Die stark abstehenden Aeste bilden eine hochkugelförmige, etwas düster belaubte Krone. Er setzt sehr bald und reichlich Fruchtholz an. Die Sommertriebe sind fein und weißwollig, lang und schlank, röthlich-braun, sonnenwärts silberhäutig, sehr kenntlich durch ihre starke Punktirung. Das Blatt ist grasgrün, ziemlich groß, eliptisch, mit einer kurz abgesetzten Spitze, unten etwas wollig, stark gesägt und grob geadert. Der starke Blattstiel ist ¾" lang und hat lanzettförmige Afterblätter. Die Augen sind klein, dunkelbraun und sitzen auf etwas spitzigen und stark vorstehenden Augenträgern.

Sehr oft wird dieser Baum zum Umpfropfen geringerer Sorten mit gutem Erfolge benutzt. Der Ertrag anderer Bäume gleichen Alters erreicht nur höchst selten denjenigen der Casseler Reinette.

Eigenschaften der Frucht Die Frucht ist mittelgroß bis groß, schön geformt, plattkugelig, mittelbauchig; die Wölbung nach dem Kelch etwas kleiner als diejenige nach dem Stiel, im Uebrigen ist die fast eben und nur durch ganz flache Erhabenheiten bei sehr großen Früchten unterbrochen. Eine Hochstammfrucht ist 2¾" oder 83 mm breit und 2¼" oder 68 mm hoch. Am Spalier wird sie meist ½" höher und breiter. Der spitzblättrige Kelch ist klein, schmal und lang halb oder ganz geschlossen, bleibt lange grün und sitzt in einer geräumigen, tiefen, mit feinen Falten bekleideten Einsenkung. Der durchschnittlich 1" bis 1¼" lange Stiel ist dünn, holzig, bräunlich und steckt in tiefer, mit strahligem Rost besetzter Höhle, die mitunter durch eine dicke Fleischwulst verengt erscheint. Die Farbe der feinen, glatten Schale ist vom Baume grünlich-gelb, später matt goldgelb. Der größere Theil der Frucht, vom Kelch bis zum Stiel, ist auf der Sonnenseite mit vielen schönen, kurzen Carmoisinstreifen besetzt, dazwischen so reichlich marmorirt und punktirt, daß die Streifen etwas undeutlich sich zeigen; auf der entgegengesetzten Seite findet man selten nur eine Spur derselben. Beschattete Früchte sind entweder blaß gestreift, oder haben von diesem Roth gleichsam nur Anflüge. Rostpunkte sind über die ganze Frucht zerstreut; sie erscheinen fein weiß-grau im Roth, dagegen stark, bald bräunlich, bald schwärzlich in der gelben Farbe. Um den Kelch findet man nicht selten feine Rostanflüge. Das Fleisch ist gelblich-weiß, fein, markig, sehr saftvoll und von einem gewürzhaften süßweinsäuerlichen Geschmack. Das Kernhaus hat geschlossene Kammern, die viele, aber meist unvollkommene Kerne enthalten; die Kelchröhre ist weit und geht bis auf das Kernhaus herab. Die Frucht reift im Frühling und dauert bis August und September.

Nutzung Diese vortreffliche Winterfrucht ist für die Tafel und Küche von gleich hohem Werthe, sowie für Mostbereitung ausgezeichnet. Als Markt- und Handelsobst sehr beliebt.

Grosse Casseler Reinette.

Farbendruck v. [illegible] in St. Gallen

Diel Cl. IV. Ordn. 4.
Lucas Cl. XII. Ordn. 2.
(W.**††)

Königlicher Kurzstiel

(Courtpendu rouge royal)

Syn. Rother königlicher Kurzstiel, Courtpendu rouge royal, Courtpendu plat, Charnons Apple, Courtpendu musquée, Coriandra Rose, Wollaton Pippin, Princesse noble zoete, Wise Apple

Vorkommen In der Schweiz ist diese Sorte überall, aber lange nicht so stark verbreitet, als sie verdiente. Stammt vermuthlich aus Holland. Diel erhielt sie 1804 aus der Baumschule von Paul und Simon Moerbeck in Harlem. Dort und in Belgien soll sie sehr verbreitet sein, auch in Amerika, Frankreich, England und Deutschland häufig vorkommen. Sie ist in Bezug auf die Bodenbeschaffenheit und Lage nicht sehr empfindlich.

Eigenschaften des Baumes Der Baum wächst in der Jugend lebhaft, bald aber gemäßigt, wird daher nur mittelmäßig groß. Seine Krone, schön hochgebaut oder auch breit pyramidal mit spitzwinklig abstehenden Aesten, belaubt sich stark, was ihr ein etwas düsteres Ansehen giebt. Die ziemlich langen und starken Sommertriebe sind fein wollig, sonnenwärts trüb dunkelbraunroth, silberhäutig, auf der andern Seite röthlich grün, mit zahlreichen feinen und weißgrauen Punkten besetzt. Fruchtknospen länglich, wollig und nicht eng gestellt. Das Blatt ist groß, eiförmig, mit langer, oft aber auch mit kurz abgesetzter Spitze, etwas gröblich geadert, stark von Gewebe, unten wollig, spitzsägezähnig, matt oder trüb grün, erhält es durch den aufgebogenen Rand ein schiffähnliches Ansehen. Der dicke Blattstiel ist 1¼" lang und hat lange, fadenförmige Afterblätter. Der Baum blüht spät, was ihn besonders für solche Gegenden zur Anpflanzung empfiehlt, die Spätfrösten unterworfen sind. Er trägt bald und fast alljährlich, ist eine der fruchtbarsten Sorten. Zum Anbau an Straßen eignet er sich vorzüglich, weil die Frucht am Baume gar nicht anlockend erscheint und nicht genießbar ist. Ueberhaupt kann dessen Anpflanzung als Hochstamm nicht genug empfohlen werden. Spalier- oder Pyramidenfrüchte sind noch köstlicher.

Eigenschaften der Frucht Der schöne, mittelgroße, vortreffliche Winterapfel hat eine plattgedrückte, fast käseförmige und selten kuglige Form. Der Bauch sitzt in der Mitte, nimmt aber nach dem Kelche hin meist stärker als nach dem Stiele ab, so daß beiden Wölbungen stark verschieden sind; nur ausnahmsweise giebt es Früchte, bei denen diese Verschiedenheit wegfällt. Die Frucht ist durchschnittlich 2"3"' (69 mm) breit und 1"9"' (57 mm) hoch; Hochstammfrüchte werden nicht selten auch 3" (90 mm) breit und 2¼" (68 mm) hoch. Der schöne, kleinblätterige Kelch bleibt lange grün; die Spitzen der Blättchen, rückwärts aufliegend, öffnen so denselben; er sitzt in einer weiten, nur mäßig tiefen, schüsselförmigen Einsenkung, in deren Umgebung sich mehrere kleine Falten zeigen. – Der Stiel ist sehr kurz, dick, selten über die Wölbung hervorragend, in tiefer, trichterförmiger, fein rostiger Höhle. Die Schale ist mattglänzend, blaß hellgrün, wird auf dem Lager goldgelb. Diese Grundfarbe tritt bei wenigen Früchten, meist nur in der Umgebung der Stielfläche, rein hervor. Gelbgrauer, feiner Rost erscheint ziemlich häufig auf der Schattenseite und macht auch das Roth der Sonnenseite unrein. Besonnte Früchte sind meist mit sehr intensivem Carmoisin gestreift, rein verwaschen und dazwischen punktirt; bei beschatteten hingegen besteht die Röthe nur in einem leichten Anflug oder fehlt öfters gänzlich. Wahre Punkte sieht man nur in dem starken Roth deutlich, sonst sind sie kaum bemerkbar oder fehlen gänzlich. Die Frucht hat fast keinen Geruch und ihr Fleisch ist gelblich weiß, fein, locker, saftvoll, sehr delikat, von edlem, weinigem Zuckergeschmack. Die Kelchröhre ist spitzkegelförmig, das Kernhaus verhältnißmäßig, näher dem Kelch als dem Stiel, hohlachsig, die Kammern klein und enge, enthalten viele, schöne, schwarzbraune, meist vollkommene Kerne. Die Frucht zeitigt Ende November oder Anfangs Dezember, hält bis März und welkt hernach. Das späte Pflücken der Frucht trägt viel zur längern Haltbarkeit derselben bei.

Nutzung Dieser Apfel ist zum Rohgenuß, für die Küche, zum Dörren, und zu Obstwein vorzüglich.

Königlicher Kurzstiel.

Courtpendu rouge royal.

Farbendruck v. J. Tribelhorn in St. Gallen.

Diel V. 1.
Lucas XIII. 3.
(††!H.)

Küttiger Dachapfel

Syn. Dachapfel

Vorkommen Der Dachapfel kommt fast ausschließlich in der Gemeinde Küttigen bei Aarau vor, wo ihn in den 70ger Jahren des vorigen Jahrhunderts ein Knabe im väterlichen Garten als jugendlichen Wildling auffand. Da dieser durch Blatt und Holz, kurz durch sein ganzes Aeußere eine edle Natur verrieth, gab ihm der Finder einen Pfahl. Schnell wuchs das Bäumchen heran, und trug, kaum zolldicken Stammes, seine ersten Früchte. Durch Verlegung des Gartens gerieth der Baum in Gefahr, im offenen Baumgarten zu stehen. Daher verpflanzte der Pfleger seinen Liebling unter das weit vorstehende Strohdach seines väterlichen Hauses, daher der Name Dachapfel. Seitdem hat sich diese werthvolle Sorte in allen Obstgärten der Gemeinde Küttigen eingebürgert, und verbreitet sich von da aus in immer weitere Kreise.

Eigenschaften des Baumes Der Dachapfel kommt bei uns überall gut fort; selbst 2000' über Meer zeigt er noch ein vortreffliches Gedeihen. Der Baum ist gesund, wächst kräftig und wird groß. Er trägt reichlich, fast alljährlich, und man kennt Bäume, die von 1859 bis 1867 fast jedes Jahr voll Früchte hingen. Durch sein reichliches Tragen neigen sich die aufwärtsstrebenden Aeste, wodurch er eine ausgebreitete, fast flache Krone erhält.

Das zweijährige Holz, meist graulich bis graulichgrün berindet, ist ziemlich schwach und trägt sitzende oder kurz gestielte Fruchtknospen, die groß, besonders lang gestreckt (elliptisch) erscheinen. Ein schmutzig grauer Filz bekleidet großentheils die Knospendecken, die zwischendurch hellbraun hervorleuchten. Zahlreiche, kleine, rundliche Punkte sind über die Rinde zerstreut. Die dünnen, schlanken Zweige haben braune bis grünlichbraune Rinde, soweit diese nicht von einem schmutzig gelben Filze bekleidet ist. Ziemlich zahlreiche, gelbliche, längliche Punkte machen die Rinde rauh. Die Augen, eng anliegend, auf mäßigen Trägern, sind graufilzig. 3" lange und 1½–2" breite, elliptische Blätter sind sägezähnig, oben hellgrün und unterseits stark wollig. Die Blüthe tritt erst um Mitte Mai ein, und ist unempfindlich für die Witterung. Der Baum ist dauerhaft und wird alt; so mußte erst vor einigen Jahren (von 1870 an gerechnet) der Stammbaum, welcher noch ganz gesund und kräftig war, vorzunehmender Bauten wegen gefällt werden.

Eigenschaften der Frucht Ein mittlerer Apfel von rundlichem, aber auch von hohem, wie von breitem Aussehen. 20–22''' (60–65 mm) breit, und 18–20''' (54 bis 60 mm) hoch. Die Frucht erscheint stark ungleichhälftig, und es liegt der Bauch näher an der Stiel- als an der Kelchwölbung. Diese Wölbungen sind umfänglich, so daß die Frucht beiderseits sicher aufsitzt. In flachschüsseliger Einsenkung mit geringer Unebenheit sitzt der geschlossene bis halb offene Kelch, eine höchst unbedeutende Kelchröhre verhüllend. In trichterförmiger, etwas tieferer Stielhöhle sitzt der 3–4''' lange, die Stielwölbung wenig überragende, holzige Stiel, der bisweilen noch viel kürzer, kolbig angeschwollen, den engeren Theil der Stielhöhle ganz ausfüllt. Eine glatte, geschmeidige Schale, die nach der Lagerung etwas fettig sich anfühlt, ist anfänglich grün und wird später gelb. ⅔ und noch mehr der ganzen Oberfläche sind aber von röthlichem Duft übergossen, und zahlreiche, dunklere Streifen decken die Schale, ja fließen bei gut besonnten Früchten in ein fast gleichmäßiges schönes Roth zusammen, aus welchem helle Rostpunkte wie Perlen hervorleuchten, während auf der Schattenseite und bei weniger gerötheten Exemplaren diese nur schwach hervortreten. Regenmale sind an manchen Früchten vorhanden.

Die Stielhöhle erscheint grünlich, auch wenn die Frucht lagerreif ist, bisweilen mit dünnem Rost übernebelt. Das hochliegende, ziemlich große Kernhaus ist breit, zwiebelförmig, unten fast flach und nach oben in einen kurzen Hals auslaufend; die mittelgroßen Fächer sind geschlossen, enthalten meist nur einen breit eiförmigen, kurz zugespitzten, ungleichhälftigen Samen. Sind 2–3 Samen vorhanden, so erscheinen sie schmaler und länger. Das gelblichweiße, parmänenartige Fleisch zeigt nach außen auf der Sonnenseite einen schwachen, lichtröthlichen Hauch, ist mürbe, voll Saft und von angenehm weinsäuerlichem Geschmack. Ein erfrischender Geruch entsteigt der geschnittenen Frucht, die Ende Januars noch in ihrer ganzen Frische sich erhalten hatte. Späterhin verliert das Fleisch an Frische und Geschmack.

Küttliger-Dachapfel.

Farbendruck v. J. Tribelhorn in St Gallen

Diel Cl. V. Ordn. 1.
Lucas Cl. XIII. Ordn. 1 b.
(*††! Oct.–Jan.)

Luiken-Apfel

Vorkommen Dieser Baum ist bei uns noch wenig verbreitet, doch finden wir ihn z. B. in Basel (Sissach), Herzogenbuchsee, Wynau, auch in den Kantonen Zürich, St. Gallen und Thurgau; jedoch immer nur in einzelnen, noch jüngeren Exemplaren. Diese Sorte stammt aus Württemberg, und verbreitete sich von dort aus in die Nachbarländer, wo sie übrigens bis heute noch nirgends zu jenem Rufe gelangte, den sie in ihrer Heimath genießt. Sagt doch der treffliche pomologische Schriftsteller Metzger irgendwo: «wer den Luiken nicht kennt, ist kein echter Württemberger». Den Namen leiten Manche zurück auf eine Weingärtner-Familie «Luik» in Eßlingen am Neckar.

Eigenschaften des Baumes Obgleich der junge Baum sehr schwachtriebig ist, so wird er doch einer der allergrößten und ältesten unter den Aepfelbäumen. Er ist von großer Gesundheit und Dauerhaftigkeit, was namentlich darauf beruht, daß der Baum sich alljährlich ohne Beihülfe von unserer Seite verjüngt durch die große Zahl senkrechter, junger Zweige, die er treibt. In Folge dieser steten Reproduktion trägt er auch ohne Pflege reichlich, wozu wohl auch noch wesentlich das sehr späte Blühen beiträgt. Er ist eine der einträglichsten Apfelsorten, und Erträge von 20–30 Ztr. (80–100 Simri) sind von einem Baume öfters gewonnen worden. Nun, es erscheint dieß bei der mächtigen Krone des Baumes begreiflich. Die untern Aeste dieser hängen an ältern Bäumen tief herab. Die Sommertriebe sind dunkel braunroth, mitunter fast glatt, doch auch oft dünn befilzt, lang und schlank. Die Blätter ziemlich groß, länglich eiförmig, schön grün, unten stumpf, gegen die Spitze ziemlich scharf und am Rande häufig doppelt gesägt.

Lucas, dem wir Obiges entnommen, sagt des Weitern: in höheren und rauheren Lagen, sowie auch in niedern, den Spätfrösten ausgesetzten Lagen ist der Luikenbaum immer noch einträglich.

Es ist merkwürdig, daß diese Sorte mit ihren vielen Vorzügen noch kein weiteres Gebiet erobert hat. Vielleicht daß der Baum nur in Württemberg und auch hier nur in seinem Heimathsgebiete (dem Neckarthale Württembergs) so trefflich gedeiht. Einmal die norddeutschen Baumzüchter und Pomologen, welche ich in Görlitz an der deutschen Pomologen-Versammlung über diese Sorte urtheilen hörten, waren keineswegs so voll unbedingten Lobes. Es ist eine Eigenthümlichkeit mancher Wirthschaftssorten, daß sie oft nur auf verhältnißmäßig beschränktem Gebiete – dem ihrer Entstehung – alle Vorzüge entwickeln. Man könnte sie Lokalsorten nennen gegenüber jenen Kosmopoliten, die oft bei größter Verbreitung allüberall befriedigen, wie viele unserer besten Tafelsorten lehren.

Eigenschaften der Frucht Der Luiken ist ein mittelgroßer, meist plattrunder Apfel. Der Bauch sitzt etwas unter der Mitte; die Stielwölbung ist platt abgerundet, nach dem Kelch zu nimmt die Frucht mehr ab und bildet eine abgestumpfte kleine Kelchfläche. Die Rundung ist meist eben, doch ist die Frucht nicht selten ungleichhälftig. Der Kelch ist geschlossen, ziemlich breitblättrig, in mitteltiefer, weiter, mit Falten umgebener Einsenkung. Ein holziger, ¼–½“ langer Stiel steckt in weiter, trichterförmiger, roststrahliger Höhle. Die glatte, zarte, glänzend grüne Schale wird später weißgelb; es ist jedoch weitaus der größte Theil der Frucht mit sehr schönen, blutrothen Streifen verschiedener Breite bedeckt, zwischen denen die Schale im schönsten Carmoisin punktirt und verwachsen erscheint. Hellere Punkte sind nie vorhanden, dagegen einzelne Warzen und hie und da etwas angespritzter Rost. Ein senkrechter Durchschnitt der Frucht durch Kelch und Stiel zeigt eine sehr spitze und kurze Kelchröhre; ein mit braunen Kernen regelmäßig besetztes Kernhaus, das von einer offenen Axe durchsetzt wird; ein appetitlich, reinweißes, ziemlich lockeres und sehr saftreiches Fleisch, das angenehm weinsäuerlich schmeckt und unter der Schale meist fein geröthet erscheint. Der Luiken ist vom Oktober bis Dezember am besten, zählt als Tafelfrucht zum zweiten Range; zum Mosten, Dörren und Muß (Brei) ist er eine der schätzbarsten Apfelsorten.

Luiken Apfel.

Farbendruck v. J. Tribelhorn in St. Gallen

Diel VII. 2.
Lucas XV. 1.
(††!W.)

Saurer Majen-Apfel

Syn. Majech vom Jura, Majecher (Aargau), Maj'cher (Baselland), Mäuch'er (Baselstadt)

Vorkommen Diese Apfelsorte wird im Jura ihren Ursprung haben; jetzt ist sie in den Kantonen Aargau, Solothurn, Baselland heimisch. Sie gedeiht fast in jeder Lage, und findet sich z. B. auf dem Hauenstein in einer absoluten Höhe von 2072'.

Eigenschaften des Baumes Herr Zimmermann, Handelsgärtner in Aarau, ein genauer Kenner des Obstes, und insonderheit auch dieser Sorte, gibt von ihr folgende Beschreibung: Der Baum wächst langsam, bildet in der Jugend mit seinen langen, aufstrebenden Aesten eine pyramidale Krone, die sich aber, sobald er Früchte trägt, verändert. Die Aeste neigen sich unter der Last der Früchte so, daß der Baum nach wenigen Jahren an seiner Form nicht mehr zu erkennen ist. Der Baum erhält nach und nach eine rundliche, ausgebreitete Krone. Ob der späte Trieb dieser Sorte, (bis jetzt die letzttreibende) oder die lange Haltbarkeit der Frucht (hält bis März) Anlaß zu deren Namen gegeben, ist ungewiß. Die Sommertriebe sind kurz, hellgelb und befilzt; die Augen anliegend. Kleine, am Rande einwärts gebogene elliptische, gesägte, unten stark befilzte Blätter verleihen dem Baum ein düsteres Aussehen. Der Majenapfel trägt regelmäßig alle zwei Jahre reichlich, was dem späten Austrieb und der späten Blüthe zuzuschreiben sein wird.

Eigenschaften der Frucht Eine mittelgroße Frucht mißt von 1"6''' (49 mm) bis 1"8''' (54 mm) Höhe, und 2" (60 mm) bis 2"2''' (65 mm) Breite; erscheint sonach in der Regel kugelförmig, und es erfährt die Rundung nur geringe Störung. Im Querschnitt ist unser Apfel sonach kreisrund, in der Mitte am breitesten, nach oben wie nach unten nur wenig und ziemlich gleichmäßig sich verjüngend. Stiel- und Kelchwölbung daher ziemlich breit, so daß die Frucht auf beiden sicher ruht. In der mäßigen Kelcheinsenkung stören Falten und Wulste nicht selten die Rundung. Die Kelchzipfel, meist zusammenneigend, seltener halb offen, sind von filzartigen Haaren weiß. Eine schmale Kelchröhre, oben von robusten Staubfäden eingefaßt, reicht bis an die Kernhauskammern und ist ganz mit den weiß behaarten Griffeln erfüllt. Tiefer als die Kelcheinsenkung ist die Stielbucht, ⅓ der Apfelhöhle einnehmend, und an der Wölbung durch breite, aber wenig vortretende Wulste gemodelt. Ein starker, ½" bis ⅔" langer, die Stielwölbung meist überragender Stiel ist an seinem Gelenke kolbig angeschwollen und mit weißen, derben, durch einander gefilzten Haaren bekleidet. Eine geschmeidige, zuerst grüne, später gelblich werdende Schale fühlt sich im lagerreifen Stadium fettig an, trägt ziemlich zahlreiche Regenmale, zumal an freihangenden Früchten, die dann auf der Sonnenseite schwach bräunlichroth angelaufen erscheinen. Hier treten dann auch die zahlreichen, kleinen, dunklen Punkte viel deutlicher hervor, als auf der übrigen Oberfläche. Charakteristisch ist die filzige Behaarung der Schale innert der Kelcheinsenkung. Zusammen hängender, oder auch strahlend sich verbreitender Rost überzieht die Stielbucht, in der auch häufig noch in der Lagerreife die grasgrüne Grundfarbe in Streifen sich erhalten hat. Ein mittelgroßes, unten flach, seitlich schön gerundetes Kernhaus schließt oben kurzhalsig an die Mitte der Kelchröhre an. Es kann kaum hohlaxig genannt werden, wie denn auch die Kammern geschlossen erscheinen. Jedes der fünf kleinen Fächer enthält 1–2 Kernen, im letztern Fall ist öfter der eine verkümmert. Sonst sind die Samen dick, rund an der Basis, und ziemlich lang ausgezogen gegen die Spitze hin. Der Geruch des Apfels ist schwach, aber aromatisch, und tritt beim Zerschneiden der Frucht stärker hervor. Das Fleisch ist weiß, etwas in's Grünliche, feinkörnig, mürbe, gerade recht saftig, von süßweinigtem, delikatem Geschmack. Als Wirthschaftsfrucht ist diese Sorte eine der beliebtesten. – Nach meiner Erfahrung, die ich an Früchten im Jahr 1868/69 machte, gehört dieser Apfel zu den Winterfrüchten, während er in der Beschreibung schweizerischer Obstsorten zu den Herbstäpfeln gezählt wird. Die an Kohler mitgetheilten Früchte fand dieser im Februar und März noch ganz gut.

Dieser Apfel hat große Aehnlichkeit mit der Edel-Reinette (R. Franche) (s. i. H. d. O. v. J. L. und O. Nr. 315).

Saurer Majen-Apfel.

Farbendruck v. J. Tribelhorn in St. Gallen

Diel Cl. VII. Ordn. 1.
Lucas Cl. XV. Ordn. 2
(W.*††)

Nägeli- oder Palmapfel

Syn. Campaner, Welsch-Campaner, Deutsch-Campaner, Eisen-Campaner, Eisenapfel, Italienischer Eisenapfel, Großer Campaner, Jahrapfel, Jenner Jahrapfel, Eisner-NB.
Der Name Nägeli-Apfel kommt sehr wahrscheinlich von dem nelkenartigen Geschmack des Fleisches her, derjenige des Palm-Apfels, weil er von den Katholiken, seiner schönen Farbe wegen, zur Zierde des Palmen am Palmsonntag häufig verwendet wird.

Vorkommen In der Schweiz ist dieser Apfel fast überall vereinzelt zu finden, am häufigsten jedoch in den Kantonen Thurgau, St. Gallen, Zürich und Schaffhausen; in Deutschland: im württembergischen Oberland, nach Lucas besonders in der Gegend der Stadt Ißny. Er stammt sehr wahrscheinlich aus dem Kanton Thurgau, wo er nachweisbar schon über 200 Jahre bekannt ist. Der Baum kommt in allen Bodenarten fort, ist auch in Bezug auf Lage und Klima nicht sehr wählerisch und gedeiht 3200 Fuß üb. M. noch vortrefflich.

Eigenschaften des Baumes Der Baum ist gesund, wächst kräftig, wird ziemlich groß, hat eine breitkugelförmige bis hochgewölbte, ziemlich lichte Krone, mit schlanken, ausgebreiteten Aesten, deren Enden etwas herabhängen. Die Sommertriebe sind meist gerade und schlank, stumpf, braunroth, etwas silberhäutig, feinwollig und fein weiß punktirt. Das Fruchtholz ist rothbraun, theilweise silberhäutig, gelblichweiß punktirt, ziemlich glatt und kurz. Die Fruchtknospen sind stumpfkegelförmig, braunroth, gegen die Spitze weißwollig. Die Blätter sind ziemlich groß 2½" lang und 1½" breit, elliptisch, mit stark abgesetzter Spitze, anliegend und auf der vordern Hälfte meist doppelt gesägt, von Farbe grasgrün und unten etwas wollig. Der Baum blüht spät und nur in frühen Jahrgängen, wie Anno 1862, schon Anfangs Mai, trägt fast alljährlich und reichlich, nicht selten bis 120 Sester. Er erreicht ein Alter von 100 bis 110 Jahren, eignet sich vortrefflich zur Anpflanzung in rauhen Lagen und, der vom Baume ungenießbaren Frucht wegen, an Landstraßen.

Eigenschaften der Frucht Die Form des Apfels ist verschieden; ist sie plattrund, so liegt der Bauch gewöhnlich etwas unter, ist sie aber vollkommen kugelig und hochaussehend, so liegt derselbe in der Mitte; im erstern Fall sind meist die beiden Hälften ungleich, weßhalb die Frucht auf der Kelchfläche schief aufsitzt. Ihre Rundung wird zuweilen durch einige flache Erhabenheiten etwas gestört. Der Apfel ist mittelgroß, durchschnittlich 2" (60 mm) hoch und 2"2"' (66 mm) breit. Der Kelch ist geschlossen, sitzt obenauf oder in flacher, feingerippter Einsenkung, welche wie der breit- aber kurzspitzblätterige Kelch, etwas weißwollig ist. Der kurze, holzige Stiel sitzt in einer schönen, mitunter auch durch Fleischwulste verunstalteten, mehr oder weniger geräumigen, tiefen und trichterförmigen Höhle. Die Schale ist fein, vom Baume blaßgrün, abgelagert schön gelb; die Sonnenseite, gewöhnlich die größere Hälfte der Frucht, mit einem abgerieben glänzenden Carmoisinroth verwaschen. Jeder Gegenstand, der Schatten auf eine Stelle der Lichtseite wirft, verhindert das Rothwerden, so daß oft im dunkelsten Roth die Grundfarbe ganz rein hervortritt. Diese Empfindlichkeit der Schale giebt oft zu Spielereien Veranlassung. Die Stielhöhle ist entweder roth und strahlig berostet, oder grüngelb mit einem feinen Rostanflug. Die hellrostfarbigen Punkte sind zahlreich und fein, aber auf der Schattenseite bei weitem nicht so sichtbar und deutlich, wie auf der Lichtseite, besonders auf Lagerfrüchten. Schwärzliche Regenmahle und bräunliche Rostflecken sind nicht selten. Das Fleisch ist grünlichweiß, nicht sehr saftreich, fein, abknackend fest, von einem angenehmen, weinsäuerlichen, nelkenartigen Geschmack. Die Kelchröhre ist kurz spitzkegelförmig, das Kernhaus herzförmig, näher dem Kelch als dem Stiel, geschlossen, klein, zuweilen etwas hohlachsig. Die Kammern sind geräumig und muschelförmig, mit mehr oder weniger zimmet- oder kaffeebraunen, meist vollkommenen Kernen. Die Frucht reift in der zweiten Hälfte des November; im Jahre 1862 wurde sie schon Anfangs dieses Monats zeitig; sie hält bis in den Sommer, verliert dann aber den Geschmack und fängt unter der Schale an stippig zu werden.

10 Schweizersester Nägeli-Aepfel haben ein Gewicht von 180 bis 185 Pfund, woraus höchstens 28 bis 30 Maß Saft gewonnen werden, der durchschnittlich 53° wiegt, aber bis 10 Jahre und darüber hält. Im Herbst gilt dieser Apfel ⅓ weniger, als andere Winter-Aepfel, im Frühjahr hingegen ist er gesucht und wird im Preise den übrigen gleich gehalten.

Nutzung Diese, weder für die Wirthschaft noch Tafel als ausgezeichnet bekannte Sorte ist dennoch als Markt- und Handelsobst sehr beliebt. Ihre lange Haltbarkeit, ihre leichte Versendung im Winter und Frühjahr, ihr reicher Ertrag, das aus ihr zu gewinnende vortreffliche und außergewöhnlich lange haltende Getränk, ihre Unempfindlichkeit für Bodenbeschaffenheit, Lage und Klima sind Eigenschaften, die bei bessern Früchten selten beisammen sich finden, und daher eine Empfehlung zur Anpflanzung dieses Baumes vollkommen rechtfertigen.

Nägeli- oder Palmapfel.

Farbendruck v. J. Tribelhorn in St. Gallen

Diel Cl. I. Ordn. 1.
Lucas Cl. I. Ordn. 2.
(W.*††)

Rother Oster-Calvill

Syn. Gestreifter rother Oster Calvill, Rother Oster-Calvill, Gestreifter Leberapfel, Weinapfel, Calviller, Lungwyler

Vorkommen Diese Aepfelsorte hat durch inländische Baumschulen schon vielfache Verbreitung gefunden, und zwar eben so häufig als Hochstamm, wie als Formbaum. Trotz aller Mühe, die sich Diel gegeben, dessen Herkunft zu erfahren, glückte es ihm nicht. Ende des vorigen Jahrhunderts wurde er mit dieser Sorte bekannt, beschrieb sie aber erst 1819. Er vermuthet, es sei eine Kernfrucht aus Holland. Der Baum gedeiht auch in mittleren Obstlagen noch recht gut, liebt jedoch eine geschützte Lage und tiefgründigen, feuchten Boden; auf trockenem Boden wird er bald moosig und trägt sparsam.

Eigenschaften des Baumes Der Baum wächst lebhaft, wird nicht sehr groß, bildet eine flachgewölbte Krone, welche sich sehr stark und schön glänzend grasgrün belaubt, was ihn besonders kennzeichnet. Er setzt viel Fruchtholz an und liefert bald und reichliche Ernten. Die Sommertriebe sind lang und schlank, nach oben etwas wollig, fein silberhäutig; sonnenwärts dunkelbraunroth, gegenüber hellröthlich, mit Olivenfarbe vermischt, mit vielen ganz feinen, wenig in's Auge fallenden Punkten besetzt. Das Blatt ist mittelgroß, lang eiförmig, mit einer starken, lang auslaufenden Spitze, 3" lang, 1¾ bis 2" breit, gröblich geadert, sägezähnig und unten fein wollig. Der Blattstiel ist bis 2½" lang und hat nur Asterspitzen. Die Augen sind vollkommen, lang, rothbraun und sitzen auf stark vorstehenden, dreifach gerippten Augenträgern.

Die größte Fruchtbarkeit erlangt der Baum als Hochstamm, weniger tragbar ist er als Zwergbaum.

Eigenschaften der Frucht Die Gestalt dieses schönen, ansehnlich großen Winterapfels ist bisweilen etwas walzenförmig, gewöhnlich aber blos stumpf zugespitzt. Der Bauch sitzt etwas unter der Mitte nach dem Stiel zu, um den er sich flach abrundet und dadurch breit aufsitzt. Nach dem Kelche hin nehmen die walzenförmigen Früchte nur wenig, bei den kegelförmigen aber stark ab und bilden eine stumpf zugespitzte Fläche. Dieser Calvill ist gewöhnlich 2¾" oder 83 mm breit und nach der verschiedenen Form bald 2½" bald nur 2¼" hoch. Der Kelch ist spitzblätterig, aber oft fehlerhaft, etwas wollig und halb oder etwas mehr offen. Er sitzt in einer ziemlichen, oft recht tiefen, mit vielen Falten und feinen Rippen umgebenen Einsenkung, aus welcher sich deutlich Rippen erheben und flach, aber schön calvillartig über die Frucht verlaufen. Der Stiel ist dünn, holzig, rothbraun und grün, 1" bis 1½" lang und sitzt in einer geräumigen, tiefen, oft rostigen Höhle. Die Grundfarbe der zarten, glatten und geschmeidigen Schale ist blaß grünlich-gelb, später hellgelb, wovon aber bei freihängenden Früchten wenig zu sehen ist, indem ein schwaches, trübes Blutroth (Leberroth) fast die ganze Frucht überzieht, auf der Sonnenseite eine etwas stärkere Röthe annimmt und zuweilen kurze dunklere Streifen und verriebene Flecken, zeigt, welche wenig in die Augen fallen, ja hie und da selbst gänzlich fehlen. Bei beschatteten Früchten schillert die hellgelbe Grundfarbe durch ein sanftes Roth hindurch. Die Punkte sind kaum bemerkbar, weitläufig vertheilt, sehr fein und am deutlichsten auf der Sonnenseite. Die Frucht hat nur einen schwachen, aber angenehmen Geruch und welkt nicht. Das Fleisch ist gelblich-weiß, mit grünen Adern durchzogen, fein, locker, sehr mürbe, ziemlich saftig, von einem angenehmen, gewürzhaften, himbeerartigen Geschmack. Das Kernhaus ist groß, etwas offen, die Kammern weit; sie enthalten viele vollkommene Kerne. Die Kelchröhre ist abgestumpft kegelförmig. Die Frucht zeitigt im Dezember oder Januar und hält, kühl aufbewahrt, bis Johanni.

Nutzung Dieser schöne haltbare Winterapfel ist zum Rohgenuß wie für die Küche vortrefflich.

Rother Oster-Calvill.

Farbendruck v. J. Tribelhorn in St. Gallen

Diel Cl. IV. Ordn. 1.
Lucas Cl. VII. Ordn. 2.
(W.**††!)

Pariser Rambour-Reinette

(Reinette de Paris)

Syn. Maurer-Reinette, Rothbreitiker, Gold-Reinette, Stern-Reinette, Groß-Reinette, Aechte Reinette, Renette von Canada, Große englische Reinette, Doppel-Reinette*)

Vorkommen Der Baum gehört zu den verbreitetsten und findet sich beinahe in allen obstbautreibenden Gegenden der Schweiz, Frankreich's, Deutschland's, England's und selbst Amerika's. Er stammt vermuthlich aus Frankreich, wo er schon 1768 durch seine ausgezeichneten Früchte bekannt war, und hernach aus der berühmten Carthause von Paris zuerst von einem Herrn Witt nach Worms verpflanzt wurde.

Er liebt fruchtbaren, mäßig feuchten Boden und ist, wenn er sonst gehörig gepflegt wird, in Bezug auf Lage und Klima nicht sehr empfindlich.

Eigenschaften des Baumes In seiner Jugend wächst er sehr stark und erreicht eine ziemliche Größe. Die Krone ist sehr umfangreich, breit, hochgewölbt oder auch kugelförmig. Die Zweige und stark abstehenden Aeste belauben sich dicht und setzen in Menge kurzes Fruchholz an. Die dicken, geraden Sommertriebe sind befilzt, graubraun, etwas silberhäutig, glänzend und nur wenig punktirt. Die kleinen, spitzen und befilzten Knospen sitzen auf starken, vorstehenden, nur auf den Seiten gerippten Augenträgern. Die großen, rundeiförmigen, glänzend dunkelgrünen Blätter sind zugespitzt und sägezähnig, unten stark wollig, die Afterblättchen groß und lanzettlich. Die Blüthezeit dauert lange an, weßhalb auch bei ungünstiger Frühjahrswitterung sich doch Früchte ansetzen können. Der Baum wird frühe und recht fruchtbar, trägt in der Regel alljährlich, wird aber leicht krebsig und in der Regel nicht alt.

Eigenschaften der Frucht Diese schöne und große, schwach, aber angenehm riechende Frucht ist mit breiten Kanten versehen, plattrund, nach dem Kelch zu abnehmend, rambourartig geformt, hat den größten Durchmesser etwas unter der Mitte, rundet sich bis in die Stielwölbung eigenthümlich breit, gegen den Kelch stärker ab und endigt mit einer unebenen, stark abgestumpften Kelchfläche. Ein mittelgroßer Apfel ist 3“ (90 mm) breit und 2“ 1½“‘ (65 mm) hoch. Es kommen auch Früchte vor von 4“ (120 mm) Breite und 3“ 2“‘ (96 mm) Höhe. Ein Pfund schwere Aepfel sind nicht sehr selten. Der meist geschlossene, mitunter auch halboffene Kelch ist lang, schmal und spitzblätterig, sitzt in einer ziemlich geräumigen, tiefen, schüsselförmigen Einsenkung, auf deren Rand sich flache, ungleiche Erhabenheiten befinden, die über die Frucht hinlaufen und die Rundung stören. Der durchschnittlich sehr kurze, holzige, fleischbutzenartige Stiel sitzt in einer sehr tiefen, engen, trichterförmigen Höhle, die stark berostet ist. Die Grundfarbe der Schale ist frisch vom Baum gelblichgrün, wird aber auf dem Lager schön citronengelb; Sonnenfrüchte erhalten ein verwaschenes, oft sanftes, oft stärkeres bräunliches Roth. Gelblichgraue Rostpunkte in Sternform, die sich besonderes in rauhen Lagen zu wahren Rostüberzügen vereinigen, wie auch Rostfiguren und große, bräunliche und schwärzliche Rostflecken sind sehr zahlreich und ziemlich gleichförmig vertheilt. Das gewöhnlich geschlossene Kernhaus ist zwiebel- bis herzförmig und hohlachsig; die kurzen und geräumigen Kammern enthalten größtentheils unvollkommene, spitzeiförmige und kastanienbraune Kerne; die Kelchröhre ist meist weit, spitz und ziemlich kurz. Das gelblichweiße Fleisch ist fein, ziemlich fest, saftvoll, von einer großen, deutlich hervortretenden, hellgrünen Kernhausader durchzogen und von einem gewürzhaften, süßweinsäuerlichen, außerordentlich angenehmen Zukkergeschmack.

Nutzung Der so spät als möglich gepflückte Apfel hält bis in's Frühjahr und noch länger. Mit dem Welkwerden verliert er aber an Güte. Er ist als Tafel-, besonders aber als Wirthschafts-Frucht ersten Ranges, einer der gesuchtesten Handelsäpfel und liefert, wie die meisten Reinettenarten, einen ausgezeichneten Most. Der Größe und Fruchtbarkeit des Baumes und der für jede Nutzungsart vortrefflichen Eigenschaften der Frucht wegen ist diese Sorte zur Anpflanzung sehr zu empfehlen.

---

*) In neuester Zeit wird noch immer sehr bezweifelt, ob die englische Reinette mit der Pariser Rambour-Reinette identisch sei.

Pariser Rambour-Reinette.

(Reinette de Paris.)

Farbendruck v. J. Tribelhorn in St. Gallen

Diel VI. 2.
Lucas XIV. 1. b.
(††W.)

Süßer Pfaffenapfel von Solothurn

Syn. Süßer Haleras, Wyßacher

Vorkommen Findet sich in den Kantonen Bern, Basel und Solothurn. In letzterem ist er besonders häufig im Gäu (Olten bis Solothurn), und es wird angenommen, daß diese Sorte hier entstanden sei.

Eigenschaften des Baumes Dieser Baum zeigt hohen Wuchs, und bildet eine stattliche, schön gewölbte Krone. Einmal tragbar geworden, ist der Holztrieb sehr mäßig, und die einjährigen Zweige sind nur 2–3" lang und schmächtig. Die kahle, matte Rinde erscheint rosenroth, in's Grauliche gefärbt; roth sind auch die Augen. Die zweijährigen Aeste, mit weißgrauer Epidermis, unter welcher an einzelnen Stellen die olivengrüne Rinde durchscheint, finden wir schon vielfach mit Fruchtspießen besetzt. Rindenhöckerchen fehlen oder kommen jedenfalls sehr sparsam vor.

Die ziemlich spät zur Entwicklung gelangende Blüthe*) ist wohl mit ein Grund für die alljährliche reiche Tragbarkeit des Baumes. In der Knospenlage bilden die schön rothen Blumenblätter einen recht hübschen Kontrast mit den dicht weißbefilzten Blüthenstielen und Kelchen. Später sind die geöffneten großen Blüthen fast ganz weiß, nur schwach rosa angeflogen; sie stehen in der Regel zu 3–4 beisammen.

Die Blätter sind mittelgroß, schwach gezahnt, unterseits grau behaart, oberseits dunkelgrün und fast kahl.

Der hohe Werth dieser Sorte ergibt sich aus der Mittheilung, daß der süße Pfaffen-Apfel in einem Baumgut (Hofstatt) von mehreren hundert Bäumen als die ertragreichste bezeichnet wird, und nach welcher einzelne Bäume von 35–40 Jahren (ältere Bäume kennt der Berichterstatter in seiner Gegend nicht) 50–80 Mäß (Sester) per Jahr ergeben.

Eigenschaften der Frucht Die Frucht ist von stark mittlerer Größe, 2½" hoch, und etwas wenig breiter; nichts desto weniger erscheint der Apfel hochaussehend, indem er von der Mitte an nach oben sich ziemlich stark verjüngt und einen schiefen Kelchrand bildet, während er nach unten eine breite, ebene Basis besitzt. Fünf sehr wenig hervortretende, wohl gerundete Rippen ziehen der Länge nach über die Frucht hin, ohne die Rundung derselben stark zu stören. In der mäßigen Kelcheinsenkung erscheinen nur noch schwache Rippen und Fältchen. Stark beflaumt ist der geschlossene bis halboffene Kelch, dessen Zipfel bei guter Ausbildung der einzelnen Blättchen rückwärts gerollt sind. Im Bilde sind diese Blättchen zu derb dargestellt. Die Kelchröhre ist sehr eng, nach unten etwas erweitert und 2" lang. Die Stielbucht ist trichterförmig und tief, mit sehr dünnem, grünlichgelbem Rost bekleidet, der sich theilweise strahlig noch über die Stielwölbung ausbreitet. Der beflaumte, ziemlich starke Stiel überragt seine Höhlung nicht. Im übrigen bedeckt eine feine, weißgelbe, beim Abreiben wachsglänzende Schale diese Frucht. Punkte sind wenige und undeutlich, dagegen finden sich nicht selten Rostwarzen, bisweilen auch Regenmale. Im Längsdurchschnitt erkennen wir das große, hoch zwiebelförmige, etwas ungleichhälftige, mittelständige Kernhaus mit fast ebener, horizontaler Basis und kurzer, in der Mitte der Kelchröhre endender Spitze. In den wenig offenen Samenfächern sind je ein bis zwei fast kugelige Samen. Weißes, lockeres, mäßig saftiges Fleisch von angenehm süßem Geschmack macht diese Frucht recht schätzbar.

Ende Januar war das Fleisch noch ganz gut, da und dort etwas stippig, auch innert der Kernhausader etwas bräunlich, ohne merkliche Verschlechterung des Geschmackes. In seinem Verbreitungsgebiete ist diese Frucht zum Kochen und Dörren sehr gesucht, findet schon Verwendung zur Zeit seiner Ernte (Oktober), läßt sich aber bei guter Aufbewahrung bis Juni und Juli erhalten.

---

*) Um Solothurn stunden im Frühjahr 1872 diese Bäume erst um den 23. Mai in voller Blüthe.

Süfser Pfaffenapfel

von Solothurn.

Einige allgemeine Bemerkungen über die grauen Reinetten

(sog. Lederäpfel)

In der letzten Lieferung dieses Werkes haben wir, anläßlich der Beschreibung der gestrickten Reinette, von der großen Schwierigkeit gesprochen, welche die Unterscheidung der einzelnen Sorten dieser Gruppe darbiete. – Nachdem wir letzten Winter auf die Einladung: «Lederäpfel zur Untersuchung an uns einzusenden», eine ziemliche Menge grauer Reinetten erhalten, und uns mit der Untersuchung dieser befaßt hatten, wurde jene Meinung bezüglich Schwierigkeit der Unterscheidung unserer Lederäpfelsorten nicht geändert. Doch sind wir in den meisten Fällen richtig gefahren, da unsere Bestimmungen mit denen deutscher und französischer Pomologen zusammentrafen, denen entweder einzelne Sorten oder wohl auch das ganze Sortiment zu gefälliger Bestimmung mitgetheilt worden waren. Leichter und sicherer freilich würden diese Bestimmungen auszuführen gewesen sein, wenn neben den Früchten auch noch die Bäume zur Untersuchung zu Gebote gestanden wären. – Jedenfalls haben wir bei diesen Untersuchungen die Erfahrung gewonnen, daß die Schweiz zahlreiche Lederäpfelsorten zieht, und daß selbe in den verschiedenen Gegenden unseres Landes in besonderer Vollkommenheit gedeihen. So haben wir aus den Kantonen Zürich, Schaffhausen, Aargau, Bern, Thurgau, Schwyz, St. Gallen, Appenzell, Graubünden und Luzern ganz ausgezeichnete Früchte dieser Familie erhalten. Allerdings waren bisweilen auch Sorten mit eingesendet, die nicht zu den grauen Reinetten, überhaupt gar nicht zu den Reinetten zählen. Doch war dieser letztere Fall selten, aber ziemlich häufig kam es vor, daß die, besonders im kernreifen Zustande sehr ähnlichen und daher leicht zu verwechselnden Gold-Reinetten mit unterliefen, als die Goldparmäne, die große Casseler Reinette, der königliche Kurzstiel, Ribston Pepping u. a. m. Die letzteren sind zwar oft auch mehr oder minder rostspurig, aber ihre hochgelbe und im lagerreifen Zustande goldgelbe Grundfarbe läßt sie meist leicht von der grauen Reinette unterscheiden, bei denen die Grundfarbe grünlichgelb bis mattgelb auftritt. Auch ist das Roth als Deckfarbe der Gold-Reinette immer freundlich und rein, während bei den grauen Reinetten, soweit es auftritt, trüb und unrein. Hinsichtlich der Berostung, welche einen Hauptfaktor der Lederäpfel bildet, findet nun freilich auch manche Abweichung statt. Oft überzieht der Rost die ganze Frucht vollständig, oft nur theilweise; das einemal so dick, daß von der ursprünglichen Grundfarbe der Schale nichts zu sehen ist, ein andermal lockerer und dünner, so daß jene wenigstens stellenweise hervortritt. Sorte, Alter des Baumes, Jahrgang, schattige oder sonnige Lage des Baumes und der Frucht sind hiebei von Einfluß. Doch ist in dieser Hinsicht noch wenig Sicheres festgestellt und daher der Beobachtung noch ein weites Feld offen. So sagen z. B. einige Pomologen, der und der Lederapfel kommt in recht guten, d. h. in sonnigen, warmen Sommern fast ohne Berostung vor, und umgekehrt; es wird also der Rost offenbar als Produkt rauherer Witterung betrachtet. Ich machte speziell an der Osnabrücker Reinette die gegentheilige Erfahrung, indem die der Sonne direkt ausgesetzten Früchte über und über berostet waren, mit Ausnahme einer kleinen Zone um den Kelch, während beschattete Früchte (aus dem Innern der Krone desselben Baumes) kaum Spuren von Rost auf ihrer Schale trugen.

Um zu dießfälligen Beobachtungen anzureizen und anzuleiten, geben wir in der nachstehenden Tabelle eine Uebersicht der wichtigsten Lederäpfel, nach welcher es unsern Abonnenten in den meisten Fällen möglich sein wird, die in ihren Obstpflanzungen vorkommenden grauen Reinetten zu erkennen, und die ihnen wünschbar scheinenden Sorten ihren Baumgärten einzuverleiben.

Neben den in der Tabelle enthaltenen Lederäpfeln gibt es noch einige andere, die aber noch selten sind, z. B. Burchardts Reinette, Bulloks Pepping, und die wir selber noch nicht näher kennen. Eine der bekanntesten Sorten, die graue Herbst-Reinette, wollen wir hier anführen, und bemerken, daß diese vorzügliche Frucht durch Größe, Frühreife (September und Oktober), gelbes, von grünlichen Adern durchzogenes, mürbes, saftiges, mildes Fleisch, leicht von andern Lederäpfeln unterschieden werden kann. Die Sorte paßt wegen ihrer großen, bald genießbaren Früchte, und da sie trockenen, fruchtbaren Boden verlangt, nur in geschloßene Gärten. Am häufigsten sind in der Schweiz diese Herbstsorte und von den Wintersorten Nr. 2, 3, 4, 6, 8, 9, 14.

Vergleichende Uebersicht der grauen Reinetten (sog. Lederäpfel), soweit diese Winterfrüchte sind, also von November bis März und später dauern.

NAMEN	FRUCHT						BAUM
	Gestalt u. Größe.	Kelch und Stiel.	Schale.	(1) Kernhaus und (2) Kelchhöhle.	Fleisch.	Qualität, Reife und Nutzung.	
1. **Englische Spital-R.**	2½" breit, 2" hoch; also fast kugelig, u. schwach platt.	K. lang, grün, wenig wollig, meist offen, in flacher, feinfaltiger Vertiefung. – St. grün u. braun, zieml. lang, in rostiger, trichterförm. Vertiefung.	Fein, trocken, citronengelb, auf der Sonnenseite gelbroth bis trübroth mit mehr oder minder hellbraunen Rostflecken, und deutlichen weitläufigen, grauen u. braunen Punkten, die, wenn stärker als gewöhnlich, roth umringelt sind.	1. Zwiebelförm. mit hohler lanzettförm. Axe, u. zahlreichen, vollkommenen Kernen in geräumigen mehr od. weniger offenen Kammern. 2. Unbedeutend.	Gelblich weiß, fein, weinig würzig schmeckend, schwach aber fein riechend.	**!††. Nov.– Frühling. Empfehlenswerth als Tafel- und Wirthschafts-A. zu jedem Gebrauch.	Schwach wüchsig; sehr fruchtbar; Sommertriebe und Blätter stark filzig. – Paßt für milde Gegenden und geschlossene Gärten.
2. **Grauer Kurzstiel.**	Großer, plattrunder, stielbauchiger A. Ganz große Exemplare mit flachen Längskanten.	K. spitzblättrig, halboffen in zieml. geräumiger, schüsselförmiger, rippiger Einsenkung. – St. ¼" – ½" lang.	Zimmetfarbig berostet; die Sonnenseite matt roth. Grundfarbe oft verdeckt, sonst hellgrün, dann gelbgrün, und zuletzt mattgelb.	1. Geschlossen, Kammern eng, armsamig. Kernhausader grün. Kelchröhre weit, stumpf kegelförmig.	Weißgelb, fein, markig süßweinig würzig.	**††. Beliebt, auch treffl. Mostfrucht.	In der Jugend stark wachsend. Aeste abstehend und Krone hochkugelförm. Sommertriebe lang und stark, hell braunroth vorn, rückseits grünlich, an der Spitze wollig. Blatt oval, zieml. regelm. gesägt, unterseits bewollt und mit aufgesetzter Spitze.
3. **Graue portugiesische R.**	Mittelgroß, sehr regelmäßig plattrund, mittelbauchig.	K. geschlossen, breitblätterig, in schöner schüsselförmiger Vertiefung, deren Rand eben, selten von feinen Falten gestört ist. – St. stark, holzig ¾–1", in tiefer, trichterförm. Einsenkung.	Ziemlich rauh, ganz lederbraun berostet, nie Spuren von Röthe; etwa trübes Grün durchschimmernd. – Punkte weitläufig, weißgrau.	1. Klein, geschlossen, regelmäßig, 4–5 gute Kerne. Kelchröhre sehr weit mit vielen Staubfäden.	Grünlichweiß, feinkörnig, locker, unter der Schale grünlich.	*††. Dezbr.–März. Fast I für die Tafel, treffliche Wirthschaftsfrucht.	Stamm selten gerade, in der Jugend stark wachsend. Krone flach kugelförmig, Aeste abstehend. Früh tragbar u. nicht empfindlich. Sommertriebe dunkel braunroth, dünn bewollt, fein weiß punktirt. Blätter breit mit aufgesetzter Spitze, Rand wellenförmig, doppelt gesägt, fast kraus.
4. **Parker's grauer Pepping.**	Im Längen- und Querschnitt gleich gewölbt, 2½"; meist niedriger als hoch.	K. grün, ziemlich fein, langgespitzt, etwas wollig, geschlossen. Senkung kaum faltig. – St. grünlich u. bräunlich, etwas wollig; Stielhöhle tief u. eng, grün oder rostig.	Grundfarbe hochgelb, wenig sichtbar, da fast die ganze Oberfläche von glattem, gelbbraunem Rost überzogen ist; Sonnenseite bis goldgelb u. bisweilen röthlich. Punkte weitläufig, graubraun, besonders deutlich im Rost.	1. Schwach angedeutet, zwiebelförmig, großfächerig, wenig offen, gute Kerne. Axenhöhle lanzettförmig. 2. K.-Höhle u. K.-Röhre bilden einen eingebogenen Kegel, dessen Spitze bis zur Axenhöhle reicht.	Sehr fein, gelblich, mürbe, saftvoll, sehr gut, würzig.	**††. Hält bis Mitte März; ist erst Mitte Oktober zu brechen.	Wächst lebhaft, geht schön in die Höhe und wird groß; trägt bald und reich, fast alljährlich. Geht auch für ziemlich rauhe Lagen, und ist am leichtesten an seinem schmalen, weidenartigen Laub zu erkennen.

· NAMEN ·	FRUCHT						BAUM
	Gestalt u. Größe.	Kelch und Stiel.	Schale.	(1) Kernhaus und (2) Kelchhöhle.	Fleisch.	Qualität, Reife und Nutzung.	
5. Kröten-Reinette.	Flachrund, stielbauchig, nach oben mehr verjüngt, einseitig, 3–3½“.	K. offen, oft verkrüppelt, in enger, leichter Einsenkung, umgeben von flachen Erhabenheiten. – St. holzig, kurz, oft nur ein Butzen, in trichterförmiger, weiter und tiefer Höhle.	Ziemlich derb, fein rauh, mit zahlreichen rundlichen Warzen versehen, gelbgrün, jedoch fast ganz mit braungelbem Rost bekleidet, Sonnenseite erdartig geröthet.	1. Klein, geschlossen, in engen Kammern spitze, vollkommene Kerne. Kelchröhre verschieden, kurz oder ziemlich tief kegelförmig.	Weiß, sehr fein, mürbe, deliciös, nach meinem Geschmacke der beste Leder-A.	**!†† Nov. – März.	Stark und groß, hoch in die Luft gehend; fruchtbar; schön belaubt. Sommertriebe lang u. stark, rundum braunroth, nicht silberhäutig, punktirt. Blatt eiförmig, mit langer, schmaler Spitze, schwach und stark bezahnt.
6. Graue französische R.	Oft unregelmäßig, immer platt, gegen oben stärker verjüngt. 3½“ breit, 3“ hoch.	Breitblättrig, grünbleibend, in zieml. tiefer unebener Senkung. St. holzig, in tiefer, rostiger Höhle, 1“, der Wölbung gleichstehend.	Schattenseite olivengrün, Sonnenseite schmutzig roth. Grundfarbe meist von rauhem, rissigem Rost überzogen.	1. Offen, geräumig, wenige Kerne. Kelchröhre breit kegelförmig, tief.	Beim Durchschneiden stark würzig riechend; saftig, weich, von Moschusgeschmack; gelb.	**†† Dezbr. 1 Jahr haltend.	Starkwüchsig, verlangt guten Boden. Aeste locker, aufrecht; Sommertriebe unansehnlich, violett braunroth, stellenweise olivengrün. Blätter oval, groß, flach, mit langer, oft starker Spitze, klein aber scharf gezahnt. Sehr fruchtbar.
7. Süße graue Reinette.	Kugelförmig, 2“– 2¼“; ziemlich veränderlich.	K. geschlossen bei hochaussehenden, offen bei niedern Exemplaren, in weiter, tiefer Einsenkung; St. dünn; ¾“, in tiefer geräum. Höhle.	Stark, im Reifestadium gelb, wovon wegen des zimmtfarbenen Rostes kaum etwas zu sehen ist. Sonnenseite mit kleiner trüber, bräunlich rother Backe, die an Schattenfrüchten fehlt.	1. Geschlossen, näher am Stiel, regelm. Kammern voll großer, eiförm. Kerne. Kelchröhre ein kurzer Kegel.	Gelblich, fein, fest, saftvoll, delikat. Welkt leicht.	**†. Muß möglichst lange am Baume bleiben.	Verlangt guten Boden, wächst dann lebhaft und ist früh und reichtragend. Sommertriebe schwärzlich braun, ziemlich häufig punktirt und stark wollig. Blätter eiförmig, grob und stumpf gezahnt.
8. Osnabrücker R.	Mittelgroß (2½“), hoch aussehend, calvilleartiggespitzt, stielbauchig, Basis flach.	K. geschlossen, langblättrig, weißfilz. oben aufstehend. St. kurz, holzig, in stark berosteter, tiefer Höhle.	Schale rauh, meist berostet, doch stets ohne Rost um den Kelch; die Schattenfrüchte grundfarbig und dann hellgrün, später grünlich gelb.	1. K. offen, calvilleartig, gute Kerne enthaltend. Kelchröhre kurz kegelförmig.	Weiß, fein, von ziemlich edlem Reinettengeschmack.	*††. Sehr gutes Wirthschaftsobst.	Nicht empfindlich, schön wachsend, und eine hochkugelförmige, starkästige Krone bildend. Sommertriebe dunkelroth mit großen, rundlichen Punkten. Blätter mittelgroß, eiförmig, an den Rändern aufgebogen, scharf gesägt. Fruchtbar.
9. Goldmohr.	Mittelgroß, kugelig, schön gerundet, selten und flach gerippt.	K. klein, weit offen in weiter, flacher Einsenkung. St. ½“, holzig, in geräumiger, nicht gar tiefer, stark berosteter Höhle.	Gelblich grün, dann grüngelb; Sonnenseite oft düster geröthet. Ein ziemlich rauher Rost überzieht meist fast die ganze Frucht; Punkte fehlen, oder sind doch undeutlich.	1. Hohlaxig. Fächer geräumig, vollsamig. K.-Röhre kurz, stumpf kegelförmig.	Weiß, fein, saftig, weinig schmeckend.	*††. Dez. bis März.	Nicht stark wachsend, Aeste abstehend. Tragbar. Sommertriebe dünn und schlank, nicht silberhäutig, stark punktirt, hell bräunlichroth. Blätter mittelgroß, eiförmig, bräunlichgrün, unt. kahl, scharf zahnig, kurz zugespitzt.

NAMEN	FRUCHT						BAUM
	Gestalt u. Größe.	Kelch und Stiel.	Schale.	(1) Kernhaus und (2) Kelchhöhle.	Fleisch.	Qualität, Reife und Nutzung.	
10. Reinette von Bordeaux.	Kugelig, ansehnlich (2½“) und schön.	K. groß, grün, wollig, halboffen, v. rippenartigen Erhebungen umgeben. Querschn. rund. St. in regelm. trichterförm. rostig. u. grün. Einsenkg.	Fein, glatt, geschmeidig, schön hochgelb, auf der Sonnenseite etwas röthlichgelb, mit weitläufigen, starken, eckigen u. runden graubraunen Punkten, die auf der Schattenseite häufig in Rostfiguren übergehen.	1. Groß und deutlich, holaxig; Fächer offen, zieml. geräumig, Krone selten vollkommen. 2. Kurz, breit kegelförmig.	Gelblich, fein, mürbe bei voller Reife, von sehr gutem Reinettengeschmack.	**††. Dez. – März.	Verlangt guten Boden, warme Lage; wird nur mittelgroß und ist ziemlich fruchtbar.
11. Russet-Nonpareil.	2½“ breit, 2“ hoch, also flach, unten breiter, als oben.	K. ½ offen u. geschlossen, klein, in tiefer, faltiger Einsenkung. St. lang, in tiefer grünrostiger Höhle, holzig.	Vom Baum ziemlich gelb, was sich durchs Lagern nur wenig verstärkt, Sonnenseite röthlichgelb. Feine Rostanflüge häufig, und auf der Sonnenseite deutliche Rostpunkte.	1. Klein, engkammerig, hohlaxig, Kammern geschlossen; Kerne eiförmig, groß, schwarzbraun. – Kelchröhre ganz unbedeutend.	Gelblich, fein, erfrischend mit citronenähnlichem Gewürz. Geruch schwach.	**†. Novbr. – März. Muß spät gebrochen werden.	Wächst rasch und gesund, bildet kugelförmige Kronen. Sommertriebe ziemlich lang, nicht stark, braunroth, wenig silberhäutig, zerstreut punktirt. Blätter eiförmig, flach, groß, matt, aber stumpf, stark gesägt. Afterblätter lanzettförmig. Für nördliche Gegenden für Zwerge auf Wildlingen geeignet.
12. Graue Meißner R.	Kugelförm. 2½“. Querschnitt ganz rund.	K. kurz, wollig, geschlossen von unbedeutenden Falten umgeben. – St. kurz, braun, holzig, in rostiger Vertiefung.	Mattgelb, Sonnenseite carmoisin, verrieben und gestreift, darüber hell graubrauner Rost von Kelch u. Stiel ausgehend. Punkte undeutlich.	1. K. mäßig, Axenhöhle klein, Fächer flach, wenig offen, und wenig gute Kerne. K.-Höhle u. K.-Röhre kreiselförm.	Gelblich, mürbe, ziemlich fein, erfrischend sauer. Geruch schwach.	*††. Winter bis März.	Wächst stark, trägt reich; für kältere Gegenden werthvoll, in denen die graue, französische R. nicht mehr gut gedeiht.
13. Reinette von Monbron.	Flachrund, 3“ u. 2⅓“. Mittel- oder stielbauchig, und in letzterm Falle etwas nach oben verjüngt.	K. scharf gespitzt, geschlossen, in enger, tiefer, faltiger Senkung. St. ½ – ¾“ in tiefer, trichterförmiger Höhle.	Mäßig stark, fein rauh, tief olivengrün, nie gelb; grünlich zimmtfarbiger Rost gleichmäßig über die Frucht verbreitet; fein punktirt.	1. Geschlossen, in mäßigen Kammern kleine, spitze, eiförm. Kerne. K.-Röhre ein breiter, nicht tiefer Kegel.	Grünlich gelb, sehr fein, saftvoll, ähnlich der französischen R. im würzigen Geschmack; geruchlos.	*††. Dezbr. – Frühjahr.	Wächst mäßig; Krone flachgewölbt; Sommertriebe schwach, zieml. lang, braunroth, stark silberhäutig, zerstreut punktirt. Blätter eiförmig, flach, klein, matt, stark und scharf gezahnt.
14. Carpentin.	Klein, regelmäßig, plattrund, mittelbauchig, nach oben und unten gleich gewölbt.	K. klein, geschlossen, lang grün bleibend, breitblätterig u. filzig, in sehr regelmäßiger Einsenkung von mittlerer Tiefe und Weite. St. sehr lang 1 – 1½“ in trichterförm. Höhle.	Etwas rauh durch feinen Rost, der die ganze Frucht überdeckt, mit Ausnahme stark besonnter Früchte, die schön karmoisinroth bemalt sind. Die gelblichgrüne Grundfarbe selten hervortretend. Auf dem Rostüberzug weißliche Punkte und silberweiße Schüppchen.	1. Regelm., geschlossen, vollsamig. K.-Röhre kurzer, abgestumpfter Kegel.	Sehr weiß, von angenehmem, süßweinsäuerlichem Geschmack.	*†† Dezbr.– Frühjahr. Eine der vorzüglichsten Mostobstsorten.	Lichte, kugelförmige Krone, mit vielen langen Fruchtruthen, und dünnen, langen Holztrieben, die braunroth, fein weiß punktirt, fast ohne Wolle sind, und das kleine, eiförmige, bald stumpf, bald scharf, einfach oder doppelt gesägte Laub lange behalten. Große Fruchtbarkeit.

Diel Cl. IV. Ordn. 3.
Lucas Cl. X. Ordn. 1.
(*††W.)

Graue portugisische Reinette

Syn. Sind nicht bekannt, und der auf dem Bild beigesetzte französische Name: Reinette grise Duhamel, gebührt nicht dieser Sorte.

Vorkommen Dieser Lederapfel kommt in der ganzen Schweiz vor; er ist neben der grauen französischen Reinette wohl die häufigste Sorte der grauen Reinetten. Beide Winteräpfel sind die einzigen Lederäpfel, die gegen das Frühjahr noch auf den Obstmärkten in größerer Menge erscheinen.

Eigenschaften des Baumes Der Baum wird mäßig groß und trägt eine flachkugelförmige Krone, aus abstehenden Ästen gebildet. Die Sommertriebe sind wenig wollig, die Zweige ziemlich stark, etwas hin- und hergebogen, von rothbrauner Farbe, und mit länglichen, weißen Punkten bestreut. Das Blatt hat breit elliptische Form, und verjüngt sich vorn rasch in eine kurze Spitze. Der doppelgesägte Rand ist wellenförmig, und erscheint dadurch fast kraus. In der Baumschule wächst unser Baum stark, später langsam, und wird bald und reich tragend. Empfindlich ist der Baum nicht.

Eigenschaften der Frucht Der Apfel kommt meist plattrund vor, 2¼–2½“ breit und 2–2¼“ hoch. Sein Querschnitt zeigt volle, ungestörte Rundung, und der Längsschnitt zeigt nach oben nur wenig stärkere Abnahme, als nach unten. Kelch- und Stielhöhle sind immer schön gerundet, erstere ziemlich weit, mäßig tief und ohne Spur von Falten; letztere tief und enge, der starken, holzigen, gelbbraunen Stiel bergend, der kaum oder doch nur wenig die Stielwölbung überragt. Breitblättrige, zusammenneigende Kelchblättchen schließen die Kelchröhre, welche oben weit, mit zahlreichen Staubfaden garnirt, nach unten stielartig verlängert ist. Die Schale ist rauh, ganz mit gelbbraunem Rost bekleidet, zeigt sehr selten die trübgrüne Grundfarbe an beschränkten Stellen, und niemals Röthe. Weitläufig finden sich weißgraue Punkte zerstreut, die nur wenig in’s Auge fallen.

Das Fleisch ist grünlich-weiß, unter der Schale grünlich, feinkörnig, locker und angenehm. Grün erscheint auch die Kernhausader, besonders nach oben. Das Kernhaus ist kaum hohlachsig, hat kleine, geschlossene Fächer mit mehreren guten Kernen.

Eine haltbare Winterfrucht (siehe oben), die vom Dezember an verwendbar wird, wohl noch als Tafelfrucht dient, jedoch mehr zu wirtschaftlicher Verwendung gelangt. Welkt nicht, jedoch wird spät hinaus das Fleisch mehlig, kraft- und saftlos.

Graue portugisische Reinette.

(Reinette grise Duhamel.)

Diel IV. 3.
Lucas IX. 3. a. b.
(*!††W.)

Hebel's Apfel

(Rümlicher Chrüslicher)

Syn. Rümechrüslicher, saurer Chrüslicher

Vorkommen Diese Sorte ist im Kanton Baselland sehr verbreitet, und fand von da auch ihren Weg in den Aargau'schen Bezirk Rheinfelden, kommt dann ferner vielfach in dem badischen Wiesenthal und in dem benachbarten Elsaß vor. Seinen Namen: Rümlicher Chrüslicher verdankt er wohl seinem Ursprungsort. Wir sind aber nicht sicher, ob dem kleinen Ort Rümlingen bei Sissach (Kanton Baselland) oder dem badischen, bei Lörrach gelegenen Rommingen, das im Volksmunde «Rimmigen» lautet, diese Ehre gebührt. Das Krauswerden der Blätter gegen den Herbst deutet die weitere Bezeichnung an. Allgemein gebräuchlich ist in der Schweiz, soweit diese Sorte vorkommt, der Name Rümechrüslicher, und es ist daher wohl nicht recht, daß der ursprüngliche Name verändert wurde zu Ehren des trefflichen Hebel, der diesen Apfel besonders liebte und ihn in dem Gedichte: «Die Mutter am Christabend» verherrlichet hat. Doch wollten wir den einmal in die Literatur eingeführten Namen nicht unbeachtet lassen, um dadurch nicht zu kleinlichen Bemängelungen Veranlassung zu geben.

Eigenschaften des Baumes Der Baum besitzt eine aus gedrängt stehenden und senkrecht aufstrebenden Aesten gebildete flache Krone. Der reichen Fruchtlast nachgebend, wölben sich später die Aeste. Der Baum ist gesund und dauerhaft, jedoch schwach wachsend, und wird nur mittelgroß. Gedeiht auch im Felde in geschützter Lage, und in gutem, thonigen Boden, wo er sehr reichlich trägt: in hohen, freien Lagen geht die Sorte nicht, wird immer krebsig, und trägt wenig. Ziemlich spät blühend, ist der Baum ohnehin gegen Witterungswechsel nicht sehr empfindlich. Die mittelgroßen, unten weißfilzigen Blätter werden gegen den Herbst kraus. Zwei- und einjähriges Holz ist braunroth berindet, und die Rinde je auf der Sonnenseite mit graulichem Silberhäutchen überzogen. Weiße bis graulich-weiße, längliche Punkte sind sehr klein und wenig zahlreich. Verhältnißmäßig starke Augenträger dienen den eiförmigen, anliegenden Augen als sichere Basis. Braunrothe Knospendecken erscheinen an der untern Region der Zweige ganz kahl, gegen die Mitte hin wenig, am obern Ende aber ziemlich stark weißgrau behaart, so daß von der Grundfarbe nur wenig sichtbar ist. Die Blattstielnarben sind groß.

Die Fruchtknospen auf sehr kurzem Fruchtholz sind eiförmig, mittelgroß, und die braunrothen Knospenschuppen werden von grau-weißer, steifer Behaarung fast ganz überkleidet.

Eigenschaften der Frucht Dieser Apfel gehört zu den kleinen Früchten; eine mittlere Frucht ist 1½" (46 mm) hoch, 1" 8"' (54 mm) breit, größere Exemplare erreichen bei 1" 8"' (54 mm) Höhe eine Breite von 2" 1½"' (65 mm). Der ziemlich kugelförmig aussehende Apfel ist jedoch immer etwas breiter als hoch. Etwas ungleichhälftig, erscheint im Uebrigen unsere Sorte ganz regelmäßig, und zeigt bloß auf der Kelchwölbung 3–4 große, stumpfe Unebenheiten, die aber ein sicheres Aufsitzen auf dieser Seite nicht hindern. In wenig tiefer Kelcheinsenkung sitzt der geschlossene, bisweilen halboffene Kelch mit sehr unbedeutender, stumpf kegelförmiger Kelchröhre. Die Stielwölbung ist schön abgerundet, die Einsenkung sehr flach, von einem kurzen, oft butzenförmigen Stiel von holziger oder fleischiger Beschaffenheit ganz ausgefüllt. Die grünliche Grundfarbe der Schale geht auf dem Lager in ein schönes Gelb über, in welchem kleine, schärfliche Rostpunkte sparsam und wenig auffällig hervortreten. So auf der Schattenseite, die nur stellenweise mit freundlicher Röthe gestreift und bespritzt erscheint, während bei Sonnenfrüchten ⅔ der Oberfläche mit eben solcher Röthe bedeckt erscheinen, vielfach unterbrochen von dunkelrothen Streifen, oder auch von dem gegen die Schatten- und Stielseite hervorleuchtenden Gelb der Grundfarbe. – Das Kernhaus ist ungewöhnlich klein, birnförmig, hohlachsig; die Kammern sind gleichwol geschlossen, wenig samig.

Das Fleisch, feinkörnig und saftig, ist weißgelb, gegen die Schale mit röthlichem Schein, von angenehmem, erfrischendem, säuerlich gewürzigem Geschmack. – Unsere Frucht hat große Aehnlichkeit mit dem früher beschriebenen Küttiger Dach-Apfel. Doch ist dieser meist größer, hat einen schön geöffneten Kelch, ein größeres, zwiebelförmiges Kernhaus, eine mehr düster geröthete, geschmeidige Schale, und ein mehr süß als sauer schmeckendes Fleisch.

Der Hebels-Apfel gehört für die Wirtschaft ersten Ranges, ist als Kochobst sehr beliebt und gesucht, um so mehr, da der Apfel seine Frische über ein Jahr lang behält. Mit Dezember wird er brauchbar, und überdauert im Keller den Winter, ohne zu welken.

Rümlicher Chrüslicher.

Farbendruck v. J. Tribelhorn in St. Gallen.

Diel Cl. II. Ordn. 1.
Lucas Cl. IV. Ordn. 3.
(H.††**)

Surgrauech

Syn. Grauech, Weinapfel

Vorkommen Diese der Schweiz eigenthümliche Sorte findet sich am häufigsten in den Kantonen Bern, Aargau, Solothurn, Luzern und stammt wahrscheinlich aus der Umgegend der Stadt Bern. Sie liebt tiefgründigen, nahrhaften Boden, ist in Beziehung auf Lage und Klima nicht heikel und kommt überall gut fort. In Grindelwald, 3520' ü. M., trägt der Baum noch schöne und schmackhafte Früchte, während daselbst andere Aepfelsorten klein, hart und schlecht werden.

Eigenschaften des Baumes Der Baum wächst langsam und wird nur mittelgroß. Die Krone besteht aus einzelnen starken Aesten, von denen jeder für sich wieder eine abgeschlossene Krone bildet; sie ist licht, hochkugelförmig, erhält aber im Herbst durch die Kraft der Früchte eine Art Trauerweidenform, wodurch die aufstehenden langen Zweige nach und nach hängend werden und dem Baume ein malerisches Aussehen geben. Die Sommertriebe sind braun, mittelstark, gerade, mehr spitz als stumpf, vorn fein filzig, etwas silberhäutig, mit hellbraunen, zerstreuten Punkten besetzt. Das Fruchtholz kurz, die Blüthenknospen klein und spitzig. Das mittelgroße bis große Blatt ist sägezähnig mit einer stark abgesetzten Spitze, unten weiß behaart und hat einen ziemlich langen röthlichen Blattstiel. Afterblättchen breit, lanzettförmig. Die Blüthe- und Reifezeit mittelfrüh. Alle zwei Jahre trägt der Baum reichlich, und zwar bis 60 Schweizer-Sester.

Eigenschaften der Frucht Die hochaussehende Frucht ist stielbauchig, gegen den Kelch stumpf zugespitzt, gegen den Stiel schön abgerundet; obgleich durchschnittlich regelmäßig gebaut, ziehen sich doch zuweilen aus der Tiefe der Stielbucht fadenförmige Rippen oder auch rambourartige Kanten über die ganze Frucht, welche mittelgroß 2"1"' (67 mm) hoch und 2"2 ½"' (62 mm) breit ist. Der meist geschlossene Kelch ist klein, lang, spitzblätterig, in die Höhe stehend, sitzt in einer bald mehr, bald weniger tiefen Einsenkung, in deren Umgebung sich mehrere kleine Falten zeigen, welche die Kelchfläche uneben machen. Der lange, schlanke, etwas gekrümmte Stiel sitzt in einer tiefen, trichterförmigen Höhle, ist durchschnittlich 1" lang und röthlich gelb gefärbt. Die stark beduftete Schale, welche, abgerieben, einen angenehmen Geruch hat, ist glatt, fein, hellgelb, auf der Lichtseite carmoisinroth verwaschen, dazwischen gefleckt und etwas dunkel gestreift. Bei stark besonnten Früchten tritt die Grundfarbe nur wenig rein hervor, ist dann weißer, feingestreift und dazwischen wie roth gepudert. Rostpunkte finden sich nur zerstreut, hingegen weißliche Flecken in Menge, die besonders im Roth deutlich hervortreten. Größere Früchte haben nicht selten in der Umgebung des Kelches schwarze Flecken. Das Fleisch ist gelblich weiß, saftreich, fein, weich und von angenehm weinsäuerlichem, jedoch gewürzlosem Geschmack. Die kegelförmige Kelchröhre ist ziemlich eng und kurz. Das Kernhaus, groß, geschlossen, liegt in der Mitte, hat eine kleine Kapsel, die nur wenige aber vollkommene, hellbraune Kerne enthält. Die Frucht reift Ende Oktober, hält bis Ostern, verliert aber von Februar an von ihrer Güte; sie hat ferner das Eigenthümliche, daß sie, mehr als andere Sorten, je nach dem Standort des Baumes und je nach der Pflege desselben, in Form, Größe und Qualität sehr verschieden sich entwickelt, daher oft behauptet wird, es gebe mehrere Arten Surgrauech, während das in Wirklichkeit nicht ist.

Nutzung Dieser Apfel ist zum Rohgenuß, Kochen, Dörren, besonders aber zur Mostbereitung sehr beliebt und verdient vorzüglich für Wirthschaftszwecke eine weitere Verbreitung.

Sauergrauech.

Farbendruck v. J. Tribelhorn in St. Gallen.

Diel Cl. IV. Ordn. 2.
Lucas Cl. X. Ordn. 2.
(W.**††)

Sauer-Kläusler

Syn. Niklausapfel, Glaisler, saurer St. Niklausapfel

Vorkommen Der Sauer-Kläusler findet sich in der Mittelschweiz, namentlich in den Kantonen Aargau, Solothurn, Luzern und dem untern Theil des Kantons Bern, und ist ohne Zweifel eine der Schweiz eigenthümliche Sorte. Er liebt mittelschweren, etwas feuchten Boden, gedeiht aber auch noch gut in weniger günstigen Verhältnissen und Lagen.

Eigenschaften des Baumes Der Baum wird groß, wächst in der Jugend kräftig, später aber etwas langsam, hat eine flache, kugelige, dichte Krone mit ausgebreiteten Aesten, die öfters der Lichtung bedürfen. Die Holztriebe sind schlank, dunkelbraun, silberhäutig, mit feinen weißen Punkten besetzt. Die Augen sind anliegend und wollig. Zum Allgemeinen bildet der Baum viele schlanke, abwärts sich biegende Fruchtruthen. Die jüngsten Blätter sind unten kurz wollig, heller grün als an den meisten andern Apfelbäumen und etwas in's Gelbliche spielend, werden aber später glänzend dunkelgrün. Sie sind eirund, grob gezahnt, doppelt gesägt und haben schön auslaufende, oft auch kurz abgesetzte Spitzen. Das Blatt ist 2½" (75 mm) lang und 1" 9"' (56 mm) breit; der Blattstiel circa 1" lang. Der Baum blüht spät, trägt auf gutem Boden alljährlich je das andere Jahr sehr reichlich und wird über 100 Jahre alt. Er zeichnet sich aus durch seine Größe und Gesundheit.

Eigenschaft der Frucht Die Gestalt dieser beliebten rothen Reinette ist kugelförmig, der größte Durchmeßer etwas unter der Mitte. Die Kelchfläche ist ziemlich kleiner als die Stielfläche. Die Rundung wird nur bei einzelnen Früchten, bei denen vom Kelche aus flache Erhabenheiten über dieselben hinlaufen, etwas gestört. Der Kläusler gehört zu den mittelgroßen Aepfeln, ist durchschnittlich 2" 1"' (63 mm) breit und 1" 8"' (54 mm) hoch. Der Kelch ist geschlossen, mitunter halboffen, straußförmig, mit zurückgebogenen Spitzen, unten wollig, grünbleibend und sitzt in einer mehr oder weniger tiefen, regelmäßigen, schwach gerippten und ziemlich beengten Einsenkung. Der Stiel ist kurz, meist nur ein Fleischbutz und sitzt in einer seichten, engen, oft strahlenförmig berosteten Höhle. Die Grundfarbe der Schale ist hellgelb, tritt aber höchstens auf einem Viertheil der Frucht rein hervor; auf dem übrigen Theil derselben, besonders auf der Sonnenseite, finden sich carmoisinrothe, kurz abgesetzte und lange, bandartige Streifen, zwischen welchen, gleich wie bei dem Bohnapfel, die Schale roth getupft oder besprengt erscheint. Rostflecken, streifenartiger Rost, Regenmale und Warzen finden sich mehr oder weniger auf den meisten Früchten, sowie in ziemlicher Anzahl feinere und gröbere braune Punkte. Das Fleisch ist fein, sehr weiß, reinettenartig, weinsäuerlich und gewürzig. Die Kelchröhre ist trichterförmig, sehr kurz und eng. Das Kernhaus ist geschlossen und mittelgroß, näher dem Kelch als dem Stiel, hat enge Kammern mit zahlreichen schönen braunen und vollkommenen Kernen. Die Frucht hält bis zum Frühjahr (Mai bis Juni).

Nutzung Der Sauer-Kläusler ist unter den der Schweiz eigenthümlichen Tafeläpfeln, einer der besten, zum Dörren, Kochen und Mosten gleich vorzüglich daher zur allgemeinen Verbreitung sehr zu empfehlen.

Anmerkung Eine in Beziehung auf die Form des Baumes, Gestalt und Farbe der Frucht auffallend ähnliche Sorte ist der Süß-Kläusler, dessen Fleisch aber locker und süß ist. Diese Sorte kommt in denselben Gegenden vor, wo der Sauer-Kläusler zu Hause ist. Die Tragbarkeit wie die Haltbarkeit der Frucht sind Eigenschaften, welche die Verbreitung auch dieser Sorte rechtfertigen.

Sauer-Kläusler.

Farbendruck v. J. Tribelhorn in St. Gallen

Diel I. 3.
Lucas III. 2.
(††!*W.)

Schafnase

Syn. Baar-Apfel von Wädensweil, Stötzlicher (Bern),
Naht Apfel, Rohtacher, Rohtäch, Junkern Apfel (Pfäffikon)

Der Name Schafnase ist am weitesten verbreitet: in Theilen des Kantons Bern (Langenthal, Oberaargau), Aargau, Baselland, Luzern, Zürich

Vorkommen Kommt in der ganzen Schweiz verbreitet vor, und ist besonders häufig in der sog. Herrschaft Wädensweil (Zürich), als den Gemeinden Wädensweil, Richtersweil, Hütten und Schönenberg, wo er unter dem Namen Baar-Apfel bekannt ist. Dieser Name deutet wohl auf die Herkunft für diese Gegend hin, auf die Gemeinde Baar im Kanton Zug, woher die obige Gegend ihre meisten Obstbäume bezieht. Dann weiter treffen wir diese Sorte im Aargau, Oberaargau, Solothurn, Bern, Luzern ec.

Eigenschaften des Baumes Der Baum liebt einen tiefgründigen Boden, wird groß, ist schön geformt, gesund, und erreicht ein hohes Alter. Mittelfrüh blühend, trägt er alle zwei Jahre reichlich (80–90 Sester), und es leidet der Baum nicht selten durch die Last seiner Früchte.

Das zweijährige Holz ist grau berindet, punktförmige Rinderhöckerchen kommen nicht gar zahlreich und wenig bemerklich vor. Die Triebe sind kräftig, mit weißem Filze bekleidet, der erst im August an den Leitzweigen soweit verschwindet, daß die gelb- bis braunrothe Rinde sichtbar wird. Die Blätter, von ei-elliptischer Form, sind groß (2½–3“ lang, 2“ breit) auf 1½-zölligem Blattstiel, der unterseits röthlich gefärbt, im übrigen weißgrau befilzt ist, wie die Unterseite der Blattfläche. Oberseits kahl, ist das Blatt an der Basis eiförmig gerundet, am Rande großgezahnt und gegen die seitwärts gekrümmte Spitze rasch abnehmend. Kleine, spatelförmige oder auch lineale Nebenblätter sitzen beiderseits am Grunde des Blattstiels, und zeigen grünröthliche Färbung. Die Knospen sind zahlreich und sehr ansehnlich.

Eigenschaften der Frucht Ein stark mittelgroßer bis großer Apfel von hohem Aussehen, 2½–3“ hoch und höher, und gegen die Basis (unteres Drittel) mindestens ebenso breit, verjüngt sich nach oben nur wenig, ist sehr ungleichhälftig, indem die Kelchwölbung stark schief angelegt erscheint. Fünf starke, runde Rippen, die bisweilen zu einer scharfen Naht sich umgestalten, heben die Rundung des Apfels mehr oder minder auf, und treten an der Stiel- und Kelchwölbung deutlich als große runde Höcker hervor. Trotz dieser Störungen ruht unsere Frucht sicher auf der obern wie auf der untern Wölbung. Die Stielhöhle ist ziemlich tief, von einzelnen Rippen nicht selten verengert. Steil senkt sich die Kelchwölbung in die Kelchhöhlung, welche eine sehr enge, 2‘‘‘ lange Kelchröhre in die Tiefe entsendet. Der kleine, geschlossene Kelch bleibt, wie seine nächste Umgebung, noch lange grün (bis März bemerkbar), während die Schale auf ihrer übrigen Ausdehnung schön gelb erscheint. Die Schale ist fein, glatt, fettglänzend, bläulich beduftet, gelbgrün, wird nach einiger Zeit fettig und schön strohgelb. Besonnte Früchte deckt in mehr oder minder großer Ausdehnung (selten zur Hälfte) eine freundliche Röthe, die bald gleichmäßig aufgetragen, bald wolkig angelegt erscheint. Die Stielhöhle wie den Fruchtstiel überzieht ein zimmtfarbiger Rost, der oft ziemlich weit über die Grundfläche hinausstrahlt. Rostflecken erscheinen auch nicht selten da und dort auf der Schale. Kleine, weißliche, wenig hervorleuchtende Punkte sind auf der Schale ziemlich zahlreich, desgleichen größere und kleinere Rostpunkte, von denen besonders die im Roth mit schönen, weißlichen Höfen umflossen sind. Auch ziemlich große, rostgelbe Warzen sind nicht selten. Ein mittelgroßes, hoch zwiebelförmiges, selten und nur schwach hohlaxiges Kernhaus umgibt geschlossene, enge Kammern, welche von ein bis zwei Kernen ausgefüllt sind. Die Kernhausader umschließt das Kernhaus und verläuft entweder in regelmäßigem Bogen oder zeigt wellenförmige Schweifungen. Gelbliches, derbes, nicht allzu saftiges Fleisch von angenehm säuerlichem Geschmack läßt diese gute Wirthschaftsfrucht selbst als Tafelfrucht verwendbar erscheinen, die am besten von November bis Mai sich hält, aber auch noch später hinaus brauchbar ist. Dieser Apfel gilt mittleren Preis, dient für die Küche zu jedem Gebrauch; gibt auch ganz guten, mehrere Jahre haltbaren Most. Doch kommt die Sorte weder im Saftquantum, noch in der Güte des Saftes dem Hansuli gleich. Die Frucht ändert nach Größe, Schönheit und Geschmack sehr bedeutend ab, so daß es genau vergleichender Beobachtung bedarf, um in allen Fällen die Identität herauszufinden, besonders vor der Lagerreife. Diese Verschiedenheiten sind eine natürliche Folge des weitverbreiteten, unter bedeutend verschiedenen äußeren Bedingungen gedeihenden Baumes.

Schafnase

(Naht-Apfel.)

Farbendruck v. J. Tribelhorn in St. Gallen

Diel V. 1.
Lucas XIII. 1. c.
(††* H.-W.)

Schinzen-Apfel, gestreifter

Syn. Schinzacher, Schinzocher

Vorkommen Ein am Zürichsee und um Pfäffikon häufig vorkommender Apfel. Dr. Regel bezeichnet ihn als eine unserer bessern einheimischen Sorten. Daß diese Sorte in Herliberg auch als Streuli-Apfel und Büggli-Apfel vorkomme, möchte ich bezweifeln, da der Schinzen-Apfel am See eine der altbekanntesten ältern Aepfelsorten ist. – Stand früher bei unsern Landwirthen in höherer Achtung, als gegenwärtig; aus diesem Grunde begegnen wir denn auch vorzugsweise nur ältern Bäumen, jüngere Nachzucht ist ziemlich selten. Der Apfel dürfte am Zürichsee in Oberrieden entstanden sein; dort sind von Alters her tüchtige Landwirthe, Namens Schinz. Aber gerade auch hier haben neuerer Zeit «Hansuli» und der «Gallwyler» von Oberrieden (Oberrieder Glanzreinette) ihre unbedingte Herrschaft aufgeschlagen.

Eigenschaften des Baumes Der Baum wächst kräftig und bildet schöne, reichlich tragende, auch zur Feldpflanzung geeignete Hochstämme. Sehr lange, horizontal abstehende Aeste, die nach außen herabhängen, bilden eine flache, dichte Krone. Die mittelgroßen Blätter sind auf der untern Seite dünn wollig, sehr dicht stehend und hellgrün, und schon von weit her erkennt man den Baum an seiner dichtbelaubten, hellgrünen Krone.

Die Zweige sind dünn, schlank, gerade; die Zwischenknotenstücke kurz. Die Rinde erscheint gelb bis bräunlich, wird aber dem größten Theil nach bedeckt von theils zusammenhängenden silberhäutigen Ueberzügen oder, wo dieser fehlt, von kurzem, graulichem Flaum. Zahlreiche kleine, längliche Rinderhöckerchen erkennt man bei genauerer Ansicht. Die kleinen, eng anliegenden Augen, auf mäßigen Trägern sitzend, sind von rothen Knospenschuppen umhüllt, die kahl und nur gegen die Spitze mit graulichem Flaum bekleidet sind. Am zweijährigen Holze ist die Rinde, so weit nicht silberhäutig, gelblich-grün, kahl, und es treten die weißlichen, runden Lenticellen zwar sparsam, aber ziemlich erhaben hervor. Zahlreiche Blüthenknospen von eiförmiger Gestalt, mit weißfilzigen, sonst rothen Deckschuppen, treten am zweijährigen, kurzen Holze auf, und auch die schwächeren, einjährigen Zweige enden nicht selten mit einer Fruchtknospe.

Die Blüthezeit tritt früh ein, und der Baum trägt alle zwei Jahre reichlich.

Eigenschaften der Frucht Diese alte Wirthschaftsfrucht hat eine Höhe von 2" (60 mm) und eine Breite von 2" 3"' (68 mm) und zählt daher nach ihrem Format zu den mittelgroßen Früchten. In seiner Form ist der Schinzaar ziemlich veränderlich, doch meist hoch ausstehend, von wenig regelmäßiger Gestalt, auf dem breiteren Stielrand trotz einiger großen Beulen noch sicher ruhend, dagegen nicht auf der spitzeren Kelchwölbung, die klein und sehr schief angelegt erscheint. In enger, mehr oder minder tiefen, durch einige unregelmäßige Rippen modellirten Einsenkung sitzt der geschlossene, oft unvollkommene Kelch, von welchem eine enge Kelchröhre 1–1½"' gegen das Kernhaus hinabdringt. Die trichterförmige Stielhöhle ist ziemlich tief und birgt den ½" langen, etwas dünnen Stiel.

Vom Baume weg ist die feine, jedoch zähe Schale des Apfels stark bläulich beduftet, und er verbreitet dannzumal einen lieblichen durchdringenden Geruch. Ein helleres oder dunkleres Roth übertuscht die grüngelbe Grundfarbe. Dunkelrothe Streifen und Flammen heben sich von der allgemeinen Röthe ab, und charakteristisch sind die zahlreichen Regenmale und großen, sternförmigen Rostpunkte in der Röthe. Grüngelber Rost bekleidet in sehr verschiedener Ausdehnung und Stärke die Stielhöhle. Ein großes, breit herzförmiges Kernhaus umschließt die kleinen, geschlossenen, meist nur einsamigen Kammern. Das lockere, weiße Fleisch ist mürbe, wenig saftig, schwach säuerlich und von angenehmem, jedoch nicht würzigem Geschmack. Ist für jede wirthschaftliche Verwendung geeignet, auch zum Mosten sehr geschätzt, da er sehr ausgiebig ist und fast so viel Saft liefert, wie die Birne.

Schinzenapfel, gestreifter.

Farbendruck v. J. Tribelhorn in St. Gallen

Diel Cl. V. Ordn. 1.
Lucas Cl. XIII. Ordn. 3.
(W.††)

Schuhmacherapfel

Syn. Süßer Solothurner, Jungenbergler, Unterbergler, Mädchen-Apfel

Vorkommen Der Schuhmacherapfel ist ziemlich stark verbreitet, besonders in den Kantonen Solothurn, Bern, Aargau, Baselland, und ist ohne Zweifel eine Kernfrucht des Kantons Solothurn. Ein mittelschwerer, etwas feuchter und nahrhafter Boden ist dieser Sorte am zuträglichsten; für Lage und Klima nicht besonders wählerisch. Ist mit dem Schuhmacherapfel im Thurgau nicht zu verwechseln, und wird daher wohl am besten mit dem Namen Solothurner Schuhmacherapfel benannt.

Eigenschaften des Baumes Der Baum wächst langsam, wird mittelgroß, oft groß, hat eine hoch gewölbte, dichte Krone, deren Aeste in Folge der großen Tragbarkeit sich nach und nach zur Erde neigen. Die Zweige sind dünn, röthlich und mit silberweißen Haaren oft ganz überzogen. Das Fruchtholz ist schwach und kurz, die Knospe rundlich und roth. Die Blätter sind mittelgroß, flach, regelmäßig gezahnt; die obere Fläche ist mattgrün, die untere aschgrau befilzt, daher der ganze Baum ein düsteres Aussehen hat. Diese Sorte blüht spät, trägt alle zwei Jahre reichlich, und nicht selten sieht man Bäume, die über 60 Jahre alt sind, und bis 80 Sester Aepfel tragen. Andern Berichten gemäß trägt unser Baum alljährlich.

Eigenschaften der Frucht Der Schuhmacherapfel kömmt in verschiedener Form vor, je nach Lage und Boden. Platte, kugelförmige und gegen den Kelch etwas zugespitzte Früchte kommen unter einander vor. Nicht selten gibt es Früchte mit flachen Erhabenheiten, oft sogar mit Kanten, die sich über die ganze Frucht hinziehen. Eine mittelgroße Frucht ist 2 ½"–3" (60–90 mm) breit und 2"–2" 6"' (55–75 mm) hoch. Unser Bild stellt daher diese Frucht etwas zu klein dar. – Der langblättrige, meistens geschlossene, lang grün bleibende Kelch sitzt in einer engen, nicht tiefen Einsenkung, die mit Fleischperlen auf's deutlichste umgeben ist. Ein Fleischbutz bildet manchmal den Stiel, der in einer tiefen, regelmäßigen, stark berosteten Stielhöhle sitzt. Die Schale ist glatt, abgerieben glänzend, auf dem Lager fettig werdend, und alsdann stark aromatisch riechend. Die Grundfarbe ist weißlich, aber meist wenig sichtbar, da die ganze Frucht roth getuscht und gestreift ist. Bei Sonnenfrüchten geht das Roth vom schönsten Purpurroth in's dunkelste Carmoisin über. Rost und Rostflekken sind nicht selten, sowie weiße Punkte über die ganze Frucht verstreut sind. Das Fleisch ist feinkörnig, rein weiß, locker, süß, hat einen aromatischen Geruch und ist bei stark besonnten Früchten unter der Schale geröthet. Auch die bedeutend große zwiebelförmige Kernhausader erscheint schwach geröthet. Die Kelchröhre ist lang und kegelförmig. Das Kernhaus ist geschlossen, hat geräumige Kammern und ist mit kurzen, dunkelbraunen Kernen angefüllt. Im November wird der Apfel genießbar und hält bis im März; ist für die Küche beliebt und zum Dörren sehr gesucht.

Schuhmacher Apfel.

Farbendruck v J. Tribelhorn in St Gallen

Diel Cl. I. Ordn. 2.
Lucas Cl. II. Ordn. 1.
(S.*††)

Sommer-Gewürzapfel

Syn. Weißer Sommer-Gewürz-, Englischer Kant-, Früh-, Ernte-, Schönbeck's früher Gewürz-, Weißer Gewürz-, Frühreifer Schlotter-, Englischer Back-, St. Jakobsapfel, Sommerkönig, Weißer Augustcalvill, Weiße Sommerschafnase, Sommerpostroph, Palästiner, Reine d'été, Calville précoce, Pomme avant toutes, Postoph d'été, Pomme de Palestine, Passe-Pomme d'été

Vorkommen In der Schweiz ist dieser Apfel fast in allen obstbautreibenden Gegenden zu finden, ebenso in Deutschland, Frankreich, den Niederlanden, England, Rußland, Amerika und im Orient (Morgenland); er hat demnach eine allgemeine Verbreitung. Zeit und Ort seiner Abkunft kann nicht genau angegeben werden. Nach Dochnal kam er schon 1758 in Holland vor; Diel beschrieb ihn 1800, allein er war bereits früher in Deutschland bekannt. Der Baum wächst gesund und kräftig in allerlei Boden, er ist auch für höhere Lagen passend, nur reifen dort die Früchte im Verhältniß später und haben eine längere Dauer.

Eigenschaften des Baumes Der Baum wächst in der Jugend ziemlich lebhaft, ist gesund, wird mittelgroß und hat eine kugelförmige Krone. Die Sommertriebe sind mittelstark, gerade und ziemlich lang, nach unten etwas silberhäutig, nach oben wollig, gelblichbraunroth, mit einzelnen feinen, länglichen, gelblichweißen Punkten. Die Augen sind stark, ganz anliegend, graulichweißwollig und sitzen auf ziemlich stark hervortretenden Trägern. Das Fruchtholz ist kurz, braunroth, meist silberhäutig, mit nicht vielen, starken, weißgrauen Punkten besetzt. Die Blütenknospen sind lang, schlank, spitzkegelförmig und befilzt. Die Blätter sind mittelgroß, elliptisch, rund oder rundlich oval, etwas wellenförmig, mit aufgebogenen, spitzsägezähnigen Rändern und stark abgesetzter, langauslaufender Spitze, von Farbe dunkelgrün, mattglänzend, unten wollig. Der Blattstiel ist 7‴ bis 1“ 4‴ lang, hat schöne, ziemlich große, breitlanzettförmige Afterblätter. Der Baum setzt viel Fruchtholz an, blüht früh, wird nicht alt, trägt alljährlich und meist reichlich, oft zu reichlich, wobei dann die Früchte klein bleiben. Als Zwerg auf Wildling oder Johannesstamm trägt er besonders gern.

Eigenschaften der Frucht Die Gestalt dieses mittelgroßen Sommerapfels ist länglich, von der Mitte aus gegen den Kelch zugespitzt, aber auch abnehmend gegen den Stiel zu, fast immer ist die eine Hälfte der Frucht mehr oder weniger höher, als die andere. Es giebt auch walzenförmige, dick- und kelchbauchige, sowie breite und kugelige Früchte. Wie in der Form, wechseln sie auch in der Größe außerordentlich, je nach dem Jahrgange oder der Menge des Fruchtansatzes. Die Kelchfläche ist schief, aus kleinen Beulen und starken Fleischhöckern bestehend, welche von der Einsenkung des Kelches an in vier bis fünf meist etwas flachen Rippen über die ganze Frucht hinlaufen, so daß auch die Stielhöhle noch gerippt erscheint, welche oft dadurch verengt wird und ziemlich tief ist. Der Apfel ist durchschnittlich 2“ 6‴ (80 mm) hoch und 2“ 2‴ (68 mm) breit, auf Zwergbäumen giebt es nicht selten Früchte von 3“ (90 mm) Höhe und 2 ¾“ (83 mm) Breite. Der Kelch ist geschlossen, grün, schmal, spitzblätterig, in die Höhe stehend, die Spitzen etwas auswärts gebogen. Der ziemlich starke Stiel ist ½ bis ¾ “ lang, meist holzig und grün. Die Schale ist fein, beduftet und etwas fettig anzufühlen, anfangs hellgrün, später gelbgrün bis hellgelb, wobei aber immer etwas Gründurchschimmerndes zurückbleibt. Besonnte Früchte haben einen blassen Anflug von Röthe, die aber nicht alljährlich bemerkbar ist. Wahre Punkte sieht man auf der Schale sehr wenige, hingegen im Roth zeige sich eine Menge hellgrüne dunkelumkreiste und auf der Schattenseite dunkelgrüne hellumkreiste, feine punktähnliche Flechen. Rostflecken von bräunlicher und schwärzlicher Farbe, nebst einzelnen Warzen finden sich auf den meisten Früchten. Der Apfel riecht fein rosenartig oder stark gewürzt. Das Fleisch schmeckt säuerlich, ist weiß, fein, locker, mürbe, hinreichend saftreich. Die Kelchröhre ist lang, eng, trichterförmig, geht aber selten bis auf das Kernhaus hinab. Das Kernhaus ist kreiselförmig, groß, offen bei großen, halboffen bei mittelgroßen, geschlossen bei kleinern Früchten, näher dem Stiel als dem Kelch. Die Kammern sind sehr weit und geräumig, mit wenigen, aber vollkommenen, eiförmigen, kastanienbraunen Kernen. Die Frucht reift Mitte bis Ende August, in frühen Jahrgängen schon in der ersten Hälfte dieses Monats, hält, sorgfältig an kühlem Orte aufbewahrt, drei bis vier Wochen, überreif wird sie saftlos und mehlig; acht Tage vor ihrer Reife gepflückt, bleibt sie saftiger und haltbarer.

Nutzung Als Tafelapfel ist er sehr angenehm, für die Küche jedoch noch schätzbarer, weil er für dieselbe länger verwerthet werden kann. Ist als einer der besten Frühäpfel zu empfehlen.

Sommer-Gewürzapfel.

Farbendruck v. J. Tribelhorn in St. Gallen

Diel V. 1.
Lucas XIII. 3. b.
(W.††*)

Sonntags-Apfel

Vorkommen Diese Apfelsorte entstund 1800 aus einem Samen des späten Berenacher (Hornußecher). Nach Herrn Gut in Langenthal säete nämlich der Schullehrer Jakob Käser in Melchnau, Kanton Bern, drei Kerne eines schönen Berenacher Apfels in ein Gartenbeet. Im Jahr 1805 brachten diese Bäumchen ihre ersten, unter einander ganz verschiedenen Früchte, und unsere vorliegende Sorte empfahl sich vor den andern durch Größe und schönes Aussehen. Daß die Früchte wegen starken Schneefalls am 2. Oktober, der gerade ein Sonntag war, abgenommen wurden, gab Veranlassung zu obigem Namen. Diese Sorte verbreitete sich rasch in und um Melchnau, in welchem durch die Bemühungen des Kantonsrath Käser eine Baumschule besteht, die zur Verbreitung der Sorte ebenfalls zunächst beitrug, während gegenwärtig die Baumschule von Herrn Gut, welche diese Sorte für empfehlenswerth hält, für Verbreitung in weitere Kreise sorgt. Da Melchnau 1638' üb. M. belegen ist, so dürften die hier erzogenen Bäume besonders höher gelegenen Gegenden empfohlen werden.

Eigenschaften des Baumes Dieser Baum zeichnet sich schon in der Baumschule durch regelmäßigen, kräftigen Wuchs aus. Er beginnt frühe zu tragen, wird seiner großen Fruchtbarkeit wegen nur mittelgroß und altert ziemlich bald. Die kräftigen, wenig hin- und hergebogenen Zweige sind, soweit sie nicht von einem schmutzig grauen Pilze überzogen erscheinen, kastanienbraun, und mit sehr zahlreichen, deutlich hervortretenden, in Größe und Gestalt sehr wechselnden weißen Rinderhöckerchen (Lenticellen) bestreut. Auch am älteren, zwei- und dreijährigen Holze sind diese auf der matt graulichen Rinde noch sehr deutlich. Die Laubaugen sind eng anliegend, dicht befilzt, auf breiten, aber wenig hervortretenden Trägern. Die eiförmigen Fruchtknospen treten zahlreich auf, und die bräunlichen Knospendecken sind größtentheils trübe befilzt. Noch um die Mitte Juli erscheinen die auf der Schattenseite grünen, auf der Sonnenseite braunen Triebe größtentheils dicht überfilzt. Erst an der Basis ist diese Bekleidung größtentheils verschwunden, während sie von der Mitte an noch so dicht auftritt, daß die Färbung der Rinde nur matt durchscheint. Die eiförmigen Blätter werden 2 ½" in die Länge bei einer Breite von annähernd 2". Die scharf gezahnten Ränder nähern sich gegen das vordere Ende plötzlich, so daß das Blatt in eine 2–3''' lange, schmale Spitze ausläuft. Die ¾" langen Blattstiele tragen am Grunde fädliche, 2–3''' lange Nebenblättchen, zeigen sich unten, besonders am Ursprung geröthet, sonst wie oben – grün. Blattstiel und Unterfläche des Blattes sind graulich befilzt, wodurch die Unterseite der letzteren matt und hellgrün erscheint, während dunkles Grün die Oberseite deckt.

Der Baum blüht zur mittlern Zeit; seine Blüthe ist gegen Witterungswechsel nicht empfindlich. Er trägt alljährlich, je das zweite Jahr reichlich, und ist für höhere Lagen besonders empfehlenswerth.

Eigenschaften der Frucht Der Apfel ist plattrund, doch auch nicht selten hochaussehend, da der größte Querdurchmesser etwas unterhalb der Mitte liegt, von wo die Rundung nach dem Kelch stärker abnimmt, als gegen den Stiel. Fast alle Früchte sind regelmäßig gebaut, schön, und Kelch- wie Stielflächen sind nur ausnahmsweise schief oder uneben. Eine Mittelfrucht ist 2" 1''' breit und 1" 7''' hoch. In tiefer, mehr oder weniger faltigen Einsenkung sitzt der kleine, geschlossene Kelch, der, nebst seiner nächsten Umgebung, fein wollig überkleidet erscheint und in eine kurze, kegelförmige Kelchröhre nach unten endigt. Die Stielhöhle ist regelmäßig, eng trichterförmig, dünn, zuweilen strahlig berostet, und birgt den 5–6''' langen, holzigen Stiel. Abgelagerte Früchte haben eine strohgelbe Schale, während diese vom Baume weg grün erscheint. Von dieser Grundfarbe ist jedoch bei Sonnenfrüchten nur wenig zu sehen, da schönes Karminroth in Streifen, Punkten und Tupfen, oder wohl auch in verwaschener Form den größten Theil der Oberfläche deckt. Die angenehm riechende Frucht hat grünlich-weißes, festes, feinkörniges, etwas trockenes Fleisch, das zwar von angenehm säuerlichem, jedoch würzelosem Geschmack ist. Bei stark besonnten Früchten ist das Fleisch unter der Schale und auch die Kernhausader theilweise geröthet. Ziemlich in der Mitte liegt das kleine, geschlossene, herz- bis zwiebelförmige, hohlachsige Kernhaus, dessen enge Kammern vollsamig, je mit zwei großen, langen, kaffeebraunen Kernen erfüllt sind.

Der Apfel reift im November und hält bis in den Sommer. Er ist eine treffliche Wirthschaftsfrucht und zum Kochen, Dörren, Mosten gleich geeignet. Auch zum frischen Genuß gelangt er noch gerne, wenn andere, edlere Sorten seltener geworden sind.

Sonntags-Apfel.

Farbendruck v. J. Tribelhorn in St. Gallen.

Diel V. 1.
Lucas XIII. 1.
(††W.)

Spätlauber

Syn. Grünlauber, Uttweiler, Keller-Apfel (Aargau)

Vorkommen Diese Sorte stammt von Uttweil, Bezirk Arbon, Kanton Thurgau, wo sie um die Mitte des vorigen Jahrhunderts als Sämling erwuchs. Am häufigsten finden wir diesen Baum im Mittel- und Oberthurgau, doch verbreitete er sich von da aus auch in die Kantone St. Gallen, Zürich, Aargau, Bern und selbst nach dem Auslande.

Eigenschaften des Baumes Er wächst in seiner Jugend kräftig, und die spitzwinklig abstehenden Aeste bilden eine kugelige, nicht gar dichte Krone. Der Baum ist sehr fruchtbar, und mit dem Alter werden die Aeste durch die starke Belastung abwärts gebogen und herabhängend. Die Sommertriebe sind lang, schlank, mit dichter Wolle bekleidet. Ist diese verschwunden, so zeigen sich die Zweige einerseits olivengrün, anderseits silberhäutig, mit wenigen, aber großen, gelblichen Punkten besetzt; doch ist die Färbung auch nicht selten mit derjenigen im Bilde übereinstimmend. Kurze, platte Augen liegen den Zweigen fest an. Die Blätter, 3“ 6‘“ lang, 2“ breit, sind groß, elliptisch, am Rande doppelt gesägt, oberseits dunkelgrün, glänzend, unterseits stark wollig. Bei älteren Bäumen findet letzteres auffallend weniger Statt. An den kräftigen, kurzen, wolligen, unterhalb röthlichen Blattstielen stehen lanzettförmige Afterblättchen. Der Baum treibt und blüht spät, hält das Laub bis in den Winter, daher der Name «Spätlauber». Frühe Tragbarkeit, fast alljährliche, oft reiche Ernten empfehlen diese Sorte. Groß werden die Bäume nicht, und um seine Früchte gehörig zu reifen, bedarf der Spätlauber warme Tage und günstige Sommer, und dieß um so mehr, als der Spätlauber noch mehr als andere Apfelsorten schwere (d. i. kalte) Thonböden liebt. Das lange Hängenbleiben des Laubes kommt wohl davon her, daß der Baum zur gewöhnlichen Herbstzeit seine völlige Reife noch nicht erlangt hat.

Eigenschaften der Frucht Die Frucht ist von mittlerer Größe, 2½“ breit, 1½“ hoch oder auch einige Linien mehr. Die entschieden platten Formen erinnern lebhaft an den Zwiebelborsdorfer; doch gibt es recht viele von dieser Form abweichende, selbst kugelige Früchte. Die ziemlich weite aber flache, mit Rippchen versehene Kelcheinsenkung ist von einem nobel aussehenden, meist offenen Kelche gekrönt, dessen Blättchen, wie ihre nächste Umgebung filzig erscheinen. Die ganz flache, breite Stielwölbung enthält eine weite, trichterförmige, stark berostete Höhle, aus welcher der starke, aber kurze, holzige Stiel selten überragt. Die Schale ist glatt, vom Baume grün, abgelagert gelb, zuletzt eigenthümlich braun bis schwarz werdend. Dieser Farbwechsel ist charakteristisch und es treten die dunkleren Farben erst in Flecken auf, welche allmälig in einander fließen. Während äußerlich der Apfel verdorben erscheint, ist er im Innern noch lange frisch und gesund. Besonnte Früchte sind größthenteils schön geröthet, das Roth verwaschen oder streifig; Schattenfrüchte haben mehr oder weniger erdartige Röthe, und sind wenig oder auch gar nicht gestreift. Weißgraue Rostpunkte treten besonders aus der Röthe auffallend hervor; daneben kommen Rostfiguren und Rostflecken häufig vor. Das mittellagige Kernhaus ist breit zwiebelförmig, geschlossen, von grünen Adern begränzt und etwas hohlaxig. Die Kammern sind eng, armsamig; die vollkommenen Samen, je einzeln in einem Fache, sind groß, lang und hellbraun. Das grünlichweiße Fleisch ist feinkörnig, ungemein fest und dicht (daher einer der schwersten Aepfel), abknackend, sauer und ohne Gewürz. Die Frucht reift im Dezember, hält aber bis künftigen Sommer, und dient nun auch für die Küche. Doch beruht sein Hauptwerth in seiner Verwendung zu Getränk. Der Saft des Spätlaubers ist sehr geschätzt, daher sehr von den Wirthen gesucht. Aber auch als Handelsfrucht geht der Uttweiler vielfach in's Ausland.

Gäljogger, Waldhöfler, Salomonsäpfel und Spätlauber sind die hervorragendsten Wirthschaftsäpfel des mostreichen Thurgaus.

Spätlauber.

(Uttweiler)

Farbendruck v. J. Tribelhorn in St. Gallen

Diel Cl. I. Ordn. 3.
Lucas Cl. III. Ordn. 1.
(W.*††!)

Spitzwißiker

Syn. Spitzweißiker, Welscher Spitzweißiker, Pfaffenapfel, Wißocher, Schaafsnase, Großer Galwyler

Vorkommen Diese längst und in der Schweiz am stärksten im Kanton Zürich verbreitete, vermuthlich ihm eigene Kernfrucht, kommt überall, zu Berg und Thal und in allerlei Boden fort.

Eigenschaften des Baumes Der raschwüchsige Baum wird mittelgroß bis groß und bildet eine breitrunde, ausgedehnte, vielverzweigte, dichte, schön gewölbte, regelmäßig geschlossene Krone, die ein öfteres Lichten nothwendig macht. Die Sommertriebe sind nicht sehr lang, braunröthlich, gerade, spitz, kahl, mit ziemlich zahlreichen weißlichgrauen Punkten besetzt. Das längliche Fruchtholz ist silberhäutig, stark punktirt, gleichfarbig wie die Holztriebe. Die Blüthenknospen sind dünn, länglich und an der Spitze wollig. Die Blätter sind mittelgroß, länglich oval mit abgesetzten Spitzen, 3" lang und 1" 8"' breit, grob geadert, groß, spitz oder stumpfsägezähnig, unten stark wollig und mattglänzend dunkelgrün. Die Blüthezeit tritt etwas spät ein, meistens erst Ende Mai. Die Blüthe ist in Bezug auf Witterungsverhältnisse nicht empfindlich, weßwegen der Baum alljährlich trägt und je das zweite Jahr reichlich, wodurch er sich vor vielen andern auszeichnet. In der Baumschule wachsen die jungen Bäume ausgezeichnet schön und geben gerade, kräftige Stämmchen.

Eigenschaften der Frucht Die Gestalt des Spitzwißiker ist hochgebaut oder spitzkegelförmig, nach oben langgestreckt, zugespitzt und stielbauchig, regelmäßig, aber flach gerippt von der spitzen Kelchwölbung auslaufend bis zur und zuweilen über die Bauchwölbung hinunter. Die Stielwölbung ist flach, die Stielhöhle regelmäßig, trichterförmig und ziemlich tief. Eine mittelgroße Frucht ist 2" 2"' (66 mm) breit und 2" 5"' (75 mm) hoch. Der Kelch ist klein, geschlossen, sitzt in einer mit Rippen und Fleischbuckeln oder Perlen umgebenen, fast flachen Einsenkung. Der Stiel ist ½ Zoll lang. Die Schale fein grüngelb, später weiß- oder hellgelb, glatt, dünn, etwas fettig anzufühlen, Rostpunkte sind äußerst selten und nur sehr fein, die Stielhöhle figuren- oder streifenartig berostet, geröthet oder grasgrün gefärbt. Besonnte Früchte sind meist von der Stielhöhle aus rosenroth geflammt oder gestreift. Charakteristisch sind die im Roth befindlichen gelblichen und schwärzlichen Punkte oder Flecken, welche mehr oder weniger carminroth verwaschen umkreist sind. Größere, rauhe, schwarze, graue Flecken und Rostwarzen finden sich einzeln fast jeder Frucht, besonders aber auf solchen nasser Jahrgänge. Das Fleisch ist weißlich, fest oder abknackend, saftreich, anfänglich ziemlich sauer, später angenehm süßsäuerlich schmeckend. Die Kelchröhre ist kurz und spitzkegelförmig, oft auch ganz verwachsen. Das kreiselförmige, mitunter auch pickenförmige Kernhaus ist lang und offen, regelmäßig gebaut, mit nur wenigen, aber vollkommenen, schwarzbraunen Kernen besetzt, liegt näher dem Kelch als dem Stiel. Die Frucht reift in der zweiten Hälfte Oktobers, sie wird vor ihrer völligen Reife nicht leicht vom Winde abgeschüttelt.

Nutzung Nach Kohler ist der Spitzwißiker ausgezeichnet in jeder Beziehung; was der Usterapfel unter den süßen, ist dieser unter den sauren Aepfeln. Zur Mostbereitung sehr vortheilhaft, zum Kochen und Dörren gut, nach Neujahr auch für die Tafel geeignet. Dieser Apfel darf jedoch nicht verwechselt werden mit dem süßen Spitzwißiker, welcher im Aeußern jenem ähnlich ist, aber süßes Fleisch hat und erst vom Februar an recht gut ist. Wird dieser Ende Oktober reifende Apfel sorgfältig gepflückt und gut aufbewahrt, so hält er sich bis Juni. Er giebt treffliche grüne Schnitze, die um so gesuchter sind, als im Frühjahr die süßen Sorten seltener werden.

Spitzwifsiker.

Farbendruck v J. Tribelhorn in St Gallen

Diel VII. 1.
Lucas XV. 2. b.
(*††W.)

Rother Stettiner

Syn. Rother Bietigheimer (Würtemberg), Roth-Apfel (Bodensee), Tragamoner (Ulm), Maler-Apfel (Oestreich), Rothvogel (Pfalz)

Vorkommen Eine ältere Sorte von sehr großer Verbreitung, wie schon aus dem Synonymen-Verzeichniß ersichtlich ist. Diel schrieb 1799: «es gibt vielleicht keinen Apfel, der in ganz Deutschland so allgemein bekannt ist, als der Rothe Stettiner, und dieses ist wohl ein großer Beweis für seine Güte und Brauchbarkeit in der Oekonomie.» Lucas dagegen sagt, wie unsere Sorte im Laufe dieses Jahrhunderts diese einstmalige große Verbreitung nicht behauptet, und wie er mehr und mehr an Terrain verloren habe. Der Grund hievon liegt in einer abnormen Entwicklung, der zu Folge die Aeste mit wulstigen Auswüchsen sich bedecken, wodurch der Baum unfruchtbar und häufig zu Grunde gerichtet werde. – Nach unsern Erfahrungen sind die Angaben von Lucas für die Schweiz nicht zutreffend.

Eigenschaften des Baumes Die jungen Bäume entwickeln sich sehr rasch und schön nach dem übereinstimmenden Urtheil mehrerer Baumzüchter, wonach wir mit dieser Sorte besser dran sind, als unsere Nachbarn in Würtemberg u. d. E. Die ausgewachsenen Exemplare zeichnen sich durch Größe aus, und es ist der Baum schon aus der Ferne an der umfangreichen, flachkugelförmigen Krone und den stark herabhangenden Aesten zu erkennen. Dunkel braunrothe, glänzende, fast kahle, weiß punktierte Sommertriebe sind charakteristisch und ebenso sehr große, eiförmige, doppelt gesägte, dunkelgrüne Blätter. Die ziemlich geraden Zweige, schön roth angehaucht, tragen eng anliegende, ziemlich breite Augen; die Rinde am zwei- und dreijährigen Holz ist silbergrau und bräunlich, Punkte da wie dort nur klein; die Knospen groß und durch ihre röthlichen Knospendecken auffallend.

Eigenschaften der Frucht Mittelgroß bis groß, nicht selten 80 mm (2 ½“) breit und etwa ⅓–¼ weniger hoch, so daß die Früchte stets platt erscheinen, um so mehr, da sie nach oben und unten gleichmäßig, aber nur wenig abnehmen. Der fast gleichhälftige Apfel wird in seiner Rundung beeinträchtigt durch 4–5 an der Kelchwölbung ziemlich stark hervortretende, gerundete Rippen, welche gegen den in der Mitte liegenden Bauch verschwinden, so daß die Stielwölbung sehr wohl gerundet erscheint. In tiefer, enger Höhlung steckt der holzige, an seinem Ende kugelig erweiterte, hier oft lineale Blättchen tragende Stiel, während der geschlossene, weiß behaarte Kelch in flacher, aber ziemlich geräumiger Einsenkung sitzt, die dem Kelch zunächst ebenfalls behaart und mit einer dunkleren 4–5 strahligen, sternartigen Zeichnung geziert erscheint.

Die Grundfarbe der Schale ist grün, aber oft zum großen Theil gedeckt durch ein gleichmäßig verwaschenes Roth, aus welchem deutliche, gelb umringelte Rostpunkte hervorleuchten. Während auf dem Lager die Röthe matter wird, geht die grüne Grundfarbe über in Gelb, aus welchem ziemlich zahlreiche Rostpunkte und gegen den Kelch viele weiße Punkte auftreten. Die abgeriebene Schale ist wachsglänzend. Ein sehr großes, besonders breites Kernhaus ist wenig hohlaxtig, enthält geschlossene Kammern mit sehr langem, in einen spitzen Schnabel auslaufenden Ende. Es ist selten mehr als ein gutes Korn im einzelnen Fach vorhanden. Die sehr kurze, trichterförmige Kelchröhre ist großentheils von dem Griffelbündel ausgefüllt.

Hartes, dichtes, grünlichweißes Fleisch macht den Apfel gewichtig und geeignet zum Versenden. Vom November oder Dezember wird der Apfel benutzbar und hält bis in den Sommer. Mit seinen Geschwistern, dem grünen und gelben Stettiner, bildet unsere hier beschriebene Sorte eine werthvolle Familie von Wirthschaftsäpfeln, die seit alter Zeit bei uns eingebürgert und da und dort mehr oder weniger zahlreich zu finden sind. Der gelbe Stettiner ist bedeutend edler als der rothe, und kann recht gut als Tafelfrucht Verwendung finden.

Rother Stettiner.

Farbendruck v. J. Tribelhorn in St. Gallen

Diel Cl. I. Ordn. 3.
Lucas Cl. I. Ordn. 1.
(H.††!*)

Uster-Apfel

(Pomme citron)

Der Usterapfelbaum kommt am häufigsten im Kanton Zürich vor, ist dort die zahlreichst auftretende Sorte, findet sich aber auch in allen andern Kantonen der nordöstlichen Schweiz und verbreitete sich von da nach Süddeutschland. Derselbe soll erst seit Mitte des vorigen Jahrhunderts dem Kanton Zürich angehören, zu welcher Zeit ihn ein Herr Platter auf der Burg in Uster, der als Offizier in den Niederlanden gedient, von dort her bei uns eingeführt habe. Dieser Baum gedeiht fast überall, am besten in sonniger Lage und nahrhaftem Lehmboden, und zwar bis zu einer Höhe von etwa 2000 Fuß über Meer.

Der Baum wird sehr groß, wächst anfänglich schön in die Höhe, und bildet später eine buschige, fast kugelige, mächtige Krone.

Die Blätter sind mittelgroß, länglich, gegen den Stiel und die Spitze ziemlich gleichmäßig zugespitzt.

Die Blüthezeit ist spät und fällt in der Regel in die zweite Hälfte Mai. Die Blüthe selbst ist nicht sehr empfindlich.

Der Apfel reift im September und hält bis Neujahr, ohne sich auf dem Lager zu verbessern.

Der Baum wird 100 bis 110 Jahre alt und trägt besonders in höherm Alter sehr reichlich.

Sein höchster Ertrag beläuft sich bis auf 150 Sester.

Der Uster-Apfel, ursprünglich «Blatter-Apfel», erhielt seinen Namen erst durch die größere Verbreitung in der Gegend von Uster, und ist unter diesem Namen am meisten bekannt.

In mehreren pom. Werken und einigen französischen Katalogen kommt er auch unter dem Namen «Citron», Citronenapfel, vor; andere Benennungen sind: süßer Gülderling, Chridebüchsli, Schuhmacher-Apfel, Ankenbälleli, Gold-Apfel, Knuppen-Apfel, Winterthurer- und Schlatter-Apfel. Aehnliche Sorten sind «Hansmüller», durch Mangel an Nähten, bittersüßes Fleisch und längere Dauer verschieden. In beiden letzteren Eigenschaften unterscheidet sich auch der Trückli-Apfel vom Uster-Apfel, hat aber mit demselben die Nähte gemein. Der süße Weißecker Pfäffikons ist ihm in Bezug auf sein süßes Fleisch, seine tiefe, rostige Stielbucht, die nach außen fast blutroth gefärbt erscheint, und seiner kurzen Kelchröhre wegen am ähnlichsten, dauert aber bis in den März.

Der Apfel ist meist von hohem, spitzem Bau, zuweilen auch kugelig und plattrund; aus der unregelmäßig abgerundeten Grundfläche verdickt er sich bis zur Mitte und nimmt dann spitzkegelförmig gegen den Kelch hin ab. Unregelmäßig vortretende Rippen verlaufen über die Frucht.–Eine Mittelfrucht ist 2¼" (68 mm) hoch und 1¾" (53 mm) breit.

Der geschlossene, grünblättrige Kelch sitzt in einer tiefen, engen Einsenkung, zwischen oft starken, zuweilen auch weniger auffallenden Rippen. Die Kelchröhre ist enge und reicht tief gegen das Kernhaus hinab.

Der kurze, dicke Stiel sitzt in einer meist unregelmäßigen, tiefen, gemeiniglich mit streifigem Rost ausgekleideten Einsenkung. Die Schale ist trocken, wird später etwas fettig, und ist mit feinen Rostpunkten und mit zahlreichen Rostfiguren besetzt. Die Grundfarbe des Apfels am Baum ist weißgelb, später dunkel citronengelb; auch findet sich zuweilen auf der Sonnenseite eine undeutliche Röthe. Das Fleisch ist weißgelb, feinkörnig, mürbe und sehr süß. Das Kernhaus ist geschlossen, hat ziemlich große Kammern, die meist mit vollkommenen, braunen Kernen besetzt sind.

Der Apfel dient für Küche und Keller, giebt ein sehr beliebtes Dörrobst, ist als Wirthschaftsobst unstreitig ersten Ranges und giebt, mit einer harten Birnsorte vermischt, wie z. B. mit der Marxenbirne, ein ganz vorzügliches Getränk.*) Uster-Apfelsaft wog im Herbst 1862 = 64° nach Oechsle. – 28 Sester dieser Frucht gaben im Jahr 1862 100 Maaß Saft. Dieses Saftquantum kann jedoch nicht als durchschnittlich angenommen werden; denn allerorts wurde die Beobachtung gemacht, daß der Saftreichthum des Obstes im 1862er Jahr ein außerordentlicher war und in der Regel 28 Sester des Usterapfels höchstens 80–85 Maß liefern. In dem gleichen Verhältniß wie der Saftreichthum zeigt sich auch das Gewicht dieses Apfels als ein außerordentliches. Während im Jahre 1862 10 Sester 190 Pfund wogen, hatte das gleiche Quantum früherer Jahre durchschnittlich höchstens 170–175 Pfund Gewicht.

*) Sehr häufig wird er zur Verbesserung allzusauren Weinmostes verwendet, indem diese Mischung ein angenehmes, gesundes und haltbares Hausgetränk darstellt.

Uster-Apfel.

(Pomme citron.)

Farbendruck v. J. Tribelhorn in St Gallen

Diel Cl. IV. Ordn. 4.
Lucas Cl. XI. Ordn. 1.
(W.**!††)

Van Mons Reinette

(Reinette van Mons)

Syn. Van Mons Goldreinette

Vorkommen Diese neuere Kernfrucht, aus Belgien stammend, ist in der Schweiz noch wenig bekannt; sie wurde zuerst 1821 von Pierre Meuris, dem Gärtner des Herrn Professor van Mons in Löwen gezogen und von Diel beschrieben. Guter Boden und milde Lage sind dem Baume sehr zuträglich. In rauhern Gegenden giebt er nur sehr kleine, unansehnliche Früchte; auch verlangt er einen etwas beschatteten Stand, indem die Früchte, zu sehr der Sonne ausgesetzt, Risse bekommen, ähnlich der Reinette de Bretagne.

Eigenschaften des Baumes Der Baum wächst sehr lebhaft, bildet eine schöne, holzreiche, kugelförmige, stark belaubte Krone. Die Sommertriebe sind mittelstark, in der Baumschule stark, gerade, mit stumpfknospigem, wolligem Ende; viele feine, gelblichweiße Punkte besetzen das junge, rothbraune, starkbefilzte Holz. Das Fruchtholz ist sonnenwärts silberhäutig, kurz. Die Blüthenknospen sind rothblätterig, schwach befilzt, dick und kurz. Die Blätter sind charakteristisch rundlich mit stark abgesetzter Spitze, groß und oft doppelgesägt. Der Blattstiel (6 bis 10''' lang) hat schmale, lanzettförmige Afterblätter. Der Baum trägt bald und alljährlich.

Eigenschaften der Frucht Die schöne, auf Hochstamm etwas kleine, verhältnißmäßig schwere Wintertafelfrucht ist in ihrer Form veränderlich, bald hochaussehend oder walzenförmig, bald kugelig, mitunter sogar plattrund. Die Wölbung ist eben, nach dem Kelch stärker abnehmend als nach dem Stiel. Ueber die Frucht laufen meist mehrere sehr flache, breite Erhabenheiten; durchschnittlich ist sie 1" 8''' (54 mm) hoch und 2" 1''' (63 mm) breit. Der sehr langspitzblätterige Kelch ist straußförmig, aber meistens dürr und fehlerhaft, halboffen, nicht selten ganz geschlossen, sitzt in einer mit feinen Falten besetzten, ziemlich tiefen und geräumigen Einsenkung. Bezeichnend ist die mit queraufgesprungenem Rost bekleidete Kelchfläche. Der Stiel ist holzig, ½" lang, oft auch nur ein Fleischbutz, sitzt in tiefer, trichterförmiger, grünlich bleibender, etwas berosteter Stielhöhle. Die Grundfarbe der etwas fettigen, ziemlich starken Schale ist vom Baume hellgrün und verwandelt sich bei voller Reife allmälig in ein hohes Citronengelb. Die Sonnenseite erscheint gewöhnlich mit einer goldartigen, stellenweise wie lackirt aufgetragenen Röthe, die aber oft nur aus einzelnen Fleckchen besteht und mitunter fehlt. Die Schale ist häufig mit vielen starken, rauhen, braunen Rostfiguren besetzt, welche zuweilen auch nur eine leichtangesprengte Rostbedekkung bilden. Die Punkte sind sehr zahlreich, besonders häufig in Form von Sternchen bemerklich, welche auf der Sonnenseite oft mit karmoisinrothen Kreischen umgeben sind. Das Fleisch ist sehr fein, gelblichweiß, fest, abknackend, saftreich und von einem erhabenen, gewürzhaften, weinartigen Zuckergeschmack. Die Kelchröhre ist tief und weit, reicht bis in's Kernhaus hinein, welches herzförmig, geschlossen, hohlachsig ist und in feinen weiten Kammern viele schöne, vollkommene, kaffeebraune Kerne birgt. Die Frucht reift im Dezember, hält bis in's Frühjahr und welkt dann.

Nutzung Diese Reinette ist für die Tafel wie zur Mostbereitung eine Frucht ersten Ranges; sie gab, nach Lucas, einen Obstwein, der 90° bis 100° wog, der gehaltreichste aller bis jetzt bekannten.

Van Mons Reinette.

(Reinette van Mons.)

Farbendruck v. J. Tribelhorn in St. Gallen.

Diel V. 4.
Lucas XIII. 1.
(††*W.)

Wagner-Apfel

Syn. Buchser Apfel, Habermehler, Zelgli-Apfel, Streiflicher. – Nicht zu verwechseln mit dem amerikanischen Wagener-Apfel

Vorkommen Dieser Apfel kommt besonders häufig in der Gegend von Aarau, aber auch in den Kantonen Solothurn, Bern, Luzern vor. Er soll von einem Wagner in Buchs (ein Dorf in der Nähe von Aarau) als Kernfrucht erzogen worden sein, daher seine Benennung. Gedeiht am besten in trockenem, kalkhaltigem, gut gedüngtem Boden, ist aber hinsichtlich der Lage nicht empfindlich, so daß man auch in höheren, den Winden ausgesetzten Gegenden oft recht schöne und kräftige Bäume findet.

Eigenschaften des Baumes Der Baum wird groß, hat eine weitverzweigte, kugelförmige, lichte Krone mit stark abstehenden, niedergebogenen Aesten.

Das zweijährige Holz ist matt braun, theilweise noch mit graulichem Silberhäutchen bekleidet. Die auf diesem sitzenden kurzen Fruchtspieße sind mattbraun berindet, wovon aber nichts zu sehen ist, da ein dunkelbrauner Filz dieselbe deckt. Fruchtknospen mäßig groß, eirund, doch meist ungleichhälftig und zum größten Theil befilzt, wie die Zweige; sonst roth- oder dunkelbraun. An den langen, weitäugigen Zweigen überdeckt ein silberhäutiger Ueberzug die braue Rinde zum größten Theil. Die Punkte sind undeutlich, da sie von gleicher Farbe sind, wie die silberhäutige Bekleidung der Rinde. Starke Knospenträger, die nach unten drei deutliche, flache Rippen senden, stützen die an der Basis weißlichen, an der Spitze bräunlichen, platt anliegenden Augen. Große, flache, unregelmäßig gezahnte, auf der Rückseite fein behaarte Blätter werden von einem nicht halb so langen röthlichen Stiel getragen. Der Baum blüh' früh, ist aber nicht sehr empfindlich gegen die Witterung und trägt alljährlich, und voll alle zwei Jahre.

Eigenschaften der Frucht Die Gestalt der Frucht ist veränderlich, bald kugelförmig, bald hochaussehend, nahezu walzenförmig, selten aber platt. Häufig laufen wellenförmige Erhabenheiten über die Frucht hin. Der Bauch liegt meist unter der Mitte, gegen den Stiel hin, um den sich die Frucht flach abrundet; nach dem Kelch nimmt sie beträchtlich stärker ab. Von mittlerer Größe betragen Höhe und Breite 2–2,5" (60–75 mm). Der geschlossene, lange, wollige Kelch sitzt in einer weiten, oft faltigen Einsenkung. Ein meist ½ Zoll langer Stiel steckt in tiefer, grünlicher, selten berosteter Höhle, die regelmäßig ist, falls sie nicht von Fleischwulsten verunstaltet wird. Die feine, glatte, geschmeidige, durch Lagerung fettig werdende Schale zeigt eine hellgelbe Grundfarbe, die aber wohl zur Hälfte mit schöner, verriebner Röthe übergossen erscheint, aus welcher dunklere Streifen und Flecken hervortreten. Um die Stielwölbung sehen wir die lebhafteste Röthe. Feinere und größere Rostpunkte, Rost-, Wasser-Flecken und Warzen finden sich fast auf jeder Frucht, jedoch nur vereinzelt vor. Grünlichweißes, saftreiches, in der Reife sehr mürbes Fleisch, von angenehm weinsäuerlichem Geschmack umgiebt ein herzförmiges, etwas hohlachsiges, jedoch geschlossenes Kernhaus, dessen Kammern mit wenigen, aber vollkommenen, kaffeebraunen Samen besetzt sind. An den Kernhausrändern findet sich eine zierliche, weiße, gekröseartige Ausblühung. Die im November reifende Frucht hält bis Februar; von da wird sie stippicht, saft- und kraftlos.

Dieser große, schöne Winterstreifling ist zum Rohgenuß angenehm, wird aber hauptsächlich zum Kochen (Muß, Brei) und zum Dörren verwendet, und verdient für diese Verwendung eine weitere Verbreitung.

Wagner-Apfel.

Farbendruck v J. Tribelhorn in St Gallen

Diel Cl. V. Ordn. 2.
Lucas Cl. XIII. Ordn. 3.
(W.††!)

Waldhöfler Holzapfel

Vorkommen Diese von Waldhof, Gemeinde Rickenbach, Kanton Thurgau, stammende Frucht ist in der Gegend von Waldhof, Engishofen, Berg, Eppishausen, Erlen ec. sehr stark verbreitet.

Eigenschaften des Baumes In Bezug auf Bodenart, Lage und Klima scheint der Baum nicht heikel zu sein. Er kömmt selbst auf nassen, kalten und späten Standorten noch fort. In der Baumschule und ehe er zu tragen anfängt, wächst er ziemlich rasch. Er wird aber, weil bald und außerordentlich fruchtbar, weder groß noch alt. Die ausgebreitete Krone ist flach gewölbt, von schöner Form, ähnlich derjenigen des Frauenrothachers, nur nicht so mächtig. Die kräftigen Sommertriebe sind oberseits glänzend rothbraun (Mitte Juli), unterseits olivengrün, ringsum schwach flaumig, mit wenigen, aber ziemlich großen, länglichen Rindenpunkten von rostgelber Farbe. Große, derbe Blätter von elliptischer bis umgekehrt eiförmiger Gestalt, an der Basis zugerundet bis herzförmig, gegen die Spitze ganz schnell zulaufend und in schmalem Zipfel endend, sitzen auf dicken, steifen, kurzen (½–¾ Zoll) Stielen in ziemlich genäherter Stellung (Internodien höchstens 1 Zoll lang) an den Zweigen. Die oberseits gerinnelten Stiele sind grün, kurz flaumig, am Grund bläulichroth angelaufen, was besonders auf der Unterseite deutlich hervortritt. Die stielständigen, schmal lanzettlichen Nebenblättchen erscheinen unbedeutend. Im scharf und groß gezahnten Blattrand begegnen sich die dunkelgrüne, kahle, unebene Oberfläche und die stark filzige, gelb-grüne, matte Unterfläche des Laubes. Der Waldhöfler Holzapfel blüht sehr spät und ist in dieser Periode gegen Witterungseinflüsse nicht empfindlich. Diese Sorte eignet sich besonders gut zum Umpfropfen älterer Bäume.

Eigenschaften der Frucht Der Apfel ist plattrund, der Bauch sitzt etwas unter der Mitte, nimmt gegen den Kelch verjüngt, gegen den Stiel allmälig ab und bildet da eine platte, gut aufsitzende Stielfläche. Meist nur ganz schwache Erhabenheiten verlaufen über die ganze Frucht, welche oft ungleich große Hälften hat. Sie ist durchschnittlich 1“ 8‘‘‘ (54 mm) hoch und 2“ 1‘‘‘ (63 mm) breit; es stellt daher unser Bild weniger eine mittlere, als eine größere Frucht dar. Der Kelch ist geschlossen und sitzt in einer engen, ziemlich tiefen, mit Falten und Perlen besetzten Einsenkung. Die Kelchblättchen sind schmal und spitzig, und bleiben lange grün. Der Stiel ist holzig, dünn, ⅓–½“ lang, röthlich-grün, schwach gekrümmt und steckt in enger, tiefer, mit dünnem, strahligem Rost bekleideten Höhle. Die grünlich-gelbe Grundfarbe ist nur wenig sichtbar, indem meistens die ganze Frucht mir bluthrothen Streifen bedeckt und dazwischen etwas heller verwaschen ist. Bei stark besonnten Früchten ist die Deckfarbe dunkelblutroth, aus welcher dunkelviolette Streifen, jedoch nur schwach sichtbar, hervortreten. Die mehr oder weniger zahlreichen Punkte sind auf der Schattenseite schmutzig weiß, auf der Lichtseite hellroth. Das Fleisch ist weiß-gelb, unter der Schale schwach geröthet, fest, herb und sauer. Die Kelchröhre ist kurz kegelförmig, das Kernhaus geschlossen, groß, hat sehr enge Kammern mit meistens je zwei flachen, schwarzbraunen Kernen. Die Frucht reift in der zweiten oder dritten Woche Oktober und dient ausschließlich zur Bereitung von Getränk. Frisch vom Baume gemostet, ist der Saft sauer. Besser ist's, man lasse die Aepfel 3–4 Wochen auf Haufen oder in Fässern liegen, wodurch der Saft bedeutend milder wird, und schon im zweiten Jahre angenehm zum Trinken ist; später kann er von dem beliebten «Geljoggechersaft» kaum mehr unterschieden werden. Die Preise sind in der Regel nur wenig von einander verschieden; wenn 10 Sester Geljoggecher Aepfel Fr. 7–8 gelten, so bezahlt man für die Waldhöfler Fr. 7. Wir empfehlen diese Sorte als eine der vorzüglichsten für Mostbereitung zu größerer Verbreitung und Anpflanzung, besonders auch in Gegenden, wo feinere Sorten nicht mehr gedeihen.

Waldhöfler Holzapfel.

Farbendruck v. J. Tribelhorn in St. Gallen

Diel Cl. IV. Ordn. 4.
Lucas Cl. XII. Ordn. 2.
(H.W.**!††)

Winter-Goldparmaine

Syn. Englische Winter-Goldparmaine, Goldreinette, Kronreinette, Großer englischer und Gold-Borsdorfer, Pfaffen-Apfel, Königs-Pepping, König der Pepping, Reine des Reinettes

Vorkommen Diese Parmaine ist in der Schweiz noch nicht lange bekannt, daher wenig verbreitet. Am häufigsten kömmt sie im Kanton Zürich vor, woselbst sie in den 50er Jahren dieses Jahrhunderts eingeführt wurde. Sie stammt unzweifelhaft aus England, wo sie schon 1800 bekannt war und nach Diel von dort 1809 nach Deutschland verpflanzt wurde. Diel erhielt diesen Apfel von Lodiges, Handelsgärtner in London, mit den Worten: «Der beste von allen Aepfeln.» – Nach Kohler ist dieser Baum gut für niedere, besser für mittlere, ein wahrer Schatz für höhere und rauhere Lagen. Lucas sagt: Der Baum gedeiht in fast allen Obstlagen vortrefflich. Fester, bindender Untergrund befördert sein Wachsthum mehr, als leichtes, kiesiges Erdreich. Kömmt 2600 Fuß ü. M. noch fort.

Eigenschaften des Baumes Der Baum wächst in seiner Jugend sehr lebhaft und wird groß. Seine hochgebaute, kugelförmige oder pyramidale Krone hat spitzwinklig abstehende Aeste, lange und ansehnlich starke Sommertriebe, welche mit einer weißgrauen Wolle bedeckt, schön silberhäutig, anderseitig etwas schwärzlich, braunroth gefärbt, mit wenigen, aber feinen, weißgrauen Punkten besetzt sind. Die Fruchtknospen stehen etwas entfernt von einander, bilden dann aber büschelartige Gruppen. Spättreibende, stark vollsaftige Herbstschosse leiden gerne in darauf folgenden strengen Wintern. Im Jahr 1858 bis 1859 erfroren starkgetriebene Oculanten bis auf die Wurzel zurück. Die Blätter sind klein bis mittelgroß, schön eiförmig mit einer starken, halbauslaufenden Spitze; steif, stark, spröde, fein geadert, unten fein wollig, am Rande mit ziemlich starken, stumpfspitzen Zähnen begrenzt, von Farbe glänzend dunkelgrasgrün. Blattstiel dünn, hat Afterspitzen oder fadenförmige Afterblätter. Die Fruchtblätter sind größer. – Blüht und reift spät. Im Jahr 1862 blühte er erst den 15. Mai. Trägt alljährlich und oft sehr reichlich, und zwar schon im dritten und vierten Jahre nach seiner Verpflanzung. Da die Blüthe fast nie durch schlechte Witterung leidet und das Holz der erwachsenen Bäume überall gut ausreift, so eignet sich dieser Apfelbaum ganz besonders für unsere Gebirgslagen. Er fängt schon in der Baumschule an, wo er alle anderen Apfelsorten an Schönheit und Kraft des Wuchses übertrifft, unmittelbar nach der Anpflanzung zu tragen, weßhalb er zur Wiederbelebung des Triebes von Zeit zu Zeit in's alte Holz zurückgeschnitten oder verjüngt werden muß, sobald keine vollkommenen Holztriebe mehr erzeugt werden. Geschieht dieß nicht, so wird der Baum frühzeitig alt und unfruchtbar, während unmittelbar nach dem Verjüngen die Früchte wieder ihre volle Schönheit und Größe erlangen.

Eigenschaften der Frucht Dieser prachtvolle Winterapfel ist regelmäßig gebaut, nähert sich mehr der Kugel als der Plattform, ist mittelbauchig, wölbt sich plattrund um den Stiel, gegen den Kelch etwas mehr ab, so daß beide Wölbungen sichtbar verschieden sind. Nur bei großen Früchten laufen einige breite, flache Erhabenheiten über sie hin, welche die Rundung etwas verschieben. Kelcheinsenkung tief, weit, geräumig, feinfaltig und feinbefilzt. Stielbucht weit, schön regelmäßig, oft tief. Die Hochstamm-Früchte sind mittelgroß, 2“ (60 mm) hoch und 2¼“ (68 mm) breit. Zwergstamm-Früchte werden 3“ (90 mm) hoch und 3½“ (105 mm) breit. Kelch offen, selten nur halboffen mit zurückgeschlagenen Kelchspitzen. Der Stiel bald sehr kurz, bald bis ¾“ lang, ist dünn, holzig, selten über die Wölbung hervorragend.

Die glatte, feine Schale wird auf dem Lager etwas fettig. Grundfarbe grünlich, zuweilen ledergelb, zeitig schön gelb oder röthlich, goldartig, citronengelb. Auf der Sonnenseite, die vollkommen goldartig ist, zeigen sich viele abgesetzte, schöne carmoisinrothe Streifen, zwischen denen die Schale sanft und schön, aber weniger roth getuscht ist, diese Streifen ziehen sich auch einzeln über die Schattenseite hin, jedoch meist sehr blaß. Die Punkte im Rothen sind fein hellbraun, im Gelben grünlich, doch kaum bemerkbar. Die Stielhöhle ist tief, fein, geräumig, charakteristisch grün, bald strahlenförmig, bald gesprengt berostet, und zuweilen über deren Wölbung hinausreichend. Die Kelcheinsenkung ist geräumig, weit und tief. Die Frucht riecht sehr schwach.

Das Fleisch, weiß, in's Gelbliche spielend, ist sehr fein, fest, fast abknackend, saftvoll und von einem erhabenen, gewürzhaften, angenehmen Zuckergeschmack. Die Kelchröhre bildet einen kurzen, abgestumpften Kegel. Das zwiebelförmige Kernhaus ist groß, zuweilen etwas offen, meist aber geschlossen. Die breiten, geräumigen Kammern enthalten viele, starke, eiförmige Kerne. – Die Frucht reift im December und hält bis in den März, ohne den guten Geschmack zu verlieren und ohne zu welken. Schade, daß dieser so schöne und gute Apfel gar leicht vom Kernhaus auswärts fault, so daß man auf dem Lager oft die schönsten Stücke bis unter die Schale verdorben findet, ohne ihnen äußerlich etwas anzusehen.Diese Reinette hat an Form, Größe, Farbe und selbst in der Vegetation so viel Aehnlichkeit mit der Reinette von Orleans, daß selbst Kenner sich täuschen können. Vergleicht man aber das Innere dieser Früchte miteinander, so klärt sich deren Verschiedenheit bald auf, indem das Fleisch der letztern gelber, nicht fest, sondern markig ist und schnell und stark welkt.

Winter-Goldparmäne.

Farbendruck v J. Tribelhorn in St Gallen

Nutzung Diese Frucht wird vorzüglich zur Tafel verwendet, ist einer der gesuchtesten und bestbezahlten Marktäpfel, wofür man in der Regel den höchsten Preis erhält, und eignet sich ausgezeichnet für jede wirthschaftliche Benutzung, indem sie geschält vortreffliche, schwachsäuerliche Schnitze, und gemostet ein ausgezeichnetes Getränk giebt. Auf der Oechsle'schen Probe schwankt die Qualität des Saftes zwischen 55° und 68°.

Diel giebt der Winter-Goldparmaine vor allen andern Goldreinetten den Vorzug und bemerkt, daß die Anpflanzung dieses Baumes dem Landmann nicht genug empfohlen werden kann.

Diel Cl. I. Ordn. 1.
Lucas Cl. I. Ordn. 1.
(W.**!)

Weißer Winter-Calville

(Calville blanche à côtes)

Syn. Melonen-Apfel, Stern-Reinette, Kant-Apfel, Grüner Calvill, Ankenbälli, Erdbeer-Apfel, Eckapfel, Calville à côtes, Pomme melon

Vorkommen Der weiße Winter-Calvill findet sich häufig in der Schweiz, namentlich in Obstgärten, in denen feineres Tafelobst gezogen wird. Er stammt wahrscheinlich aus Frankreich, wo er schon in der zweiten Hälfte des sechzehnten Jahrhunderts bekannt war. Zu recht gutem Gedeihen verlangt der Baum einen fruchtbaren, tiefgründigen Boden, mildes Klima und eine geschützte Lage; er findet sich jedoch auch als Hochstamm in verschiedenen Gegenden der Schweiz, und zwar bis zur Höhe von 2000‘ über dem Meere.

Eigenschaften des Baumes Als Hochstamm wird der Baum nicht sehr groß. Er hat eine flachgewölbte Krone, aus stark abstehenden Aesten gebildet. Die Sommertriebe sind nicht sehr stark, gerade, grünlich braun, ziemlich reichlich mit gelblichweißen Punkten besetzt und, besonders um die Knospe, etwas befilzt. Das Fruchtholz ist kurz und silberhäutig. Die Blätter sind groß, eiförmig oder elliptisch, oben mattglänzend, unten wollig. Die Afterblätter sind kurz und lanzettlich. Der Baum blüht früh und trägt als Hochstamm alljährlich, aber immer nur sparsam; als Spalier und Pyramide, für welche er vorzugsweise geeignet ist, trägt er reichlicher.

Eigenschaften der Frucht Der weiße Winter-Calvill ist die vollkommenste unter den Calvillformen. Er ist bald hoch, bald flach gebaut, mittelgroß bis groß bald stiel-, bald mittelbauchig. Fünf stark hervorragende, stumpfgewölbte Rippen, zwischen welchen noch kleinere liegen, ziehen sich fast regelmäßig über die Frucht bis zur Stielhöhle. Eine mittelgroße Frucht ist 2“4‘“ (72 mm) hoch und 2“9‘“ (87 mm) breit. Der Kelch ist grün, ziemlich lang und spitzblätterig, bald geschlossen, bald halboffen. Es ist derselbe, sowie die nächste Umgebung, wollig und sitzt in einer, zwischen schwanenhalsförmigen Rippen liegenden, tiefen Einsenkung. Der bald kurze, bald längere Stiel ist holzig, grün oder braun. Die Stielhöhle ist tief, gerippt und ganz oder theilweise mit Rost überzogen. Die glatte, feine, mit wenigen feinern und gröbern Rostpunkten besprengte Schale ist auf der Schattenseite blaß strohgelb mit etwas weißlichem Schimmer, auf der Sonnseite ist sie etwas höher gelb bis röthlich; in besonders günstigen Sommern ist die Schale lebhaft roth verwaschen, mitunter weißlich marmorirt oder mit carmoisinrothen Flecken, die einen braunen Mittelpunkt haben, besetzt. Früchte mit letzterer Färbung sind die schmackhaftesten und besten. Die Schale ist am Baum bläulich beduftet, auf dem Lager wird sie fettig, späterhin goldgelb und erhält einen erdbeerartigen Geruch. Das mittelgroße, herzförmige, geschlossene Kernhaus ist weit, hohlachsig, und die häufig geräumigen Kammern erhalten mehr oder weniger gute und auch taube, spitzeiförmige, kastanienbraune Kerne. Die spitzkegelförmige Kelchröhre ist weit, lang oder kurz. Das Fleisch ist fein, gelblichweiß, locker, saftvoll und von einem sehr angenehmen, süßsäuerlichen, feinen, zimmetähnlichen Geschmacke. Der Apfel reift Ende Oktober oder Anfangs November, hält bis zum Frühjahr und, gut aufbewahrt, bis in den Sommer; er verliert aber allmälig von seiner Güte.

Nutzung Er gehört unstreitig zu den feinsten Tafelobstsorten; Diel nennt ihn mit Recht den Fürsten aller Äpfel.

Weiſser Winter Calvill.

(Calville blanc d'hiver.)

Farbendruck v. J. Tribelhorn in St. Gallen

50 alte Birnensorten

Diel I. 2. 2.
Lucas V. 1. b.
(**† H. u. W.)

Arenbergs Colmar

(Colmar d'Arenberg. Dcsne. 1859)

Syn. Poire de Kartoffel, P. Pomme de Terre (Bivort 1847), Kartoffelbirne, Fondante de Jaffard

Vorkommen Hier haben wir wieder eine der guten neueren Sorten, welche 1821 aus den Anzuchtversuchen des van Mons hervorging, welcher ihr auch den Namen Poire de Kartoffel beilegte, an welche Knollen unsere Frucht durch ihre meist düstere Färbung und beulige Beschaffenheit einigermaßen erinnert. Camuset aus Paris fand diese Sorte auf einer Besitzung des Herzogs von Arenberg in Belgien, nach welchem sie denn, da sie ohne Namen war, Colmar d'Arenberg genannt wurde. Aehnlich andern verbreitenswerthen Sorten aus den van Mons'schen Zuchten, gewann sich auch diese bald einen größeren Liebhaberkreis, und fand ihren Weg in alle Gärten, in welchen edles Tafelobst kultivirt wird. Ihre größte Verbreitung hat sie wohl in Belgien und Frankreich, von wo sie auch nach Amerika gelangte, so daß le Roy von ihr aussagen konnte, diese Sorte habe sich innert zwei Jahren über die ganze Erde verbreitet.

Eigenschaften des Baumes Der Baum wächst anfangs kräftig auf Wildlingen, erreicht aber als Hochstamm doch nur mittlere Größe. Er ist in dieser Form recht tragbar, jedoch läßt die Größe der Frucht es passender erscheinen, den Baum als Pyramide oder als Spalier zu erziehen. Durch kurzen Schnitt muß man die sehr fruchtbare Sorte vor zu baldiger Erschöpfung bewahren.

Die Zweige, bräunlich gelb berindet, mit vielen kleinen, länglichen Punkten, sind mäßig hin- und hergebogen, mit kleinen, spitzkegelförmigen, abstehenden Augen auf starken Trägern. Am zweijährigen Holz tritt grau- bis grünweiße Färbung auf und die Punkte sind größer.

Die Blätter sind eiförmig, fast ganzrandig, oberseits kahl und glänzend, unterseits wenig flaumig, die stark aufgerichteten Seitenränder ertheilen dem Blatt ein rinnenartiges Aussehen. Der oberhalb röthlich, sonst grün gefärbte Blattstiel mißt 1–1½" und trägt fädliche Nebenblättchen.

Aus den großen, gelbbraunen, stumpflichen Blüthenknospen entwickelt sich wegen der kurzen, aber dicken Blüthenstiele eine gedrungene Doldentraube. Die Blüthen sind nur mittelgroß, die Blattflächen löffelartig, elliptisch, ziemlich lang benagelt. Der kurze, knospige, mit kurzem Flaum bestreute Blüthenstiel trägt den sternförmig ausgebreiteten Kelch, dessen Zipfel aus breiter Basis entspringen, seitlich geradlinig begränzt erscheinen und in gerader Spitze endigen.

Blüthezeit von Mitte bis Ende April.

Eigenschaften der Frucht Die Frucht hat bedeutende Größe,*) ist immer nahe an 3 Zoll (2"9"' oder 89 mm) hoch und bei wenigen Linien ebenso breit (2"7"' = 82 mm). Kurz kegelförmig besitzt sie in der Mitte ihren größten Querdurchmesser, der gegen den Kelch nur wenig, gegen den Stiel bedeutend abnimmt. In der Regel ist die Frucht mit wellenförmigen oder beulenförmigen Unebenheiten versehen. Auf der Kelchwölbung ruht unsere Frucht auf breiter Basis sicher, ist am obern Ende stumpf und ungleichseitig.

Der starke, lederfarbige, mit schwachen weißen Punkten gezierte Stiel sitzt in mehr oder weniger tiefer Einsenkung und wird von der überragenden Fruchthälfte etwas seitwärts gedrückt, ist selten über 1 Zoll lang und gegen das Ende allmälig verdickt. Die ziemlich tiefe, wohl gerundete, aber enge Kelchhöhle enthält selten einen Kelch; er fehlt entweder ganz oder ist nur rudimentär. Vom Grunde der Kelchhöhle erstreckt sich eine 2–3"' lange, sehr schmale Kelchröhre gegen das Kernhaus, ohne dieses zu erreichen.

Die grasgrüne Grundfarbe der derben Schale an kernreifen Früchten ist um den Kelch fast ganz von lederfarbigem Roste bedeckt; dieser tritt aber auch auf der übrigen Oberfläche theils in zusammenhängenden Flecken, theils in vielfach verspritzten Rostfiguren und Punkten auf. Auf dem Lager weicht die grüne Grundfarbe einem weißlichen Gelb, aus dem immerhin noch einzelne grüne Stellen hervorleuchten.

Von Mitte November ist die Birne am besten, und le Roy sagt von dieser Frucht: es dürfe dieselbe auf dem Lager nicht berührt werden, indem die zarteste Berührung nachtheilige Folgen habe. Es wäre demnach die Arenberg ein wahres noli me tangere (Rührmichnichtan), und empfindlicher als andere Sorten, bei welchem Anlaß wir übrigens bemerken wollen, daß man mit allen Winterfrüchten, die sich lange und schön erhalten sollen, gar nicht zu sorgfältig umgehen kann!

Arenbergs Colmar

(Colmar d'Arenberg)

Farbendruck v. J. Tribelhorn in St. Gallen

Diel Cl. VI. Ordn. 1.
Lucas Cl. VIII. Ordn. 2.
(S.††!)

Bergbirne

(Bergler)
(Poire de la montagne)

Der Bergbirnbaum gehört zu den ältesten, eigenthümlichen Sorten des thurgauischen und St. gallischen Obstbaumwaldes, woselbst er nicht nur am häufigsten, sondern auch in den schönsten und größten Exemplaren zu finden ist, namentlich auch in der St. gallischen Gemeinde Berg, oberhalb Arbon. Aus diesen Gegenden wurde er in mehrere andere Kantone, sowie nach Württemberg und Baden verpflanzt.

Der schwere, tiefgründige Lehmboden sagt diesem Baum am besten zu. Er kommt im Kanton Appenzell bis zu einer Höhe von 2100' ü. M. vor. Er gedeiht nicht nur in milden und geschützten, sondern auch in rauhen, windigen Lagen, ist aber hier nicht so regelmäßig fruchttragend wie in jenen.

Der Bergbirnbaum wird sehr groß, hat eine kugelförmige Krone mit meistens horizontalen, stämmigen Aesten und aufrecht stehenden Zweigen. Die Sommertriebe sind braun, das vorjährige Holz graubraun mit vielen rostfarbigen Punkten; die kegelförmigen Blüthenknospen sind vom Zweige abstehend und höchstens einen Zoll von einander entfernt.

Die Blätter sind klein, elliptisch und spielen in's Gelbliche, wodurch sich dieser Baum schon aus der Ferne kenntlich macht.

Die Blüthezeit fällt in der Regel auf Mitte oder Ende April; die Fruchtreife auf Ende September oder Anfang Oktober.

Der Baum wächst sehr langsam und trägt nicht selten erst nach 30–40 Jahren Früchte; dagegen erreicht er ein Alter von beinahe 200 Jahren. Einmal erstarkt, trägt er beinahe alljährlich viel Früchte und darf als ein reichlich zinstragendes Kapital angesehen werden.

Des Baumes höchster Ertrag beläuft sich auf 140–150 Sester.

Die Bergbirne, auch «Bergler» genannt, gehört zu den kleinern Birnsorten, ist dickbäuchig, kreiselförmig, vom Kelch aus platt gedrückt und läuft gegen den Stiel stumpf zu.

Der Kelch ist sternförmig, spitzblättrig und sitzt in einer ziemlich seichten, mit einigen flachen Beulen besetzten Einsenkung.

Der Stiel ist durchschnittlich 7–8''' (21–24 mm) lang, dünn, holzig und meistens etwas gekrümmt.

Eine mittlere Frucht (die abgebildete gehört zu den größten) ist 1" 5''' (45 mm) breit und 1" 4''' (42 mm) hoch.

Die Schale dieser Frucht ist grünlichgelb mit Rostflecken bedeckt und mit starken weißlichen und grauen Punkten übersäet. Die Sonnenseite ist nur wenig gebräunt. Der herbe Geschmack des gelblichweißen Fleisches verändert sich, wenn die Birne teig und dadurch genießbar wird.

Die Kelchröhre verlängert sich cylinderförmig fast bis zum Kernhaus, das im Verhältniß groß, meistens mit vollkommenen, schwarzbraunen Kernen besetzt ist. Die Haltbarkeit dieser Frucht erstreckt sich höchstens auf 10–14 Tage.

Die Bergbirne nimmt jetzt noch, wie vor Alters, als Mostobst den ersten Rang ein. Ihr Saft wurde schon vor mehr als 300 Jahren von dem gelehrten Badian gerühmt, und man wußte schon früh durch das Einsieden bis zur Hälfte des Saftquantums diesem Getränke solchen Werth zu verleihen, daß das so gewonnene Produkt dem besten Traubenweine gleich geschätzt wurde.

Das Gewicht von 10 Sestern Bergbirnen erreicht durchschnittlich 220–226 Pfd., und das daraus gewonnene Saftquantum beträgt in der Regel 34–35 Maaß. Das spezifische Gewicht schwankt zwischen 67 und 75° Oe.

Der Saft ist von vorzüglichem Geschmack, sehr geistig und wenigstens 2½–3 Jahre haltbar. Um schönen gelben Saft zu erhalten, muß man die Birne vollkommen reif werden und, auf Haufen geschüttet, in Schweiß gerathen lassen, was bei milder Witterung in ein paar Tagen geschehen ist. In schlechten Jahrgängen wird der Saft der Bergbirne mit Vortheil dem Traubensafte beigemischt, um den sauren Wein zu versüßen.

Die vielerorts laut werdenden Klagen, daß seit den letzten Jahrzehnten die Tragbarkeit des Bergbirnbaumes abgenommen habe, sind nicht ganz ungegründet; dessen ungeachtet darf in geschützter Lage die Fortpflanzung dieses Baumes empfohlen werden.

Bergbirne.

(Bergler.)

(Poire de la montagne.)

Farbendruck v. J. Tribelhorn in St. Gallen.

Diel Cl. III (IV). Ordn. 1 (3).
Lucas X. Ordn. 2 a.
(H.††! für Most)

Champagner Bratbirne

Syn. Champagner Weinbirne, deutsche Bratbirne, echte Bratbirne, Bratbirne schlechtweg. Im Katalog von R. Baumann in Bollweiler heißt unsere Sorte Bratbirne à feuilles luisantes, glanzlaubige Bratbirne.

Vorkommen Ist in der Schweiz unseres Wissens erst seit den 40er Jahren dieses Jahrhunderts eingeführt, und zwar von Württemberg aus, wo diese Sorte viel gebaut wird und von wo aus dieselbe in alle angränzenden Länder verbreitet worden ist. In den Kantonen Graubünden und Zürich wurden da und dort ältere Mostbirnbäume von geringerem Werthe mit dieser Sorte veredelt.

Eigenschaften des Baumes Der Baum bildet eine eirunde Krone, deren Zweige etwas herabhängen. In der Baumschule nur schwaches Wachsthum zeigend, thut man besser, diese Sorte in die Krone halbgewachsener Bäume zu propfen, unter welchen Umständen ein bald tragbarer Baum erwächst. Wie sich von selbst versteht, müssen, wie bei andern Veredelungen älterer Bäume, Zugäste belassen werden, wenn man nicht den Verlust seines Baumes riskiren will. Aber auch selbst bei dieser Vorsicht thut man besser, kräftige Bäume mittleren Alters, statt ganz alte dieser Operation zu unterwerfen.

Die Blüthe tritt früh und voll auf; gleichwohl erscheint unser Baum nie ganz weiß, da er sein Laub auch frühzeitig entwickelt. Die jungen Triebe sind düster purpurn, mit kleinen, eiförmigen bis rundlichen Blättern besetzt, deren schwach abwärts gebogene Spitze kurz zuläuft, und in deren abgerundeter Basis ein grüner, fast cylinderförmiger Stiel eingefügt ist, den die Mittelrippe an Länge übertrifft, und an dem fädliche, weiße Nebenblätter stehen, die dem Blattstiel an Länge fast gleichkommen. Die Blattfläche ist oben kahl, unten flaumig, kahnförmig aufgebogen, und am Rande schwach gesägt.

Die sieben- bis achtstrahligen Blüthentrauben sind armlaubig; die Blüthen nicht groß, sternförmig offen, von lang genagelten, runden bis schwach elliptischen Blumenblättern gebildet. Am mittelmäßigen, kahlen Blüthenstiel, sitzt der grauhaarige Kelch, dessen Zipfel zurückgeschlagen sind.

Eigenschaften der Frucht Die Birne ist bergamotteförmig, breiter als hoch, 2" (60 mm) und 1¾" (52 mm). Dem flach eingesenkten Kelch gegenüber steckt etwas vertieft ein ¾" langer Stiel. Die anfänglich gelblich-grüne Schale wird später gelb, und ist mit vielen Punkten bestreut, auch wohl mit Rost bedeckt. Das Fleisch ist weiß, körnig, saftreich, gewürzig, doch herb und ungenießbar, von bedeutender Dichtigkeit, so daß ein Sester 21 Pfd. wiegt. Die Frucht ist spät reifend, wird erst Mitte bis Ende Oktober gelb, und liefert, wenn die Schale einzelne braune Flecken zeigt, die ein Zeichen des Teigens sind, einen köstlichen Most, der sich besonders zur Herstellung eines delikaten moussirenden Getränkes eignet.

Champagner Bratbirne.

Diel I. 3. 2.
Lucas III. 1. b.
(H.-W.**!)

Clairgeau's Butterbirne

(Beurré Clairgeau, Poire Clairgeau, Dcsne)

Syn. Clairgeau de Nantes

Vorkommen Diese Sorte wurde von dem Gärtner Clairgeau in Nantes aus Samen erzogen. Der Baum lieferte 1848 die ersten Früchte. Seither verbreitete sich diese Sorte allgemein, so daß man tragbare Pyramiden, Halbhochstämme und andere Formen fast in allen bessern Baumanlagen unseres Landes findet. Ja nicht nur in Frankreich, in der Schweiz, in Belgien hat diese durch Schönheit und Güte sich auszeichnende Frucht Verbreitung gefunden, selbst nach Amerika ist sie von Liebhabern der Obstzucht übersiedelt worden.

Eigenschaften des Baumes Ein Baum von mittlerer Stärke und mäßiger Fruchtbarkeit macht sehr ansehnliche Triebe (3–4' lang), mit kurzen (2") Internodien, die stark hin- und hergebogen erscheinen. Mit der sich früh einstellenden Tragbarkeit nimmt die Triebkraft rasch ab, und ist fortan nur mäßig bis schwach. Die wenig glänzende, mit großen Lenticellen bedeckte Rinde ist braun bis gelbgrün, gegen die Spitze auf der Sonnenseite meist rothbraun überlaufen. Der kurze, weißliche Flaum, welcher die jungen Triebe an der Spitze bekleidet, verliert sich bald. Große, ledrige Blätter von eirunder bis elliptischer Gestalt geben der Krone eine dichte Belaubung. Blattstiele von 2" Länge sind so wenig selten, als Blattflächen von 3" Länge und 2½" Breite. Die Blattränder nach der Basis wie nach der Spitze meist allmälig zusammenlaufend sind schwach gezähnt, die Blattfläche kahl, die obere dunkelgrün und glänzend, die untere matt und hellgrün. Sehr lange, fädliche Nebenblätter sind auf 1–2''' Länge mit dem Blattstiel verschmolzen, im übrigen von diesem abstehend und den Zweig zangenförmig umschließend. Wir finden diese Anhängsel noch um den August, zu welcher Zeit sich die Spitzen bräunen oder schwärzen.

Die Blüthezeit ist mittel; die Blüthen sind nicht zahlreich, kurz gestielt, mittelgroß, in der Knospenlage rosig angehaucht. An den offenen Blüthen bestehen zwischen den elliptischen Blumenblättern ansehnliche Zwischenräume. Der weinrothe Kelch hat zurückgeschlagene, kahle, spitze Zipfel.

Am besten macht sich wohl diese Sorte als Pyramide, doch wird sie auch als Wandspalier bei östlicher und westlicher Exposition gute Resultate gewähren. Auf Quitten erschöpft der Baum sich bald.

Eigenschaften der Frucht Die Frucht gehört zu den schönsten, größten, besten im ganzen Birnengeschlechte. Von Gestalt ist sie lang birnförmig oder calebassenartig, häufig nach einer Seite gekrümmt; charakteristisch erscheint der Stiel, der in der Länge variirt, braunfarbig und mit einigen Lenticellen bestreut ist, seitlich in die Frucht eingesteckt, so daß Frucht und Stiel fast einen rechten Winkel bilden. Eine glatte Schale von glänzendem Gelb an Schattenfrüchten, von prächtiger, hellerer oder dunklerer Röthe um Sonnenfrüchten, zeigt am Stiel und Kelch nicht selten Rostflecke, und in der blendenden Röthe der Sonnenseite stehen dicht und stark hervortretend zahlreiche Rostpunkte. Der holzige Kelch steht offen, aufrecht, oben auf der Birne, oder in einer schwachen Einsenkung, wodurch alle gut ausgebildeten Exemplare sich von der in mehrfacher Hinsicht ähnlichen Curé unterscheiden, bei welcher der sternförmige Kelch schön und regelmäßig ausgebreitet erscheint. Das Kernhaus erscheint auf dem Längsschnitte rautenförmig, und ist mit kleinen Körnern umgeben. Die mittelgroßen Fächer, dem Kelche genähert, stehen schwach schief und enthalten schwarze, oft taube Samen, und umschließen die centrale, sehr enge Mittelrinne, gegen welche sich die ebenso enge Kelchröhre herabzieht.

Das Fleisch ist weiß, fein, halb schmelzend, sehr geschmackvoll, der Saft zuckerig, schwach muskirt, ein wenig an den Geschmack der Bergamotte erinnernd.

Die Clairgeau reift gewöhnlich Mitte November und hält 3–4 Wochen; doch zeigt diese Frucht, wie wenig andere, sehr große Abweichungen hinsichtlich ihrer Größe und Reifezeit. So wiegen ganz vollkommene Früchte 1 Pfund und darüber, während andere kaum ¼ Pfund schwer werden; manchmal hat man schon Mitte September vollständig reife Früchte dieser Sorte erhalten, während anderemal Exemplare bis Ende Januar sich erhalten ließen.

Früchte von Bäumen auf zu schwerem Boden, oder auch zu früh geerntet, sind ohne Wohlgeschmack.

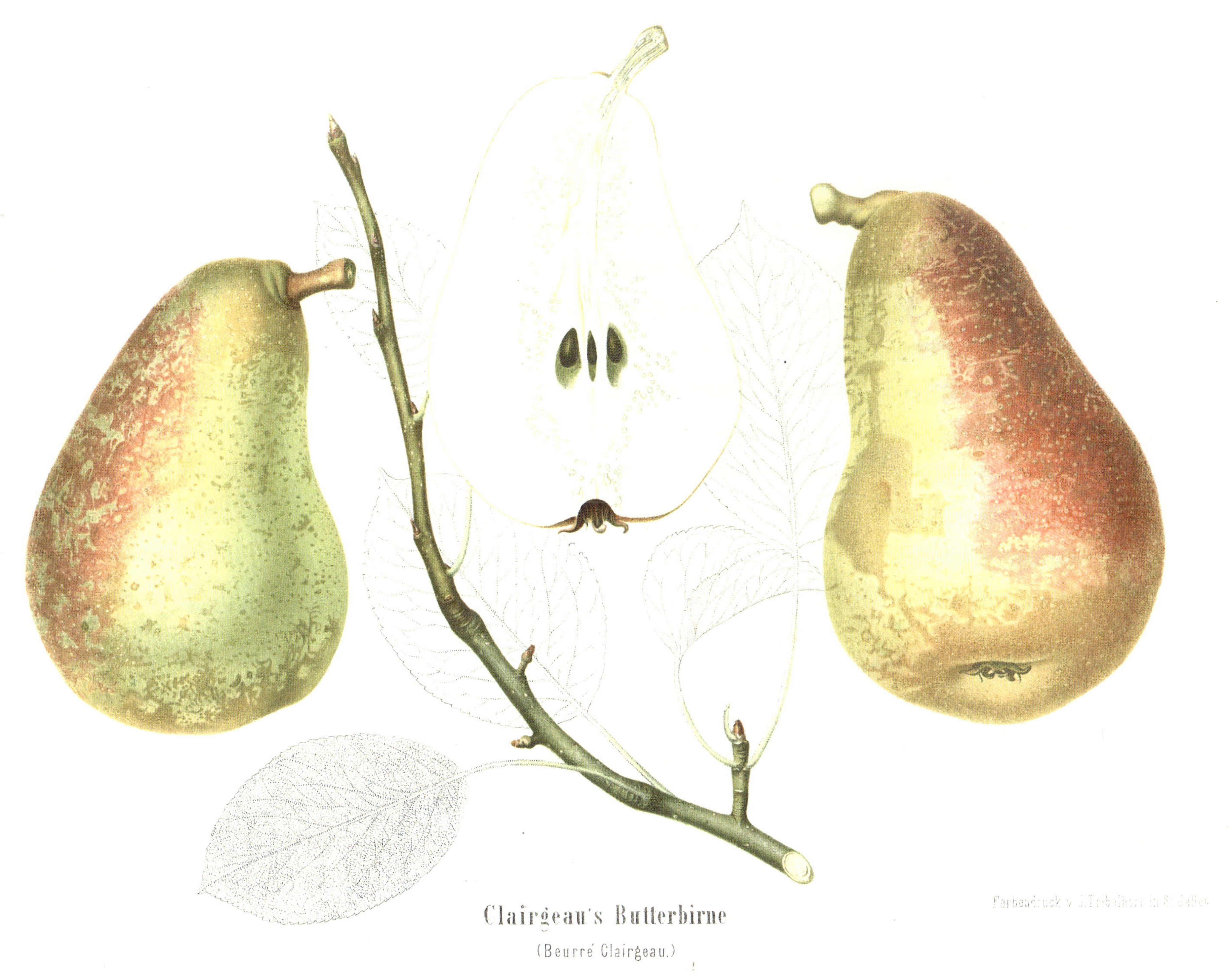

Clairgeau's Butterbirne

(Beurré Clairgeau.)

Diel Cl. I. Ordn. 1 (2).
Lucas Cl. IV. Ordn. 1.
(H.**†)

Deutsche Nationalbergamotte

(Belle et Bonne)

Syn. Schöne und Gute, Birne ohne Kerne, Siebenburger Butterbirn, Doppelte Herbstbergamotte, Königsbirne, Sommerkönig, Belle sans pepins

Vorkommen Diese, nach Christ, als Sämling aus dem ehemaligen Großherzogthum Berg 1802 stammende Bergamotte ist vereinzelt in vielen Baumgärten der Schweiz auf Zwerg- sowohl, als auch Hochstamm zu finden. Der Baum gedeiht in schwerem, gutem Thonboden, z. B. im obern Thurgau, sowie in leichtem, humusreichem Kalkboden in Graubünden, vortrefflich.

Eigenschaften des Baumes Der Baum wächst in seiner Jugend sehr lebhaft, treibt seine schlanken Aeste schön in die Luft, welche aber durch das Gewicht der Früchte nach und nach sich neigen, hängend werden und eine kugelige Krone bilden. Die Sommertriebe sind grünlich-, gegenüber röthlich-braun, mittelstark, gebogen, etwas stufig, sehr schwachwollig und nur mit wenigen weißlichgelben Punkten besetzt. Das Fruchtholz ist stark und kurz, braun, etwas silberhäutig. Die Fruchtknospen auf Fruchtspießen sind spitzkegelförmig, selten rundlich oder stumpfspitz, unten oft etwas weißwollig. Die Blätter sind elliptisch, sanft zugespitzt, oft lanzettförmig, 1½“ breit, bis 3“ lang, wollig, ganzrandig, meist flach, bisweilen wellenförmig, etwas dick und steif. Der Blattstiel hat feine, fadenförmige Afterblätter. Der Baum blüht ziemlich früh, trägt nicht eher als bis er ausgetobt hat, dann aber alljährlich und oft reichlich. Er wird nicht groß und nicht alt. Das «Illustrirte Handbuch» sagt hierüber (entgegen unsern Erfahrungen): «Nach Herrn Kanzlei-Inspektor Fromm, dessen Vater die Nationalbergamotte an Diel sandte, soll der Baum leicht vom Froste leiden und bald wieder eingehen. Er trägt, auf Quitten veredelt, sehr früh und wahrscheinlich reichlicher, als auf Kernwildling.“

Eigenschaften der Frucht Die selbst auf dem Hochstamm ansehnlich große wahre Bergamotte ist selten regelmäßig plattrund, sondern wölbt sich nach dem Stiel etwas stumpf kreiselförmig zu; bei letzterer Form sitzt der Bauch in der Mitte, bei ersterer etwas näher dem Kelch, um den sich die Frucht flach abrundet und dadurch breit aufsitzt. Nur ausnahmsweise ist sie ebenso hoch wie breit, oder die öfter ungleich aufgeworfene eine Seite etwas höher. Eine mittlere Hochstammfrucht ist 2“ 9‘“ (87 mm) breit und 2“ 6‘“ (79 mm) hoch. Der Kelch ist hart- und breitschalig, halboffen, in die Höhe stehend, kurzblätterig, sitzt in einer geräumigen, meist aber leichten Einsenkung, auf deren Rand sich fünf flache Beulen erheben, die sich aber nicht über den Bauch hin erstrecken, da dieser meistens rund und platt ist. Der Stiel steht gewöhnlich in einer kleinen Grube wie eingedrückt, ist grün gefleckt, im Uebrigen rothbräunlich und weiß punktirt, 1¼ bis 1½“ lang, öfter fleischig als holzig, besonders an seiner Wurzel, welche mehr oder weniger mit Fleischwulsten und Ringen umgeben ist. Die Farbe der etwas starken Schale ist grünlichgelb, später hellcitronengelb, sehr stark besonnte Früchte haben einen ganz leichten Anflug von einer sanften, erdartigen Röthe, die etwas Flecken- oder Streifenartiges hat. Die Punkte sind außerordentlich zahlreich, braun, fein und gleichmäßig vertheilt. Größere und kleinere Rost-, sowie einzelne warzenartige Flecken sind fast auf allen Früchten bemerkbar. Das Fleisch ist weiß, feinkörnig, saftvoll, schmelzend im Munde und von einem angenehmen, gewürzhaften, zuckerartigen Bergamottengeschmack, ohne alle Säure, um das Kernhaus herum etwas steinig, was bei durchschnittenen Früchten leicht erkenntlich ist. Das Kernhaus ist für diese große Frucht auffallend klein; die Kammern fehlen zuweilen gänzlich, enthalten oft keine oder dann nur kleine, schwarze, eiförmige Kerne. Die Birne zeitigt in guten Jahren schon im September oder Anfangs Oktober, hält nur kurze Zeit, muß vor ihrer vollkommenen Reife gepflückt werden, sonst wird sie am Baume schon von innen heraus teig und mehlig oder fault bei nasser Witterung.

Nutzen Der Name «Belle et Bonne» bezeichnet in Kürze die Eigenschaften dieser Tafelbirne; sie erhält als solche auf dem Markte den höchsten Preis, wird daher zur größern Verbreitung bestens empfohlen.

Deutsche Nationalbergamotte.

(Belle et Bonne)

Diel Cl. I. Ordn. 3.
Lucas Cl. V. Ordn. 1.
(**!† H. u. W.)

Diel's Butterbirne

(Beurré Diel)

Syn. Poire Diel, Beurré magnifique, B. incomparable, B. de Trois-Tours

Vorkommen Diel's Butterbirne ist keine alte Sorte, und erst 1819 durch den berühmten belgischen Baumzüchter van Mons in Brüssel aufgefunden, benannt, beschrieben und verbreitet worden. Seitdem hat sie sich ein weites Gebiet erobert, und es hat sich das Wort Liegels bald erfüllet, das da heißt: «wer in seinem Garten nur für einen einzigen Baum Platz hat, soll Diel's Butterbirne pflanzen.» In allen unsern Baumschulen ist diese Sorte zahlreich repräsentirt, und auch bei Obstausstellungen paradirt dieselbe meist in Prachtexemplaren.

Eigenschaften des Baumes Ein sehr fruchtbarer Baum mit starken Reisern, die auf der Schattenseite gelblich olivengrün und auf der Sonnenseite etwas violett gefärbt, und mit linsenförmigen Punkten besetzt erscheinen. Auf wenig vorspringenden Augenträgern ruhen die kegelförmigen, am Grunde breiten, dem Zweige angedrückten Augen. Hochstämmig kommt der Baum wohl selten vor, und würde in dieser Form jedenfalls nur in gutem Boden an milden, ganz geschützten Orten am Platze sein, z. B. als hochstämmiger Spalier an hohen Giebeln. Als Halbhochstamm und als Pyramide finden wir diese Sorte am häufigsten, die auf Quitte wie auf Wildling gut gedeiht. Die breit elliptischen Blätter sind um 2" breit und 2¾ " lang, an der Basis und Spitze kurz zulaufend, glatt, feingesägt, flach, lichtgrün, kahl, aber bewimpert, auf langem Stiele, an dessen Seite die schmal linealen Nebenblätter stehen.

Die großen, ausgebreiteten, weißen oder leicht gerötheten Blüthen stehen auf langem Stiele; die Blumenblätter schließen ohne Zwischenraum an einander, sind wenig hohl, nahezu rund und genagelt; die lineal-lanzettlichen Kelchlappen erscheinen von flaumigen Haaren weißlich. Blüthezeit mittel. Kurzer Schnitt ist bei dieser Sorte am Platze, jedoch auf Wildling natürlich nicht so kurz, wie auf Quitte. Bei allzu langem Schnitte gehen die untern Augen ein.

Eigenschaften der Frucht Die Gestalt der Frucht ist bedeutend veränderlich, doch meist dickbauchig eiförmig. Sie zählt zu den sehr großen Birnen, und es sind Früchte von 5" Länge (150 mm) und 3½" Breite (105 mm) gerade keine Seltenheit, welche dann ein Gewicht von mehr als 1 Pfund erreichen; ja sie kann nach Decaisne bis 1 Kilogramm (2 Pfund) Gewicht erlangen. Der cylindrische Stiel ist meist einer trichterförmigen Vertiefung eingesenkt, und zwar in der Richtung der Fruchtachse; er erreicht die Länge von 1", ist entsprechend stark und holzig. Der Kelch ist geschlossen, sitzt in der Mitte einer sehr regelmäßigen Einsenkung, bleibt lange grün; die Färbung der Schale, anfangs grünlichgelb, geht mit der Reife über in gelb; sie ist aber ganz übersäet mit Rostflecken und Rostpunkten, die um die Stielwölbung zu einer lederbraunen Fläche zusammenschmelzen. Röthung auf der Sonnenseite ist sehr selten. Das weiße Fleisch ist keck, halbschmelzend, höchst saftvoll, süß, würzig und etwas zusammenziehend (adstringirend).

Das Kernhaus, sehr klein, wenige und selten vollkommene Kerne enthaltend, ist von einem körnigen, elliptisch gestalteten Hofe eingeschlossen, und es setzt die körnige Zone einerseits zur Kelchröhre, anderseits zur Stieleinsenkung fort.

Ist eine der schönsten und besten Birnen im Spätherbst oder im Vorwinter, dauert in der Regel durch November und Dezember, kann aber bei guter Aufbewahrung und wenn die Birne lange am Baume verblieb, sich bis in den Februar und März erhalten. Immerhin ist der Jahrgang für die Dauer der Winterfrüchte von entschiedenem Einflusse. Je günstiger Sommer und Herbst waren, je besser die Früchte am Baume ausreiften, desto länger erhalten sie sich auf dem Lager, d. h. desto später tritt die Lagerreife ein.

Unser Bild stellt eine völlig lagerreife Frucht dar.

Diel's Butterbirne.

(Beurré Diel)

Diel I. 1 (2). 3.
Lucas VI. 1 b.
(**W.)

Esperen's Bergamotte

(Bergamotte Espéren)

Syn. Poire d'Espéren, Decsne

Vorkommen Eine neue Sorte, welche erst 1830 von Major Espéren in Mecheln aus Samen erzogen ward. Der rühmlichst bekannte Züchter hält diese von ihm erzeugte Sorte für die werthvollste unter all' seinen Sämlingen. Decaisne dagegen stellt die Esperen nicht unter die Birnen ersten Ranges. Immerhin ist sie eine sehr schätzbare Winterfrucht, deren Werth durch die lange Dauer allerdings noch wesentlich erhöht wird. Es hat daher unsere Birne viele Freunde erworben und damit große Verbreitung gefunden, wozu sie sich nicht nur durch die treffliche, ziemlich große Frucht empfiehlt, sondern ebenso sehr noch durch die Gesundheit des Baumes, der auch in höheren Lagen noch besser fortkommt, als viele andere unter den edlen Tafelbirnen. So ist unsere Abbildung nach Früchten von Langenbruck (Kt. Baselland) aus einer Höhe von 2300' üb. M. angefertigt.

Eigenschaften des Baumes Dieser Baum wächst in der Jugend lebhaft pyramidal empor, läßt sich leicht formen, trägt bald und reichlich, und die großen, kugligen Früchte bilden bisweilen ganze Büschel. Auf Quittenunterlage werden nach unserer Erfahrung die Früchte weniger ansehnlich und gut, worin wir uns im Widerspruche mit dem i. H. d. O. von Lucas befinden. Die abstehenden Aeste tragen mittelstarke, gerade Zweige von olivenartiger Färbung, und sind übersäet mit runden Rindenhöckerchen. Sie tragen auf wenig vorspringenden Knospenträgern kleine, kegelförmige, nach unten verbreiterte Augen, welche den Zweigen mehr oder weniger eng anliegen.*) Die Blätter sind eiförmig oder eiförmig-elliptisch, fast ganzrandig, hinten abgerundet, vorn zugespitzt, beiderseits nahezu kahl, 1½" breit, 2½" lang. Die Nebenblätter sind bleibend.

Die weißen, mittelgroßen Blüthen werden von kurzen, befilzten Stielen getragen, die Kelchabschnitte sind spitz und ausgebreitet oder zurückgeschlagen. Zwischen den kreisrund-elliptischen Blumenblättern finden sich nur kleine Zwischenräume.

Eigenschaften der Frucht Die mittelgroße bis große Frucht (21''' hoch, 23''' breit) ist kuglig, oder in der Richtung der Axe etwas zusammengedrückt. Große Früchte sind in der Regel schön gerundet, kleinere meist höckerig und unförmlich. Der gerade oder wenig gebogene, 1" lange Stiel ist stark bräunlich gefärbt und steckt in einer schwachen Einsenkung; ebenso sitzt der kleine, harte Kelch in unbedeutender Vertiefung nicht selten von Beulen umgeben. Die Schale, von gelblichgrüner Farbe, zeigt nur an den wenigsten, der Sonne ganz ausgesetzten Früchten eine mehr oder minder ausgebreitete Röthe, ist mit zahlreichen und großen, aufgesprungenen Rostpunkten übersäet, manchmal mit gelben Malen untermengt, zumal an der Stielwölbung, so daß die kernreife Frucht rauh und nicht einladend aussieht. Bei völliger Reife wird die dicke, rauh anzufühlende Schale schmutziggelb. Auf dem Längsschnitt tritt das rautenförmige Kernhaus, umgeben von feinen Körnchen, hervor; die mittelgroßen Fächer schließen schwärzliche Samen ein. Die Kernhausaxe, eine schmale, langgestreckte, gegen den Kelch enger werdende Parthie umfassend, ist mit lockerem, schwammigem Gewebe erfüllt. Die Kelchröhre ist eng, cylindrisch, nur 1''' lang.

Das feine, weiße Fleisch ist fest oder schmelzend, sehr saftig, reich gezuckert, lieblich duftend, von schwach adstringirendem, eigenthümlichem Wohlgeschmack.

Eine ächte Winterfrucht, welche bisweilen schon im Dezember genießbar wird, meist aber erst gegen Winters Ende reift und bis zum April hält.

---

*) Die Rinde der Zweige findet sich nicht selten heller gelb, als dieß im Bilde der Fall ist, und es gilt das Gleiche auch von den Fruchtspießen.

Esperen's Bergamotte.

(Bergamotte d'Espéren.)

Farbendruck v. J. Tribelhorn in St Gallen.

Diel Cl. VI. (III). Ordn. 2 (1). 3.
Lucas Cl. XII. Ordn. 2 b.
(W.††)

Großer Katzenkopf

Syn. Klausbirne, großer französischer Katzenkopf, Winterrolle (Bern, Solothurn), Pfundbirne, welchen Namen noch mehrere andere, durch Größe ausgezeichnete Birnen führen: le Catillac. Der letztere Name ist wohl der älteste und dürfte von Cadillac (Ortsname mehrerer Städtchen oder Dörfer in der Guienne) herzuleiten sein

Vorkommen Wohl in der ganzen Schweiz; in den Kantonen St. Gallen, Thurgau, Zürich überall zu finden.

Eigenschaften des Baumes Der Baum wächst stark, hat abstehende, unregelmäßig sich kreuzende Aeste, deren Verzweigungen in schwachem Bogen überhangen und eine breite, halbkugelige oder domartige Krone bilden, die durch ihr dichtes, dunkles Laubwerk von Weitem sich kenntlich macht. Die Sommertriebe sind fast gerade, oben braunroth angelaufen, gelb punktirt, unten grünlich und bis in den Juni hinein weißflaumig; später tritt braune Verfärbung der Rinde ein, von deren glänzender Oberfläche ziemlich zahlreiche, kleine, längliche Punkte abstechen. Blätter groß, flach ausgebreitet, eiförmig, am Stiel öfter herzförmig ausgebuchtet, gegen die schwach abwärts geneigte Spitze etwas rasch verjüngt. Oberseits dunkelgrün, glänzend; unterseits matt und heller grün und dünn beflaumt. Blattrand schwach gezahnt. Blattstiel meist kürzer als die Blattfläche, flaumig und oberseits röthlich angeflogen. Die Blätter um die Fruchtknospen meist zu sechs, seltener nur vier, je die einen kürzer, die andern länger gestielt. Die Nebenblätter sind sehr lang. Beim Blühen ist der Baum selten übervoll; seine Blüthentrauben enthalten 7–9 große, kurz, aber dick gestielte Blüthen mit flach ausgebreiteten, sehr weißen und unterseits filzigen Blumenblättern. Kurzer Flaum bedeckt den knospigen Blüthenstiel und auch den Kelch, dessen Lappen zurückgeschlagen und oben orangegelb sind. Die Staubgefäße stehen sehr regelmäßig in zwei Kreisen, die Staubfäden des innern Cyclus sind kürzer.

Eigenschaften der Frucht Die Frucht ist groß bis sehr groß, selbst vom Hochstamm 3½“ (105 mm) hoch und breit, und nicht selten bis 1 Pfd. wiegend. Die regelmäßige, kreiselförmige Gestalt wird nur wenig von etwa vorkommenden Beulen gestört. Hochbauchig, wie die Frucht ist, rundet sich dieselbe um den Kelch platt zu, gegen den 1½“ langen, starken Stiel verjüngt sich der Bauch rasch und bildet um ersteren eine stumpfe Spitze. Der Stiel steckt nicht selten in einer von Beulen besetzten Vertiefung. Der Kelch ist holzig, groß, halb oder ganz offen, in mehr oder minder tiefer Einsenkung. Die Schale ist merklich uneben von körnichten Concretionen, grün und an der Sonnenseite oft schön geröthet, besäet mit gelben Rostpunkten und Flecken. Später wird die Schale gelb, und das düstere Roth heller und freundlich. Das Fleisch ist mattweiß, grobkörnig, abknackend, aber gleichwohl saftvoll, von herbem, süßsäuerlichem Geschmack, zum Rohgenuß nur wenig einladend. Das verhältnißmäßig kleine Kernhaus, von vielen starken Körnern umgeben, enthält neben einzelnen tauben Kernen meist große, vollkommene, längliche, lichtbraune Samen, mit kleinem Höcker. Eine mehlige, locker markige Auskleidung überzieht die großen Höhlen der Kernhausachse. – Der Catillac ist eine der besten Kochbirnen und besonders werthvoll durch ihre lange Dauer. Mit November und Dezember wird diese Birne benutzbar, und, ohne merklich zu welken, dauert sie bis in den nächstfolgenden Sommer.

Grosser französischer Katzenkopf.

(Le Catillac.)

Farbendruck v J. Tribelhorn in St Gallen

Diel Cl. VI. Ordn. 1.
Lucas Cl. VIII. Ordn. 2.
(S.††)

Gelbe Mostbirne

(«Gälmostler»)

Vorkommen Diese in einem großen Theil der Kantone St. Gallen, Appenzell und Thurgau stark verbreitete Sorte stammt muthmaßlich von Bernhardszell, Kantons St. Gallen, von wo sie gegen Ende des vorigen Jahrhunderts weiter verbreitet wurde. Sie gedeiht in verschiedenen Lagen und Bodenarten bis zu einer Höhe von 2500' über dem Meere.

Eigenschaften des Baumes Der Baum ist starkwüchsig, wird ziemlich groß und bildet eine pyramidenförmige Krone. Die Aeste sind schlank, gerade und dicht mit kurzem Fruchtholz besetzt; die Sommertriebe hellbraun, mittelstark, etwas stufig gebogen, schwach wollig und haben ziemlich viele, runde, weißliche Punkte. Die Augen sind stark und abstehend. Obschon die Blüthe ziemlich früh erscheint, ist sie dennoch nicht empfindlich. Die Blätter sind mittelgroß, eiförmig oder breit elliptisch, fast dunkelgrün, nicht tief, aber scharf gesägt, oft ganzrandig. Diese alljährlich und oft sehr reichlich tragende Sorte wird von wenigen andern an Fruchtbarkeit übertroffen; auch eignet sie sich sehr gut zum Umpfropfen älterer Bäume, die dann gewöhnlich schon im dritten Jahre tragen.

Eigenschaften der Frucht Die Frucht ist ziemlich klein, rundlich, in Höhe und Breite wenig verschieden, meist 1"5"' (45 mm) bis 2" (60 mm) breit und hoch, mittelbauchig, gegen den Kelch abgerundet, gegen den Stiel stumpf zugespitzt. Der vollkommene, hornartige Kelch sitzt in einer schwachen, etwas seitlichen Vertiefung, von unregelmäßigen Erhabenheiten umgeben. Der Stiel ist meist 1" lang, schwach gekrümmt, holzig, an seiner Wurzel oft fleischig und sitzt in einer kleinen Vertiefung. Die Schale ist grüngelb, später hellgelb, auf der Sonnenseite schwach erdartig geröthet, um den Stiel schwächer, um den Kelch stärker berostet, mit vielen feinern und gröbern Rostpunkten besetzt und von angenehmem Geruch. Das Fleisch ist gelblichweiß, grobkörnig, herb, zusammenziehend und saftreich, wird bald teig und ist nur in diesem Zustande genießbar. Das Kernhaus ist hohlachsig, die Kammern sind meist eng, und zählen nur wenige, vollkommene, schwarzbraune Kerne. Die Frucht zeitigt Mitte bis Ende September und hält acht bis vierzehn Tage.

Nutzung Diese Birne wird ausschließlich zur Mostbereitung verwendet. Um daraus gutes Getränk zu bereiten, müssen die Früchte vollkommen reif und einige Tage abgelagert sein, ehe sie gemostet werden. Unreif oder frisch vom Baume gepreßt, liefern sie einen weniger gehaltreichen Saft. Im Jahr 1862 wog der Saft 60°, und es gaben 10 Sester Obst 46 Maß. Große Tragbarkeit, gutes Gedeihen und Gesundheit der Bäume haben diese saftreiche Sorte so beliebt gemacht, daß nahezu die Hälfte der in neuerer Zeit in obgenannten Gegenden umgepfropften Birnbäume mit Gelbmostlern veredelt wurden.

Gelbe Mostbirne.

(Gelmostler)

Farbendruck v J. Tribelhorn in St Gallen

Diel Cl. I. Ordn. 3.
Lucas Cl. V. Ordn. 1.
(W.**)

Die St. Germain

Syn. Hermannsbirne, St. Germain d'hiver, St-Germain vert, auch St-Germain doré, gris, gros, Inconnue-la-Fare. In Süddeutschland hat sie wohl auch den Namen grüne Winterbergamotte, Winterbergamotte, welche Provinzialnamen aber auch andern Sorten zukommen

Vorkommen Eine sehr verbreitete, in den meisten Hausgärten vorhandene, bekannte und beliebte Sorte, die von St. Germain, einem Kirchspiel nahe bei Le Lude an der Loire herstammt. Nach Decaisne verdanken wir diese vortreffliche Frucht einem Wildling, aufgefunden an den Ufern des kleinen Flusses de la Fare, im Kirchspiel von St. Germain, nahe bei Le Lude an der Loire, 17 Kilometer südöstlich von La Flèche (Departement de la Sarthe).

Eigenschaften des Baumes Ein kräftiger, gutgedüngter, etwas feuchter Boden sagt der St. Germain sehr zu; es gedeiht unter dieser Voraussetzung unsere St. Germain sehr als Spalierbaum selbst noch bei nördlicher und östlicher Lage, wenn durch nahe Mauern oder Gebäude Schutz gewährt wird. Der direkten Licht- und Wärmestrahlung zu stark ausgesetzte Spalierbäume bekommen leicht schwarze Blätter und die Früchte springen auf. Letzteres geschieht auch öfters bei freistehenden Bäumen, da die Früchte der St. Germain nicht gerne beregnet sein wollen. Aus diesem Grunde pflanzt man die St. Germain-Spaliere an Mauern oder Wände, wo allzustarke Bestrahlung durch die Sonne, sowie auch zu starke Beregnung nicht vorkommt.

Der Baum wächst mäßig, wird weder auf der Quitte, noch auf dem Wildling groß und trägt am Spalier bald. Die Aeste sind abstehend; die stufigen, oft krummen, nicht starken, senkrecht emporwachsenden Zweige sind grünlich-gelb und mit meist länglichen Punkten besetzt, die anfänglich weiß sind, später gelb werden. Die Krone wird leicht zu dicht und muß dann ausgelichtet werden. Die stark schiffförmigen, rückwärts gebogenen, lang elliptischen Blätter sind 2½–3" lang und 1½" breit, in eine Spitze auslaufend, und während die Oberseite der Blätter dunkelgrün und schwach glänzend erscheint, so finden wir die Unterseite matt und grau-grün und in der ersten Zeit schwach flaumig. Die Blattränder sind schwach wellenförmig, fein stumpf gesägt. Blattstiel dünn, halb so lang, aber oft ebenso lang wie das Blatt, trägt schmal lanzettliche Nebenblättchen, die ungleichhälftig (die innere Hälfte die kleinere), hinfällig und Ende Mai meist schon abgeworfen sind. Die Blätter an den Fruchtästchen stehen meist zu sechs in enger, ziemlich regelmäßiger Spirale, die eine Hälfte lang, die andere kürzer gestielt, in allen übrigen Verhältnissen mit den andern Blättern übereinkommend.

Von der St. Germain gibt es mehrere Abarten; die gelbe St-Germain (St. Germain jaune) und die panaschirte St. Germain (St-Germain panachée). Die St. Germain blüht immer als eine der ersten. Im Winter 1862 schwollen schon Ende Februar die Fruchtaugen (Bollen Bohl); 1863 blühend am 10. April. Im Frühjahr 1864 blühte ein nach Westen gelegener Spalier am 12. April, an einer südlichen Mauer acht Tage früher; anno 1866 ersterer am 2. April, 1867 am 26. März, während die allgemeine Birnblüthe auf den 18. April eintraf. Im späten Frühjahr 1868 fiel die Blüthe dieses Baumes auf den 4. April. Die Blüthen sind klein und stehen in reichen, zehn- bis zwölfstrahligen Doldentrauben. Die Blumenblätter, von eiförmiger Gestalt, nach vorn oft spitz zulaufend, erscheinen schmutzig weiß und lassen Zwischenräume unter sich. Kelch und Blüthenstiel sind weiß filzig, und ersterer bis auf ⅓ der Länge mit schmalen, hinfälligen, bräunlichen Blättchen besetzt. Die Zweige und Früchte der gelben St. Germain sind viel heller, als die der gewöhnlichen St. Germain, auch werden die Früchte früher reif. Die St-Germain panachée mit panachirten Zweigen und Früchten trägt sehr sparsam, und selten sind die Früchte vollkommen. Diese beiden Formen sind weit weniger werthvoll, als die ursprüngliche St. Germain.

Eigenschaften der Frucht Die Birne ist lang kegelförmig, gegen den Kelch etwas verjüngt, hat aber oft unregelmäßige Erhabenheiten, ist oft sogar eckig, erreicht eine Länge von 3'–4" (90–120 mm) und eine Breite von 2–2½" (60–75 mm). Der Kelch ist sternförmig offen, klein, langgespitzt, meist unbedeutend, und fast immer mit Beulen umgeben. Der lange, starke Stiel ist holzig. Die Schale ist fein rauh, uneben und hart, anfangs dunkelgrün, auf dem Lager gelblich werdend, stets ganz ohne Röthe, oft stellenweise rauh berostet, vorzugsweise die der Luft und dem Licht stark ausgesetzten Früchte, wie denn auch die Früchte an freistehenden Bäumen mehr berostet sind, als die am Epalier. Das Fleisch ist grünlich-weiß, körnicht, sehr saftvoll, im günstigen Jahrgängen sogar schmelzend, aber ohne besonderes Aroma. Noch vor 50 Jahren war dies die beste Winter-Tafelbirne. Das Kernhaus ist hohlachsig, hat geräumige Kammern und ist mit vielen langen, dunkelbraunen Kernen gefüllt. – Die Birne wird im Dezember genießbar, hält, kühl aufbewahrt, bis im März, und wird ausschließlich für die Tafel verwendet.

Unser Bild stellt eine sehr wohlgerundete Form dar; häufig verjüngt sich diese Frucht vom Bauch gegen den Kelch stärker und nimmt dann gewöhnlich eine fast unregelmäßige, kantige Gestalt an.

St. Germain.

Farbendruck v. J. Tribelhorn in St. Gallen

Diel Cl. VI. Ordn. 2. und 3.
Lucas Cl. X. Ordn. 2.
(H.††)

Guntershauser Birne

Vorkommen Diese, von Guntershausen, Kantons Thurgau, stammende Sorte ist seit 1750 bekannt und wurde, besonders in den letzten acht Decennien, im mittlern und östlichen Theile dieses Kantons stark verbreitet. Auch in den angrenzenden Gegenden von Württemberg ist sie einheimisch geworden. Zur Anpflanzung dieses Baumes sind offene Lagen den Thalgründen vorzuziehen, da die Blüthe besonders gegen Spätfröste etwas empfindlich ist.

Eigenschaften des Baumes Der Baum wächst sehr rasch und wird ziemlich groß. Seine spitzwinklig abstehenden Aeste bilden eine breitpyramidale Krone. Die dünnen Fruchtspieße, Quirle und Zweige geben ihm im Winter das Aussehen eines unveredelten Baumes. Die Sommertriebe sind gelbbraun und wenig punktirt, die Augen spitz, fast anliegend. Die schöne, weiße Blüthe erscheint ziemlich früh. Die glänzend dunkelgrünen Blätter sind ziemlich klein, rundlich mit etwas abgesetzter Spitze, deren Rand scharf, aber nicht tief gesägt ist. Der Baum trägt bald, nur auf günstigen Standorten alljährlich und oft sehr reichlich. Der höchste bis jetzt bekannte Ertrag ist 100 bis 110 Sester. Er erreicht selten ein Alter von über 80 Jahren.

Eigenschaften der Frucht Die Guntershauser Birne gehört zu den kleinern. Ihre Gestalt nähert sich der schönen Birnform; gegen den Kelch rundet sie sich schön ab, gegen den Stiel ist sie etwas eingezogen und endigt in eine stumpfe Spitze. Bei vielen Früchten verunstalten mehr oder weniger starke Beulen die Frucht. Durchschnittlich sind sie 2" (60 mm) hoch und 1" 6"' (48 mm) breit. Der selten vollständige, meist hornartige Kelch sitzt in einer sehr schwachen Vertiefung und ist oft von Beulen umgeben. Der 1 bis 1¼" lange, holzige, grüne und braune Stiel ist gebogen und sitzt meistens etwas auf der Seite in einer kleinen Vertiefung. Die Schale ist gelblichgrün; viele, meist feine Rostpunkte, einzelne Flecken und Rostüberzüge um den Kelch herum mache sie etwas rauh. Das Kernhaus ist spindelförmig und hat meist unvollkommene, kastanienbraune Kerne. Das Fleisch ist gelblichweiß, fest, grobkörnig, saftreich, herb, roh ungenießbar. Die Frucht reift Ende September oder Anfang Oktober und hält drei Wochen.

Nutzung Diese, nur zur Mostbereitung verwendbare Birne giebt, einige Zeit vor dem Pressen abgelagert, ein sehr gutes, helles Getränk; frisch vom Baum, oder unreif gemostet, wird dasselbe rauh, unangenehm und grau. Im Jahr 1862 wogen 10 Sester 220 bis 234 Pfd., woraus 40 bis 45 Maß Saft von 55° bis 62° gewonnen wurden.

Gesundheit, rascher Wuchs und Fruchtbarkeit des Baumes machen diese Sorte empfehlenswerth.

Guntershauser.

Farbendruck v. J. Tribelhorn in St Gallen.

Diel Cl. I. Ordn. 3.
Lucas Cl. V. Ordn. 1.
(W.**!†)

Hardenpont's Winterbutterbirne

(Beurré d'Hardenpont)

Syn. Kronprinz Ferdinand von Oesterreich, Schinkenbirn, Amalie von Brabant, Goulu-morceau, Beurré de Cambron, Glou-morceau, Beurré de Kent, Fondante jaune superbe et d'hiver, Colmar d'hiver, Roi de Wurttemberg, Hardenpont d'hiver, Beurré Lombarde

Vorkommen Diese, seit 1759 von Rath Hardenpont zu Mons in Belgien aus Kernen erzogene Birnsorte wurde durch Diel erst 1816 in Deutschland bekannt und verbreitet und findet sich gegenwärtig häufiger in den an unser Land anstoßenden Staaten, als in den Gärten der Schweiz selbst vor, doch werden Zwergbäume dieser köstlichen Winterbutterbirne in neuerer Zeit durch die sich stets mehrenden Baumschulen häufiger gezogen und verbreitet. Sie bedürfen einen nahrhaften Boden und warmen Standort.

Eigenschaften des Baumes Der Baum wird nicht groß, aber wächst in der Jugend lebhaft, hat eine lichtbelaubte Krone mit schönen, etwas ausgebreiteten, aufwärtsstehenden Aesten, welche frühzeitig Fruchtholz ansetzen. Durch das Behangen mit vielen und großen Früchten neigen sie sich an ihren äußersten Zweigen oder Enden etwas abwärts. Charakteristisch sind die vielen und rechtwinklig abstehenden Seitentriebe an einjährigen Zwergbäumen, wodurch sie eine pyramidale Form erhalten, und der bleifarbene Schimmer, besonders an zwei- und dreijährigem Holz. Die Sommertriebe sind mittelmäßig lang, nicht stark, etwas stufig nach oben, bisweilen etwas fein weißwollig, gelblich lederfarben, nur schwach silberhäutig und fein schmutziggelb punktirt. Die Fruchtknospen sind schwarzbraun, stark, kurzkegelförmig, stumpfspitz, stark abstehend und die Augen sitzen auf wulstigen, stark vorstehenden und gerippten Augenträgern. Die Blätter sind klein, elliptisch, zuweilen auch eiförmig, nach vorn und nach dem Stiel gleichförmig abnehmend, mit meist etwas vortretender oder zurückgebogener Spitze, 2¼ bis 2½" lang, 1½" breit, papierartig, fein geadert, glatt, schwach wellenförmig, glänzend grasgrün und scharfsägezähnig. Der ¾ bis 1½" lange Blattstiel hat lange, pfriemenförmige Afterblätter. Die Blätter der Fruchtaugen sind nur wenig größer. Der Baum trägt bald und alljährlich reichlich. Auf Wildling veredelt, bildet er schöne und baldtragende Pyramiden. Für Zwergform eignet sich der Baum besser als für Hochstamm; er gedeiht auch auf Quitte.

Eigenschaften der Frucht Die Gestalt der Birne ist veränderlich, bald kreisel-, bald länglich-ei- bald bauchig birnförmig. Ihr größter Durchmesser befindet sich gewöhnlich in der Mitte und nimmt gegen den Kelch zu ab. Die Kelchwölbung ist beulig und uneben, weßhalb die Frucht nicht immer gut aufsitzt. Von der Mitte nach dem Stiel zu nimmt sie schnell und stark, bald mit, bald ohne Einbiegung ab und endigt mit einer abgestumpften, unebenen Spitze. Beulig und uneben, wie diese Butterbirne, ihrer äußern Erscheinung nach ist, hat sie sehr viel Aehnlichkeit mit der Sommerapothekerbirne oder mit einer länglichen Chaumontel, und ist durchschnittlich groß. Eine Hochstammfrucht hat gewöhnlich 2" 9"' (87 mm) Höhe und 2" 6"' (78 mm) Breite. Auf Spalier oder Pyramide erreicht sie eine Höhe von 3½" (105 mm) und eine Breite von 2½" (75 mm). Der Kelch ist offen, zuweilen auch ganz geschlossen, hart- und kurzblätterig, mehr oder weniger tief zwischen den ihn umgebenden Beulen eingesenkt. Der Stiel ist selten 1" lang, stark, obwohl holzig, doch fleischig aussehend, sitzt in einer kleinen Vertiefung, welche gewöhnlich eine starke Fleischbeule auf der einen, eine wulstige Erhöhung auf der andern Seite bildet. Er ist röthlichbraun und weiß punktirt. Die Schale ist stark, nicht fettig und nicht glänzend, matt hellgrün, wird mit der Zeitigung gelblichgrün, auf dem Lager hellgelb oder citronengelb, ohne daß man an Schattenfrüchten auch nur die geringste Spur von einer Röthe auf der Sonnenseite bemerkt; nur ausnahmsweise in sonnigen Lagen und trockenen Jahrgängen zeigt sich auf der Sonnenseite eine trübe Röthe, die bis ein Drittel der Frucht einnimmt. Die Punkte sind sehr zahlreich, fein und braun, wozu sich oft kleine Anflüge von gleichfarbigem, zuweilen nur figurenähnlichem Rost gesellen; auch von der Stielbucht ausgehend zeigt sich häufiger Rost. Abgelagerte Früchte riechen sehr angenehm. Das Fleisch ist weiß, fein, um das Kernhaus steinlos, sehr saftvoll, nicht nur butterhaft schmelzend, sondern zerfließend im Munde, von einem erhabenen, wahrhaft köstlichen, fein weinartigen Zuckergeschmack, der den der «Colmar» übertrifft. Das Kernhaus ist hohlachsig, klein, die Kammern sind muschelförmig, ziemlich geräumig und enthalten wenige, aber lange, spitze, schwarzbraune Kerne. Die Frucht reift gewöhnlich in der zweiten Hälfte des November und hält sechs bis acht Wochen, ausnahmsweise bis März.

Nutzung Hardenpont's Winterbutterbirne dient hauptsächlich zum Rohgenuß und ist eine der allerbesten Tafelfrüchte. Sollte in keinem Obstgarten fehlen.

Hardenpont's Winterbutterbirne.

(Beurré d'Hardenpont.)

Diel Cl. V. Ordn. 1.
Lucas Cl. X. Ordn. 1.
(H.††!)

Herbstgütler

(Bonne poire d'automne)

Der Herbstgütlerbaum ist im Kanton Thurgau überall verbreitet und daselbst schon seit mehreren Jahrhunderten bekannt, stammt, wie vermuthet wird, aus dem Bezirk Arbon, wo er am häufigsten vorkommt. Er liebt einen kalkhaltigen, tiefgründigen, mittelfeuchten, schweren Lehmboden, gedeiht in Thälern, wie in Gebirgen bis auf eine Höhe von 2000' ü. M.

Der Baum wächst langsam, wird aber sehr groß, hat eine unregelmäßige, lichte Krone, die bei jungen Bäumen oft breiter als hoch, bei älteren dagegen höher als breit ist. An vollständig ausgewachsenen Bäumen sind die ziemlich aufrechtstehenden Hauptäste stark und umfangreich, die Nebenäste dagegen sind abstehend. Die Zweige sind dünn und hellbraun, mit nicht sehr vielen, kleinen, gräulichweißen Punkten besprengt; die Augen sind engstehend und das Fruchtholz lang. Die Blätter sind eiförmig, die obere Seite hellgrün und schwach glänzend, die untere wollig.

Die Blüthezeit fällt auf Ende April und Anfangs Mai. Wenn die Bergbirne in voller Blüthe steht, fängt die Herbstgütlerbirne an zu blühen; demnach gehört letztere weder zu den früh-, noch zu den spätblühenden. Die Frucht reift Anfangs bis Mitte Oktober.

Der Baum trägt alljährlich und oft sehr reichlich und erreicht, wie aus zuverlässigen Quellen berichtet wird, ein Alter von 180–190 Jahren; er ist durch seine lichte, matt hellgrüne und unregelmäßig gebaute Krone schon in der Ferne kenntlich.

Die Herbstgütler ist, trotz ihres alten Ursprungs und ihrer vortrefflichen Eigenschaften, sonderbarer Weise außerhalb des Kantons Thurgau sehr wenig bekannt, weßhalb sie ihren Namen unverändert beibehalten hat.

Die plattrunde Birne ist mittelbauchig. Sie gehört zu den kleinsten Sorten, was hier besonders bemerkt wird, weil die Abbildung eines der größten Exemplare vorstellt.

Der Kelch ist sternförmig und sitzt in einer flachen Vertiefung, nicht selten von unregelmäßigen Erhabenheiten umgeben. Der Stiel ist 8'''–1" lang, dünn, holzig und gerade.

Die Schale ist grüngelb, auf der Sonnenseite braunröthlich, mit Rostpunkten besäet, und vom Kelch aus meistens bis gegen die Mitte der Frucht stark berostet.

Das Fleisch ist gelblichweiß, grobkörnig, saftreich und von süßherbem Geschmack; das Kernhaus hat eine hohle Achse, weite Kammern mit größtentheils vollkommenen braunen Kernen.

Die Frucht hält bis Neujahr, ist zum Rohgenuß im Stadium der Kernteige am angenehmsten, wird aber, da sie ein vorzügliches Getränk liefert, in der Regel zur Mostbereitung verwendet, das jedoch nur mit einer rauhen Birnsorte vermischt, z. B. mit der späten Weinbirne, haltbar wird.

10 Sester dieser Birne haben ein durchschnittliches Gewicht von 220–225 Pfd. und geben 45–46 Maaß Saft, der, aus Obst frisch vom Baume gemostet, nach der Oechsle'schen Probe 77 und aus abgelagerten Früchten 85° erzeigt.

Die Herbstgütler, als Wirthschaftsobst allerersten Ranges, wird durchschnittlich 30–35% höher bezahlt als die meisten andern Mostobstsorten, weßwegen dieser Baum zur Anpflanzung und Weiterverbreitung in jeder Beziehung empfohlen werden darf.

Herbstgütler

(Bonne poire d'automne.)

Diel Cl. I. Ordn. 3.
Lucas Cl. III. Ordn. 1.
(H.**)

Lange grüne Herbstbirne – Schweizerhose

(La verte longue) – (Culotte de Suisse)

Syn. Glas-, Späte Glas-, Herbstsaft-, Grüne Melonen-, Schmalz-, Mund-, Grüne Herbst-, Herbstwasser-, Grüne lange, Mundnetz-, Lange Grünbirn, Lange grüne Winterbirn, Schmeckerin, Mullebusch, Mouille-bouche, Verte longue d'automne, Mouille-bouche d'automne, Mouille-bouche ordinaire

Vorkommen. Wie in der Schweiz, wo diese Sorte in allen obstbautreibenden Gegenden, jedoch mehr in Zwergform als Hochstamm zu finden ist, kommt sie auch in Deutschland, Frankreich, den Niederlanden, England und Amerika vor. Ist von den längstbekannten eine der ältesten und stammt aus Frankreich vom Jahre 1675, verlangt guten, warmen Boden und einen vor dem Winde geschützten Standort, woselbst sie in hohen Lagen (2000' ü. M.) noch gut fortkommt.

Eigenschaften des Baumes Der raschwüchsige Baum hat eine fast pyramidale Krone mit spitzwinklig abstehenden Aesten, deren kahle, lange und starke Sommertriebe bräunlich olivengrün, etwas silberhäutig, mit vielen fühlbaren, weißgrauen, schönen Punkten besetzt sind. Er treibt frühzeitig und sehr viel und kurzes Fruchtholz. Die Augen sind sehr spitz, länglich, kegelförmig, mit klaffenden, dunkelbraunen Deckblättern, stehen stark ab und sitzen auf etwas wulstigen Augenträgern. Die kleinen, eiförmigen Blätter mit auslaufender Spitze sind 2½" bis 2¾" lang, 1¾" breit und spröde von Gewebe, glatt geadert, fein spitz-, die größern stumpfsägezähnig, etwas schiff-, oder sichelförmig, oben schön dunkelgrün glänzend, unten matt meergrün. Der Blattstiel ist kurz und hat feine Afterblätter. – Der Baum trägt sehr bald, fast alljährlich reichlich und giebt auf Quitten sehr schöne Pyramiden.

Eigenschaften der Frucht Die Frucht wird mittelgroß, ist länglich und schön birnförmig, der Bauch flach gewölbt, sitzt zuweilen in der Mitte, öfter aber mehr nach dem Kelche hin, um welchen er sich, sanft abnehmend, in einer abgestumpften, meistens etwas schiefstehenden Fläche abrundet. Auch nach dem Stiel zu nimmt er nur allmälig ab und endigt in eine stumpfe, konische Spitze. Ohne diese Spitze würde die Gestalt der Birne eiförmig erscheinen. Ihre mittlere Größe beträgt 2" 3"' (69 mm) Länge und 1" 7"' (51 mm) Breite; auf Zwergstamm werden sie oft bedeutend größer. Der schöne, spitzblätterige, aufrechte oder sternförmige Kelch sitzt in einer seichten Einsenkung. Der Stiel ist stark, 1" bis 1¼" lang, steht gerade auf der etwas erhabenen Stelle der Birnspitze und ist weißgelblich punktirt.

Die Grundfarbe der sehr zarten, abgerieben glänzenden Schale ist vom Baum schön grasgrün, das mit der vollen Zeitigung stellenweise, besonders um die Stielspitze herum, etwas gelblich, im Allgemeinen aber nur etwas blasser wird; nur äußerst selten sieht man sonnenwärts einen leichten, trübbräunlichen oder röthlichen Anflug. Um die Kelchwölbung zeigen sich oft kleine, feine Rostanflüge. Kalter, nasser Boden erzeugt in ungünstigen Sommern schwarze Rostflecken, Sehr feine, nicht fühlbare, zahlreiche Punkte besetzen die Schale überall, welche auf der besonnten Seite weißgrau, auf der andern Seite aber grünlich aussehen. Die Frucht riecht schwach muskirt und welkt nicht.

Das Fleisch ist mattweiß, feinkörnig, saftvoll, zerfließend, von einem köstlichen, dieser Birne eigenen, fein rosenartigen, gewürzhaften Geschmack, der sich aber bald im Munde verliert. In schlechtem, kaltem Boden gewachsene Früchte haben diesen eigenthümlichen Geschmack nicht, sondern sind fade und geschmacklos. – Das geschlossene Kernhaus hat enge Kammern, mit langen, aber nur wenigen vollkommenen Kernen. Die Frucht reift Mitte Oktober, hält vier Wochen, wird dann weich und teig.

Nutzung Für die Tafel vortrefflich; auch für andere Zwecke sehr empfehlenswerth.

Schweizerhose

(Verte longue Suisse ou panachée)
Syn. Verte longue jaspée

Ist eine panachirte Abart der langen, grünen Herbstbirne. Auch diese Birnart oder lange Schweizerbergamotte ist, nach Diel, schon seit mehr als 200 Jahren bekannt und gleicht jener, mit Ausnahme der Färbung der Schale, in jeder Beziehung. Auch der Baum hat die nämlichen Eigenschaften in Bezug auf Form, Größe, Vegetation ec.; nur die Sommertriebe, charakteristisch verschieden, sind olivengrün, röthlich gelb gestreift, ähnlich der Frucht selbst, an der Sonnenseite geröthet, etwas warzig, gelbgrau oder weißgrau punktirt.

Die Grundfarbe der glatten Schale der Schweizerhose ist anfänglich hellgrün, später schön blaßgelb; eigenthümlich sind die bunten, breiten Bandstreifen auf der Sonnenseite, wovon die einen hell oder rosenröthlich, die andern trüb oder dunkelroth, bald scharf abgegrenzt, bald verwaschen erscheinen. Bei beschatteten Früchten sind die Streifen schwächer und mit Grün durchmischt; bei andern wechseln nur hellgelbe und grüne Streifen miteinander ab.

Der Baum leidet vom Froste gewöhnlich mehr, als derjenige der Stammmutter.

Lange grüne Herbstbirne; Schweizerhose.

La verte longue.

Farbendruck v. J. Tribelhorn in St Gallen

Diel Cl. I. Ordn. 2.
Lucas Cl. III. u. IV. Ordn. 1.
(H.**!†)

Weiße Herbstbutterbirne

(Beurré blanc)

Syn. Butter-, Dechants-, weiße oder gelbe Butter-, Franz-, Schmalz-, Spalier-, Citronen-, Kaiser-, Weiß-, Pfalzgrafen-, Herbstcitronen-, Gebhardts-, Schwertbirne, Bergamotte, Herbstbergamotte, gelbe Herbstbergamotte, Goldbergamotte, Doyenné blanc, Bonne-Ente, Citron de Sept. ou d'automne, Mouille bouche, Pera spada, Grote of blanke Doyenné, White Beurré

Vorkommen Diese Sorte, wohl in allen obstbautreibenden Ländern eine der verbreitetsten, ist nach Dochnahl schon vor 300 Jahren in Frankreich gezogen worden. Auf gutem Boden und in geschützten Lagen macht sie recht stattliche Hochstämme.

Eigenschaften des Baumes In seiner Jugend wächst dieser Baum sehr lebhaft; er wird mittelgroß und bildet eine lichtbelaubte, schön pyramidenförmige Krone, deren Zweige, wie die der St. Germain, sehr bald Fruchtaugen ansetzen und frühe zu tragen beginnen. Auf Quitten veredelt, wächst diese Sorte besonders gut; sie nimmt die Veredlung sehr leicht an, weßhalb sie Bonne-Ente (gute Pfropfbirne) genannt wird. Die Sommertriebe sind hellgrau, auf der Sonnenseite, besonders nach der Spitze, röthlich, auf der Schattenseite olivengrün, schlank, gerade, weißgrau und zerstreut punktirt. Die Blätter lang-elliptisch, klein, hellgrün, ziemlich glänzend, fein geadert, zart gesägt, mitunter auch ganzrandig, glatt, flach, doch etwas nach unten gekrümmt, vorn meist mit länglich zunehmender oder auslaufender scharfer Spitze, durchschnittlich 2¾" lang und vollkommen halb so breit. Der Blattstiel ist 7–10"' lang und hat lange fadenförmige Afterblätter. Die Augen sind schön, sehr spitz, und die Augenträger stehen stark und wulstig vor; die Blüthenknospen sind etwas länglich kegelförmig, sanft gespitzt. Der äußerst fruchtbare Baum trägt auf nur einigermaßen günstigem Standort alljährlich und reichlich, so daß die Spitzen seiner Zweige, von den Früchten behangen, sich niederbiegen und deßhalb etwas hängend wachsen. Der Baum erreicht ein hohes Alter.

Eigenschaften der Frucht Diese sehr geschätzte Herbstbirne ist in ihrer Form veränderlich; bald ist sie rund und nach dem Stiel zu flach und stumpf zugespitzt, mittelbauchig und die Wölbung um den Kelch schön zugerundet, bald hat sie ein etwas längliches Ansehen, ist kelchbauchig, gegen den Stiel conisch und stark abgestumpft. Im erstern Fall sind die Früchte eben so breit als hoch, im letztern 3–4"' oder 9–12 mm höher. Der unvollkommene, hornige Kelch steht in einer weiten, oft auch ziemlich engen, nicht tiefen Einsenkung, die häufig mit feinen Falten, manchmal auch mit einigen flachen, beulenartigen Erhabenheiten besetzt ist. Auch die Rundung der Frucht selbst ist häufig etwas uneben und durch einige breite, flache Erhöhungen entstellt. Der ½–¾" lange, starke, bei vollkommenen Früchten meist fleischige Stiel sitzt in einer engen, ziemlich tiefen Höhle, die häufig mit beulenartigen Fleischhökkern oder flachen Beulen besetzt ist. Die feine, glatte, abgerieben schön glänzende Schale ist vom Baum weg schwach hellgrün, auf dem Lager blaß citronengelb und an freihängenden, reifen Früchten, besonders an Spalieren, schön röthlich gefärbt; sonst hat sie entweder keine Spur oder nur sehr wenig von diesem Roth. Dagegen ist sie sehr reichlich mit feinen, hellgrauen Punkten besetzt, worunter häufig feine Rostanflüge, Figuren nebst Rostflecken sich finden. Bei voller Zeitigung riecht die Frucht sehr fein, müskirt und welkt nicht. Das Kernhaus ist geschlossen, spitzeiförmig, nicht hohlachsig. Die Kammern sind lang, muschelförmig, geräumig, und enthalten viele vollkommene, schwarzbraune Kerne. Das Fleisch ist weiß, feinkörnig, sehr saftreich, butterhaft schmelzend und von einem sehr angenehmen, zuckerartigen, gewürzhaften Geschmack, welcher vom Hochstamme immer viel feiner und gewürzreicher ist als vom Spalier. Die Birne zeitigt im Oktober, hält zwei bis drei Wochen und wird dann teig; sie muß, bevor sie gelb wird, vom Baume abgenommen werden.

Nutzung Als Tafelfrucht ersten Ranges ist sie auf dem Markt eine der gesuchtesten Sorten und eignet sich auch vorzüglich zu Compôte.

Weifse Herbstbutterbirne.

(Beurré blanc)

Farbendruck von J. Tribelhorn in St. Gallen

Diel I. 3. 2.
Lucas III. 1. b.
(**!†H.)

Graue Herbst-Butterbirne

(Beurré gris)

Syn. Rothe Butterbirne, Butterbirne, Ankenbirne, Isembart

Vorkommen Eine alte französische Sorte, die wie wenig andere eine allgemeine Verbreitung gefunden hat, so weit die Naturverhältnisse derselben günstig waren.

Eigenschaften des Baumes Wir finden diesen Baum als Hochstamm von ansehnlicher Größe, besonders von Alters her; die Bäume jüngeren Datums sind meist Pyramiden oder andere Zwergformen. Schreiber dieß (Kohler von Küßnacht) besaß seiner Zeit einen mächtigen Hochstamm. Der Baum war aber untragbar geworden, oder wenn er auch Früchte brachte, so waren dieß elende, steinige «Näggel», die keine Idee von der Herrlichkeit dieser Frucht verriethen. Der Baum ward deßhalb veredelt, obgleich mir ein günstiger Erfolg dieser Operation bei solcher Stärke zweifelhaft erschien; es wurde die Zürcher Zuckerbirne aufgesetzt. Im dritten Jahre nach der Veredlung trug unser Zuckerbirnbaum schon recht erklecklich. Einzelne Austriebe der Stammsorte blühten ebenfalls und setzten reichlich und äußerst schöne delikate Früchte an. Das Pfropfen wirkte hier wie Verjüngung, und der gekräftigte Baum gab die vollkommensten Früchte, die ein Hochstamm nur geben kann. Der Baum stund in Wiesboden von leichter, sandiger Natur mit reichlichem Humusgehalt. In schwerem, kaltem Boden gedeiht dieser Baum nicht, es werden die Zweige grindig, und durch Abschnüren und Vertrocknen der Rinde geht Zweig um Zweig verloren. Ueberhaupt paßt der Baum am besten an eine Wand, wo er in jeder Lage gedeiht, ausgenommen in vollkommener Mittagslage in zu hitzigem Boden.

Wildlinge sind die geeignetste Unterlage. Kurzer Schnitt ist am Platze, um den Holztrieb zu mehren und den Fruchtansatz zu mindern; auch sind die dem Leitzweige zunächst stehenden Triebe zu pinciren. Unter günstigen Verhältnissen ist der Baum recht fruchtbar.

Leicht erkannt wird dieser Baum an seinem sperrigen, unregelmäßigen Wuchse, an den theils stehenden, theils hängenden Zweigen. Diese sind nicht stark, stufig, röthlich grün, auf der Sonnenseite schwach violet oder braunroth, etwas silberhäutig, fein gelblich punktirt. Charakteristisch sind die Blätter. Meist breit eiförmig (2¼" breit, 3" lang), mit kurzer, aber auch mit längerer Spitze, ist das Laub, trotz mancherlei Unbeständigkeit in Gestalt, doch stets schiffartig und zurückgerollt, stark aderig und unterseits flaumig, oberseits sehr dunkelgrün und glänzend. Der Rand ist stumpf gesägt, bisweilen etwas wollig. Nicht leicht wird sich ein Blatt flach ausbreiten lassen, ohne Falten zu werfen. Aus den großen, kegelförmigen Blüthenknospen entstehen die kurzgestielten Blüthentrauben, gebildet aus kleinen, nie ganz offenen Blüthen.

Eigenschaften der Frucht Diese Birne ist meist kegelförmig, mittelbauchig, gegen den Stiel stärker als gegen den Kelch verjüngt. Uebrigens kommen mancherlei Abweichungen vor in der Gestalt. Auch die Größe varirt bedeutend; schöne Exemplare messen 2½" (65 mm) in die Breite bei einer Länge von 3–3¼" (90–95 mm). Ebenso veränderlich ist auch die Schale, so daß man hienach mehrere graue Herbst-Butterbirnen unterschied. Für gewöhnlich ist die Schale etwas rauhlich, hellgrün, später gelblichgrün, aber meist mit einem röthlichgrauen Rost bekleidet, der aus zahlreichen und starken grauen Punkten besteht. Entschiedene Röthung auf der Sonnenseite ist selten, dagegen dringt öfters ein schwaches Roth bei besonnten Früchten matt hindurch. Springen der Schale in Schrunden zeigt eine dieser Frucht ungeeignete Witterung, unpassenden Boden, kurz nicht geeignete Verhältnisse an. In mehr oder minder tiefer Höhlung – umgeben von beuligem Wall – sitzt der kleine, offene Kelch, und diesem gegenüber steckt ein starker, circa zoll-langer Stiel entweder zwischen einigen Höckern, oder wohl auch obenauf. Ein geschlossenes Kernhaus enthält in geräumigen Kammern viele, nicht große, schwarze Samen, von denen manche taub sind. Das mattweiße, um's Kernhaus etwas körnige Fleisch ist würzig und saftvoll, zerfließt rasch, und erzeugt in Folge dessen eine empfindliche Kälte. Die Frucht gehört jedenfalls zu den besten, welche die Pomologie kennt, ja manche Liebhaber räumen dieser Frucht den ersten Rang unter den Butterbirnen ein.

Auf dem Obstmarkt erscheint unsere Birne namentlich durch den Monat Oktober hindurch. Oft ist sie schon Ende September reif, dauert 2–3 Wochen und auch noch etwas länger, zumal wenn sie schon Mitte September gebrochen wird.

Graue Herbst-Butterbirne.

(Beurré gris.)

Farbendruck v. J. Tribelborn in St. Gallen

Diel Cl. I. Ordn. 3.
Lucas Cl. III. (V.) Ordn. 1.
(H.W.**)

Herzogin von Angouleme

(Duchesse d'Angoulême)

Syn. Duchesse und Poire de Vézenas, Poire des Eparonais

Vorkommen Diese Tafelbirne ist in der Schweiz noch nicht sehr lange bekannt, und meist nur in Gärten zu finden. Sie stammt von Angers in Frankreich, wo sie ein Blumenzüchter, Audusson, aus Samen erzogen haben soll. Nach Bavay dagegen wurde sie aus der Domaine Des Éparonais bei Château-neuf (Maine-et-Loire) von Audusson gefunden und ihm zuerst als Poire des Éparonais, später als Duchesse d'Angoulême in den Handel gebracht und verbreitet. Dieselbe verlangt einen geschützten Standort und guten Boden.

Eigenschaften des Baumes Der Baum wächst in der Jugend kräftig und schön, ist sehr tragbar, oft schon im zweiten Jahre nach der Veredlung. Die Sommertriebe sind etwas stufig, haselnußfarbig, fein schmutzig-weiß, warzig, gelblich-braun punktirt; der zweite Trieb wollig, violettroth; dagegen sind die Blüthenknospen hellbraun, länglich, zugespitzt, röthlich oder weißlich-wollig, oft zu 4 bis 5 an der Spitze des Sommerzweigs. Die Blätter sind groß, eiförmig, ziemlich vortretender Spitze, 1½" breit und bis 2¾" lang, öfters auch elliptisch und herzförmig, glatt, fast ganzrandig oder nur nach vorn gesägt.

Die Sorte eignet sich für jede Form. Sie gedeiht auf Kernstamm ebenso gut wie auf Quitten. In Folge allzustarker Tragbarkeit fängt der Baum bald zu kränkeln an, wird deßwegen weder groß noch alt. Es gibt auch eine bunte Abart derselben, die Duchesse d' Angoulême panachée, mit schönen, roth und gelb gestreiften Zweigen und Früchten, welche jedoch etwas zärtlicher Natur ist.

Eigenschaften der Frucht Diese Birne ist eine der größten. Nach dem illustrirten Handbuch der Obstkunde gibt es deren nicht selten, die 1 Pfund schwer, 4¾" breit und 5¼" hoch sind.*) Eine mittelgroße Frucht (siehe Abbildung) ist 3" 2''' (66 mm) hoch und 2" 6''' (77 mm) breit. Die Gestalt der Frucht ist dickbauchig, kegelförmig; durch Höcker und starke Erhabenheiten wird die Rundung unregelmäßig, doch ist das meist nur bei Früchten an jugendlichen Bäumen der Fall, wo sie sich auch öfters nach oben und unten kegelförmig formt. Der Kelch ist fein und spitzblätterig, grau-grün, offen, sitzt in einer mit Rippen oder Falten, bisweilen auch mit Beulen umgebenen, meist mit Rost bekleideten Einsenkung. Der Stiel ist verhältnißmäßig lang, dick, holzig, am Anfange etwas fleischig und grün, am andern Ende braun, meistens etwas schief wie eingesteckt, mit Fältchen und Beulchen umgeben. Die Schale ist am Baume grasgrün, später grünlich-gelb, bei voller Reife schön blaß citronengelb, ohne Röthe, doch vielfach braun punktirt, zuweilen auch mit dünnem, grauem Roste, Rostflecken und Figuren bekleidet. Das Fleisch ist weiß, grobkörnig, wie das der meisten großen Birnen, sehr saftig, schmelzend, angenehm süß, etwas muskirt und wie von zimmetartigem, gewürztem Geschmacke, der aber sehr von der Witterung abhängt und durch den üppigen Wuchs des Baumes in der Jugend beeinträchtigt wird, so daß nur ältere Bäume die besten Früchte liefern. Aus diesem Grunde wird von mehreren Pomologen die Birne, die nach v. Flotow in guten Jahren in den ersten Rang gehört, nur in den zweiten Rang gestellt und das Fleisch als halbfein und halbschmelzend bezeichnet. Das Kernhaus ist nur fein durch viele Steinkörner angedeutet, schwach hohlachsig, hat geräumige Fächer mit wenigen kleinen, meist unvollkommenen Samen.

Die Frucht zeitigt im November und hält bis Neujahr. Sie ist genießbar, sowie so anfängt gelb zu werden.

Nutzung Diese Frucht eignet sich vorzüglich ihrer Schönheit und Güte wegen für die Tafel. Aus einer belgischen Baumschule sollen auf einmal von dieser Sorte 10,000 Stämmchen zweijähriger Veredlung nach Amerika versandt worden sein. Diese Sorte ist zur Anpflanzung in guten Lagen sehr zu empfehlen, indem auf unsern Obstmärkten die guten Tafelbirnen zu schwach vertreten sind. Solche gute und spätreifende Birnen sind im Winter sehr gesucht und werden gut bezahlt.

---

*) Rheinisches Maß und Gewicht.

Herzogin von Angoulême.

Duchesse d'Angoulême.

Farbendruck v. J. Tribelhorn in St. Gallen

Diel I. 3. 3.
Lucas V. 1. a.
(**!†W.)

Liegels Winter-Butterbirne

(Beurré Liegel)

Syn. Suprême Coloma (von van Mons), Princière (in französichen Baumschulen), Poire unique musquée, böhmische Winter-Muskateller (Berlin), Coloma's köstliche Winterb. (Diel), Graf Sternbergs Butterb. und Kopertsch'e fürstliche Tafelb. (Böhmen)

Vorkommen Über die Herkunft dieser Sorte herrscht keine Sicherheit. Nach den Einen stammt dieselbe aus Böhmen (die Orte Buschitz und Kopertsch werden genannt), nach Andern wäre sie in Belgien entstanden. Wie dem sei, so bleibt sicher, daß erst am Ende des vorigen Jahrhunderts diese Birne vorhanden war, und von da an sich rasch verbreitete, was sie in hohem Maße verdient.

Eigenschaften des Baumes Der Baum unserer Sorte ist wenig empfindlich und erträgt die Winterkälte gut; von Jugend auf zeigt er ein gesundes Wachsthum, läßt sich in jede Form ziehen und gedeiht auf jeder Unterlage. Auf Quitten bildet er jedoch die schönsten Pyramiden. Die jungen, noch ganz zarten Blätter werden nicht selten befallen. Im Frühling erkennen wie den Baum schon aus der Ferne an den rostig rothen bis braunen Trieben und Blättern. Die Zweige sind ziemlich gerade, kräftig, olivengrün bist rostgrün, mit großen und zahlreichen weißen, länglichen und runden Punkten, welche auch am zwei- und dreijährigen Holz noch deutlich hervortreten. Den kleinen, spitzkegelförmigen, bräunlichen Augen entsproßen die anfänglich eingerollten, rostfarbigen, außerhalb flaumigen Blättern. Auch an den weiter entwickelten Blätter hält sich jene Rostfarbe noch einige Zeit, besonders in zwei der Mittelrippe und zwei andern, dem Rande parallel laufenden Streifen. Mittelrippe und der etwas schwache Blattstiel sind in diesem Stadium nicht selten blutroth. Die elliptische Blattfläche nimmt nach beiden Seiten ziemlich rasch ab und endet vorn in eine kurze, unbedeutende Spitze. Am Rande tritt eine schwache Bezahnung auf, die auf der Basishälfte öfters ganz verschwindet. Nach der Blüthe verliert sich die Rostfarbe, und es erscheinen die 1¼" breiten und 2½" langen Blätter nun dunkelgrün und glänzend. Die fädlichen, langen, hellgrünen Nebenblättchen sind hinfällig.

Aus den länglich kegelförmigen Knospen treten sieben- bis neunblüthige Doldentrauben hervor. Die Blattstiele sind nicht selten zweiblüthig. Die Blüthen, rein weiß, überschreiten Mittelgröße nicht, und die löffelförmigen, lang genagelten Blumenblätter sind am Rande wellig. Blüthenstiel und Kelch sind flaumig, dieser im Innern gelbgrün, was zwischen den einzelnen Blumenblättern in rundlichen Flecken hervortritt. Die Staubgefässe gehen nicht selten in Blumenblätter über. Der Baum wird etwas spät tragbar.

Eigenschaften der Frucht Unsere Birne ist stark mittelgroß, 2½" breit und über 3" lang, in der Gestalt eirund, um den Kelch ziemlich flach. Der Kelch ist oben auf und schön sternförmig ausgebreitet; bei ganz großen Exemplaren ist die Kelcheinsenkung etwas bedeutender, der Kelch dann aber öfter fehlgeschlagen.

Der Stiel steckt in wenig tiefer Einsenkung, ist stark, 1½" lang und länger, knospig, d. i. mit einer mehr oder minder ausgebildeten Knospe versehen. Kernreif erscheint die glatte Schale grasgrün, mit braunen Punkten übersäet und einzelnen Rostflecken überzogen, wie an unserm Bilde links, das eine etwas unförmliche (gekrümmte) Frucht darstellt, zu sehen ist. Bei der Lagerreife wird die Frucht gelblich, aber längere Zeit hält sich stellenweise das Grün in größerer und kleinerer Ausdehnung.

Das reife Fleisch ist gelblichweiß, feinkörnig, zerfließend, von ausgezeichnetem Wohlgeschmack. Liegels Butterbirne gehört zu den besten Birnen für die Tafel, und befindet sich vom November durch den Dezember, öfter auch noch durch den Januar in ihrem besten Stadium. Erntezeit je nach dem Jahrgang von Ende September bis Mitte Oktober.

Zu immer weiterer Verbreitung darf diese Sorte unbedingt empfohlen werden sowohl wegen der großen Tragbarkeit des Baumes, als auch wegen der Vorzüglichkeit der Frucht für die Tafel.

Liegel's Winterbutterbirne
(Beurré Liegel)

Farbendruck v. J. Tribelhorn in St. Gallen.

Diel Cl. V. Ordn. 3.
Lucas Cl. VII. Ordn. 2.
(S.††)

Längler

(Poire d'Etranguillon)

Der Länglerbaum kommt in den meisten Kantonen der Schweiz vor; die schönsten und zahlreichsten dieser Sorte findet man im obern Thurgau und im Rheintal, sie kommen aber auch in einer Höhe von 2100' ü. M. noch fort.

Der Baum wächst nicht besonders rasch, wird sehr groß und hat eine große, volle, kugelige, dichtbelaubte Krone mit aufrechten Aesten und meist niederhängenden Zweigen. Die einjährigen Zweige sind gelbbraun, mit wenigen feinen, gelbweißen Punkten besprengt. Die Blüthenknospen sind ziemlich groß, kegelförmig, dunkelbraun und stehen ziemlich weit auseinander.

Die sehr lang-gestielten, lanzettförmigen, ganzrandigen, langen Blätter sind glänzend, hellgrün und unten nur unbedeutend filzig. Durchschnittlich verhält sich die Breite zur Länge der Blätter wie 1 zu 2.

Die in der Regel in der ersten Hälfte des Monats Mai offene Blüthe ist sehr empfindlich gegen naßkalte Witterung. Die Reifezeit fällt schon auf Mitte Septembers.

Das Alter dieses Baumes kann sich auf 90–100 Jahre erstrecken. Nach einer reichlichen Ernte trägt er die zwei folgenden Jahre nur spärlich. 80–100 Sester ist sein höchster Ertrag.

Längler ist der für diese Sorte in der Schweiz gebräuchlichste Name; vielerorts wird sie auch «Kannen- oder Kantenbirne» genannt; ferner kommt sie noch unter folgenden Namen vor: «Wadel-, gelbe Wadel-, Schlucker-, Lang- und Würgbirne.» Dieser Frucht ist die Winterlängler in der äußern Form sehr ähnlich, steht ihr aber an Güte weit nach.

Die sehr lange, beulige, meist gekrümmte Frucht ist nahe am Kelche am dicksten und in ihrer obern Hälfte kugelig abgerundet, dem Stiele zu dagegen stumpfkegelförmig gestaltet.

Der Längedurchmesser einer mittelgroßen Frucht beträgt 3" (90 mm), der Querdurchmesser 1" 5"' (45 mm). Sie erreicht mitunter eine Länge von 4" (120 mm) bei 2 ¼" (68 mm) Breite.

Der spitzblättrige Kelch ist offen und vollkommen sternförmig, sitzt in einer schwachen Vertiefung mit ungleichgroßen Erhabenheiten umgeben.

Der gekrümmte, holzige Stiel ist 8–12"' lang und sehr oft an der Wurzel fleischig, etwas seitwärts stehend.

Die Schale ist grüngelb, später citronengelb und auf der Sonnenseite geröthet. Die Punkte sind fein, grau, oft grün umringelt. Zimmetfarbiger Rost findet sich in Anflügen und Flecken an jeder Frucht, besonders um Stiel und Kelch herum.

Das Fleisch ist gelblichweiß, grobkörnig, süßherb und würgend, in lagerreifem Zustande gewürzhaft und wohlschmeckend.

Das Kernhaus ist geschlossen und hat wenige vollkommene Kerne.

Diese höchstens zwei bis drei Wochen haltende Birne liefert ein vorzügliches Koch-, Dörr- und Mostobst. Der Saft ist zwar nicht haltbar, aber von vortrefflichem Geschmack und zum frühen, sofortigen Konsum der gesuchteste, weßhalb die Längler manchen Orts von den Wirthen 30–35% höher bezahlt werden, als andere, gleichzeitig reifende Sorten. In andern Gegenden der Schweiz wird die Langbirne ausschließlich gedörrt.

Im Jahr 1862 wogen 10 Sester Längler durchschnittlich 235–240 Pfd. Hievon erhielt man 40 Maaß Saft von 60° Oe.

Die Anpflanzung des Länglerbaumes ist seiner, für Wirthschaftszwecke ausgezeichneten Frucht, weniger aber seiner Tragbarkeit wegen, zu empfehlen.

Längler.

Poire d'Etrandûillon.)

Diel Cl. III. Ordn. 3.
Lucas Cl. IX. Ordn. 1.
(H.††!)

Die Langstielerin

(Langstieler)

(Poire à longue tige)

Der Baum kommt beinahe in allen Obstbau treibenden Gegenden der Schweiz vor, am häufigsten wohl im St. gallischen Rheinthal und in dem Kanton Thurgau. Er wurde Mitte vorigen Jahrhunderts, wie die Sage geht, im Rheinthal gezogen und verbreitete sich von da auch in die Staaten jenseits des Rheins und Bondensees.

Der Baum ist hinsichtlich der Lage, Bodenart und des Klimas gar nicht wählerisch, daher seine große Verbreitung. An südlichen Abhängen gedeiht er vortrefflich bis zu 2300' ü. M.

Der Baum wächst langsam, trägt spät, wird sehr groß und zeichnet sich durch seine sehr starke, abstehende erste Aestung, deren Zweige meistens reich mit Fruchtholz besetzt sind, durch schönes Holz und seine breitpyramidenförmige, hochgewölbte Krone aus. Die Zweige sind grünlichbraun, sonnenwärts einfarbig braunroth, wenig und sehr feinschmutzigweiß punktirt. Die Blüthenknospen sind kurzkegelförmig, abgestumpft, dunkelbraun, die Spitze selbst ist etwas gelblich.

Die langgestielten Blätter sind groß, breitelliptisch, oft breitlanzettförmig, schwach gekerbt bis ganzrandig, unterhalb wollig und oben glänzend dunkelgrün, was dem Baume, der in der Regel dicht belaubt ist, ein etwas düsteres Ansehen giebt, und ihn besonders kennzeichnet. Ein mittelgroßes Blatt ist 2" 2"' (66 mm) lang und 1" 5"' (45 mm) breit.

Der Baum blüht sehr früh, gewöhnlich schon Mitte bis Ende April, während seine Fruchtreife frühestens in die erste Hälfte des Oktobers fällt.

Es erreicht derselbe ein Alter von 160–180 Jahren; wenn er gut gepflegt wird, trägt er besonders im höhern Alter reichlich und fast alljährlich. 100–110 Sester ist sein höchster Ertrag.

Die Langstielerin oder Langstielerbirne ist auch unter den Namen: Rheinthaler-, Friesli-, Friesi- oder Griesi-, Pfynerbirne, in den Kantonen Zürich und Aargau als «Chriesibirne» bekannt. Ihre Gestalt und Größe ist sehr veränderlich.

Eine Mittelfrucht hat 2½" (75 mm) Länge und 1" 7½"' (53 mm) Breite.

Der Kelch ist sehr groß, breitblättrig und sitzt oben auf; ebenso ist der Stiel charakteristisch lang, wovon die Birne ihren Namen erhalten. 2–2½" (60–75 mm) ist seine durchschnittliche Länge. Er ist holzig, dünn und hat mitunter knospige Absätze.

Die Schale ist grasgrün, meistens mit vielen feinen, rostfarbigen Punkten übersäet, bei voller Reife gelblichgrün und auf der Sonnenseite bei einzelnen Früchten trüb geröthet; mitunter zeigen sich auch besonders um Stiel und Kelch herum leichte Rostanflüge. Auffallend sind die Vertiefungen auf der Schale, welche die Form der Früchte verunstalten und durch steinige Verhärtungen des Fruchtfleisches veranlaßt werden.

Das Fleisch ist gelblichweiß, hart, zusammenziehend, grobkörnig und nur in dem Stadium des Teigwerdens genießbar.

Das Kernhaus liegt in der Mitte zwischen Stiel und Kelch, hat kleine Kammern, mit nur wenigen vollkommnen Kernen besetzt. Diese Birne teigt oft schon am Baume und hält höchstens einige Wochen.

Zur Mostbereitung und zum Dörren ist diese Obstsorte als eine der vorzüglichsten bekannt. Die Birnen müssen nach erlangter, vollständiger Reife sogleich verwendet werden, indem sonst das sehr geistige Getränke leicht trüb, landesüblich gesagt «grau» wird. Die gedörrten Langstieler sind so beliebt, daß sie zum Handelsartikel geworden sind. In reichen Obstjahren wird diese Birne zur Branntweinbrennerei am meisten gesucht, weil ihr Saft außerordentlich viel Zucker enthält.

Die Thal- und Bergfrüchte auch dieser Sorte fallen ungleich in's Gewicht. Zehn Schweizersester der erstern wiegen durchschnittlich 235, der letztern hingegen 245 Pfd. und geben 40–45 Maaß Saft von 72–77° Oe. Der Saft hält 2–3 Jahre. Für Wirthschaftszwecke ist die Langstielerin in jeder Beziehung zur Anpflanzung zu empfehlen.

Langstieler

(Chriesibirne Kant. Zürich)

(Poire à longue tige)

Farbendruck v. J. Tribelhorn in St. Gallen

Diel II. 2. a.
Lucas II. 2.
(S.†*)

Grüne Magdalene

(Poire Madeleine)

Syn. Große Heubirne, Jakobsbirne

Vorkommen Diese Sorte ist überall zu finden, ich habe wenigstens noch keinen Obstmarkt von Anfang bis Mitte Juli besucht, ohne diese Birne massenhaft zu treffen. Ursprünglich eine französische Sorte, welche der deutsche Pomologe Diel aus der Pariser Carthause als Poire Madeleine erhielt. Neben ihr begegnen wir noch der kleinen Muskatteller, der kleinen Heubirne und etwas später der runden Mundnetzbirne (Doyenné d'été).

Eigenschaften des Baumes Der Wuchs dieses Baumes ist meistens sparrig und unförmlich, und man sieht selten eine gut geschlossene Krone, da von der Unmasse der Früchte immer einzelne Aeste gebrochen werden. Ungewöhnliche Fruchtbarkeit ist dieser Sorte eigen, und schon zur Blüthezeit verdecken die Blüthen fast das Grün des Laubes. Die Blüthentrauben sind sehr reichblüthig, 12–15 Blüthen entspringen aus einer Knospe, und einzelne Blüthenstiele sind wiederum doldentraubig verästelt. Stark und lang, hellgrün, öfters röthlich angelaufen, wenig flaumig sind die Blüthenstiele. Stärker flaumig ist der Kelch mit seinen zurückgeschlagenen Lappen, auf denen die großen, schneeweißen, halbkugeligen Blüthen prangen. Junge Triebe, sowie die Blattstiele sind roth, die einjährigen Zweige stark, dunkel gefärbt, und mit graulichen, kleinen, runden Punkten bestreut. Die eiförmigen Blätter, die eine reiche Belaubung bilden, sind kahnförmig, unten schwach flaumig, oben glänzend, dunkelgrün, der Rand ist am Grunde geschweift, nach vorn fein gesägt. Blattstiel und Blattfläche sind von nahe gleicher Länge, ersterer von fädlichen, hinfälligen Afterblättchen gestützt. Blüthezeit früh, so z. B. 1864 am 4. April bald passirt.

Eigenschaften der Frucht Ist eine der ersten Sommerbirnen, von mittlerer Größe, länglich eiförmig bis kugelig, 50 mm hoch und breit, oder dann etwas höher. Es gibt ganz kugelige Früchte dieser Sorte, wie die Abbildung zeigt, aber auch länglich birnförmige Früchte treten ebenso häufig, ja manchmal noch öfter auf. Stiel stark, 1–2 Zoll lang, gelbgrün und fleischig angeschwollen an der Frucht, holzig und gelblich warzig bis knospig gegen das Gelenk. Der Kelch ist obenauf, seltener vollkommen, von unregelmäßigen Falten und Beulen umgeben. Die Schale erst grasgrün, graulich beduftet, abgerieben glänzend, wird bald gelblichgrün, ist sehr undeutlich punktirt, häufig aber mit Rostmalen gezeichnet. Die Kelchröhre ist trichterförmig und reicht bis an's hohlachsige Kernhaus, von dem aus 4–5 borstige, steife Griffel nach oben in die Kelchröhre hineinreichen. Kernhaus klein, von groben, wenig zahlreichen Steinchen besetzt. Fleisch weißgelb, unter der Schale grünlich, saftig, locker, säuerlich, von geringem Arom und mäßig starkem Geruch. Samen klein, meist unvollkommen und zur Reifezeit dem größten Theile nach noch nicht braun. Oefteres Verjüngen ist bei dieser Sorte unerläßlich, weil sie sonst nur Blüthenknospen erzeugt und die Bildung von Holztrieben ganz unterbleibt. Dieß gilt besonders von den auf Quitten veredelten Bäumen. Im normalen Zustand ist die Fruchtbarkeit außerordentlich groß; wir sehen ganze Klumpen von Birnen beisammen (5–6 Stück aus einem Punkte), in welchem Falle nicht selten Fäulniß kurz vor der Reife eintritt. Die Birne ist einige Tage vor ihrer vollen Reife zu pflücken, nach einigen Tagen erscheint dann die Schale gelblichgrün, fast punktförmig marmorirt von unzähligen kleinen, grünen Ringelchen, die von der helleren Grundfarbe bemerkbar abstechen.

Grüne Magdalene.
(Poire Madeleine)

Farbendruck v J. Tribelhorn in St. Gallen

Diel Cl. III. Ordn. 2.
Lucas Cl. XI. Ordn. 1.
(W. † † !)

Trockner Martin

(Poire martin sec)

Syn. Martinsbirne

Vorkommen Eine alte, alte französische Frucht, die bei uns vornämlich in allen ältern Herrschaftsgärten, doch auch da und dort ziemlich allgemein in Obstgärten zu treffen ist. Französische Schriftsteller erwähnen dieser Sorte schon 1652.

Eigenschaften des Baumes Der Baum wächst mäßig, kömmt nach Metzger auch in etwas rauherer Lage und in minder gutem Boden fort, und ist meist sehr fruchtbar. Decaisne bezeichnet die Sorte als starkwüchsig und als geeignet für freie, unbeschützte Lagen; dagegen geht eine hiesige Erfahrung dahin: es werde diese Sorte in rauherer Lage gerne fleckig und steinig, und der Baum, welcher übrigens sehr fruchtbar sei, altere sehr früh. – Die geraden, schlanken Zweige, an der Spitze behaart, sind braun oder violettbraun, mit kleinen Punkten besäet. Auf ziemlich vorspringenden und herablaufenden Augenträgern stehen die spitzen, kegelförmigen, wenig abstehenden Augen. Die Blätter an den Zweigen sind länglich oder eirund-länglich, zugespitzt, gekerbt und gezahnt, bewimpert, an der Basis abgerundet, stehen auf schlanken, röthlichen Blattstielen, und sind oberseits kahl, unterseits behaart.

Mittelgroße Blüthen, auf ziemlich langen, filzigen Stielen, sind schön weiß und flach ausgebreitet. Die Blumenblätter, kleine Zwischenräume unter sich belassend, sind verkehrt eirund oder rund, ganzrandig oder wenig ausgeschnitten und weich benagelt. Am Kelche sind die Abschnitte lanzettlich, zurückgeschlagen, spitz, und ober- wie unterseits mit weißen Haaren bekleidet.

Eigenschaften der Frucht Die Frucht ist mittelgroß, 60 mm breit, 75 mm hoch, birnförmig bis flaschenförmig gestaltet, getragen von einem langen, geraden oder leicht gekrümmten halbbraunen Stiel, der an beiden Enden etwas aufgetrieben erscheint, und nicht selten Spuren einiger Deckblättchen an sich trägt. Die glatte Schale hat eine gelbliche Grundfarbe, die aber von zimmetbraunem und olivengrünem Rost verdeckt wird, aus dem auf der Sonnenseite ein schönes Erdroth hervorbricht. Weißgraue Punkte, die besonders aus der Röthe stark hervortreten, sind zahlreich auf der ganzen Schale. Der Kelch ist langblättrig, offen, wollig; das Kernhaus von rautenförmig angeordneten Körnern umrahmt. Das gelbliche, abknackende, würzelose Fleisch kann, weil zu trocken, für den Rohgenuß nicht dienen; dagegen ist es wegen seiner großen Süßigkeit eine sehr gute Koch- und Dörrfrucht.

Reift im November (Martini) und dauert bis Februar und März, ja noch länger; muß wie alle spätreifenden Birnen lange am Baume hängen. – An alten Bäumen werden die Früchte oft steinig; Verjüngung hilft dem Uebel ab.

Trockner Martin

(Poire martin sec)

Diel VI. 3. b.
Lucas IX. b.
(††H.)

Marxen-Birne

Syn. Märxler (Elgg), Spätler (Wettschwyl), Schwarzbirne

Vorkommen Im ganzen Kanton Zürich, wie in den angrenzenden Kantonen ist diese Sorte stark verbreitet; sie ist sehr wahrscheinlich im Kanton Zürich entstanden.

Eigenschaften des Baumes Der Baum wächst stark, erreicht eine beträchtliche Höhe und hat eine dichte, breit pyramidale Krone, durch nach außen strebende, an den Spitzen hängende Aeste gebildet. Die Sommertriebe sind gelbbraun, die Knospen länglich und spitz, die Blätter groß, dunkelgrün und elliptisch. Der Baum trägt sehr reichlich, und es kann dessen Anpflanzung nicht zuviel empfohlen werden. – In der Baumschule hat dieser Baum einen ziemlich raschen, daneben aber gedrungenen Wuchs.

Eigenschaften der Frucht Die Gestalt der Frucht ist stark bauchig; sie ist mit Höckern und Beulen versehen, gegen den Stiel verjüngt sie sich mit starker Einbiegung, wird ziemlich groß, 2½–3" hoch und 2" breit, erinnert durch die Form an die Christbirnen (bon chrétiens). Der offene Kelch befindet sich in einer von Beulen umgebenen ansehnlichen Einsenkung. Die Schale ist dunkelgrün, rauh anzufühlen und mit vielen schwarzen Punkten und Flecken versehen. Das Fleisch ist hart, ungenießbar, grobkörnig, saftig, herbe, gelblichgrün und steinig um das Kernhaus. Die Frucht hängt fest am Baume, wird erst gegen Mitte Oktober reif, hält 6–8 Wochen, worauf sie hart-teig wird, in welchem Zustande sie noch wochenlang halten kann.

Diese ausgezeichnete Mostfrucht, welche gerne in Büscheln vorkommt, liefert einen klaren, dauerhaften Saft, weßwegen sie für diese Verwendung beliebt und geschätzt ist. Gemischt mit andern, süßen Obstsorten, besonders mit dem Saft des Usterapfels, gibt sie ein vorzügliches Getränk, das an einer Mostausstellung in Pfäffikon den ersten Preis errang.

Marxen-Birne.

Farbendruck v. J. Tribelhorn in St. Gallen

Diel Cl. V. und VI. Ordn. 3.
Lucas Cl. X. Ordn. 2.
(H.††!)

Mockenholzbirne

Vorkommen Diese seit einem halben Jahrhundert bekannte Sorte wurde von einem gewissen Mock in Sulgen erzogen und von da aus verbreitet. Sie ist jetzt im ganzen Kanton Thurgau und den angrenzenden Gegenden zu finden. Der Baum liebt schweren Boden und ist in Beziehung auf Lage nicht wählerisch.

Eigenschaften des Baumes Der Baum wächst rasch und wird groß. Die Krone ist hoch-pyramidal, die Aeste sind spitzwinklig abstehend, die Zweige mehr horizontal und mit kurzem Fruchtholz besetzt. Die Sommertriebe sind mäßig stark, hellbraun und mit zahlreichen, schmutzig-weißen Punkten besprengt. Die Blüthe erscheint spät. Die Blätter sind rundlich oder rundlich-eiförmig, dunkelgrün und stumpf-sägezähnig. Der Baum trägt frühe, beinahe alljährlich und oft reichlich. Mit dieser Sorte umgepfropfte ältere Bäume tragen schon im dritten Jahr nach der Veredlung. Der höchste Ertrag beläuft sich wohl auf 80 bis 90 Sester.

Eigenschaften der Frucht Diese Herbstbirne ist klein, länglich, gegen den Kelch schön abgerundet, bildet auch oft um diesen herum eine Fläche; gegen den Stiel ist sie kegelförmig und endigt in eine stumpfe Spitze. Durchschnittlich ist sie 1" 6½"' (50 mm) hoch und 1" 3"' (39 mm) breit. Der sternförmige Kelch sitzt in einer schwachen Vertiefung. Der Stiel ist 7 bis 10"' lang, charakteristisch fleischig, knospig, schwach gekrümmt, röthlichbraun, fein weißlich punktirt, sitzt schief und hat an der Basis oft einen kleinen Fleischhöcker neben sich. Die Schale ist gelblichgrün, mit ziemlich starken Rostpunkten dicht besäet; auf der Sonnenseite und um den Stiel und Kelch befinden sich dünne Rostüberzüge; schwärzliche, größere und kleinere Rostflecken kome mehr vereinzelt vor. Das Kernhaus enthält nur wenige, vollkommene, schwarzbraune Kerne. Das Fleisch ist gelblichweiß, sehr saftreich und äußerst herb. Die Frucht wird bald teig, oft schon auf dem Baum, ist in diesem Zustande genießbar, reift Anfangs Oktober und hält sich nur einige Tage.

Nutzung Die Mockenholzbirnen werden nur zur Mostbereitung verwendet. Wenn man sie am Baume vollkommen reif werden läßt, so erhält man ein vorzüglich gutes Getränk. 10 Sester wogen im Jahr 1862 225 bis 230 Pfund, die 38 bis 40 Maß Saft ergaben, welcher 65 bis 72° wog; im Herbst 1864 sogar 81° nach Oechsle.

Mockenholzbirne.

Farbendruck v. J. Tribelhorn in St. Gallen

Diel Cl. I. Ordn. 3.
Lucas Cl. III. Ordn. 1.
(**!† H. u. W.)

Napoleons Butterbirne

(Poire Napoléon)

Syn. Beurré Napoléon, Bon chrétien Napoléon, Poire Liard, P. Médaille, P. l'Empereur, Poire Melon, Milan grand, P. Archiduc-Charles

Vorkommen Diese Sorte entstund um 1808 aus einem Sämling, den Gärtner Liard in Mons erzogen hatte, für den er eine Preis-Medaille erhielt. Diese sonach neue Sorte ist inzwischen überall heimisch geworden, wo man edles Tafelobst zieht. Findet sich in der Regel freistehende Pyramide auf Wildling veredelt, gedeiht jedoch auch auf Quitte, aber nicht überall. Als Hochstamm kann unsere Napoleonsbirne nur für milde, geschützte Lagen in unteren Gärten verwendet werden. Als hochstämmiges Wandspalier an südwestlich gelegenen Giebeln gedeiht der Baum vortrefflich und liefert Prachtfrüchte. Alle Kataloge unserer Baumzüchter führen diese Sorte auf, doch ist dieselbe noch nicht eigentlich Marktfrucht geworden, wonach angenommen werden darf, es sei dieser Baum in unseren Gärten noch nicht häufig in großen, tragbaren Exemplaren vorhanden.

Eigenschaften des Baumes Der Baum hat ein gesundes, jedoch gemäßigtes Wachsthum, und ist sehr fruchtbar, so daß fast alljährlich reiche Ernten von ihm zu erwarten sind. Dabei trägt der Baum frühzeitig, wird dagegen auch nicht gar alt, und dieß um so weniger in kälteren Gegenden, wo er vom Winterfrost leidet. Die Reiser sind gerade, ziemlich dick, von falbbrauner, fast broncirter Farbe, mit zahlreichen, gelblichen Punkten bedeckt. Die kleinen, zusammengedrückten, schwarzen Augen ruhen auf wenig vorstehenden Augenträgern.

Die ovalen, zugespitzten Blätter sind fast ganzrandig (nur schwach und undeutlich gezähnelt), bewimpert; im ausgewachsenen Zustande sind die Blätter der Fruchtäste sehr lang gestielt, fast rundlich und fein gezähnelt, während die der Holztriebe länger und unregelmäßig bezahnt sind. Bei einer Breite von 2¼–2¾" beträgt die Länge 2¾–3½", und es ist die Blattfläche dunkelgrün, glänzend, flach und nur selten etwas wellig. Die großen, weißen Blüthen außerseits oft mit rosenrothen Pünktchen unregelmäßig bespritzt, stehen auf sehr starken Stielen, die mittellang und etwas filzig sind. Die eirund-elliptischen, an der Spitze wohl abgerundeten, genagelten Blumenblätter lassen Zwischenräume unter sich, und sind von ausgebreiteten, lineal-lanzettlichen Kelchzipfeln, die oberseits weißhaarig erscheinen, umgeben. Für diese Sorte ist schwacher Schnitt am Platze.

Eigenschaften der Frucht Die Napoleons-Butterbirne ist eine der delikatesten Tafelfrüchte, die andere gleichzeitig reifende Sorten entbehrlich macht. Sie reift von Ende Oktober, bleibt gut bis in den Dezember und ist ausnahmsweise bis Ende Januar haltbar. Das Fleisch ist weiß, fein und schmelzend, voll Saftes, in welchem Zucker und Säure, auf's Angenehmste gemischt, auftreten, wozu sich ein mehr oder minder erhabenes Gewürz gesellt. So die deutschen Pomologen, während Decaisne angibt, die Frucht sei selten ersten Ranges; allerdings saftvoll, aber oft ohne Würze, worin wir dem Letzteren beipflichten. – Das Kernhaus ist rautenförmig, groß, hohlachsig, bis gegen den Kelch erstreckt; wenig körnig, Fächer breit, wenige und oft taube, schwarzbraune Kerne enthaltend. In der Gestalt ist die Frucht sehr wechselvoll, meist bauchig birnförmig, mehr oder weniger dick und mehr oder minder lang, an bei den Enden stumpf, in der Mitte jedoch immer eingeschnürt gleich der Winter-Christbirne, von welcher unsere Sorte abstammen soll. Die Schale der Frucht ist sehr glatt, grün bis gelb, je nach dem Reifestadium, mit vielen feinen, braunen Punkten, sehr selten röthlich angeflogen auf der Sonnenseite; fettig, zur Zeit vollster Zeitigung fast schmierig.

Mittlere Früchte messen 2" 8"' (85 mm) in die Höhe und 2" 3"' (70 mm) in die Breite. Der halbgeschlossene Kelch ist unvollkommen, mehr oder minder tief eingesenkt, und der sehr dicke, holzige, ¾ Zoll lange Stiel sitzt entweder obenauf oder ist zwischen Beulen eingesenkt.

Napoleon's Butterbirne.

(Beurré Napoléon)

Farbendruck v. J. Tribelhorn in St Gallen

Diel I. 3. 3.
Lucas V. 1. b.
(**†W.)

Späte Hardenpont

(Poire de Rance)

Syn. Hardenponts späte Winterbutterb., Hardenpont de Printemps, Beurré oder Bonchrétien de Rance ou de Rans

Vorkommen Diese Birne soll in einer Gemeinde von belgisch Flandern, Namens Rans oder Rance, gefunden und hienach benannt worden sein. Nach Andern wäre sie durch Rath Hardenpont in Mons, dem wir auch Hardenponts Winterbutterbirne (Erzherzog Ferdinand von Oesterreich) verdanken, erzogen worden, und es habe der Genannte 1762 die erste Frucht dieser Sorte geerntet. Ob die Rancebirne nun als Sämling von Hardenpont erzogen worden, oder ob dieselbe von dem Genannten aufgefunden und verbreitet worden sei, ist hiemit nicht entschieden. Die Sorte verdient als lang dauernde, gute Winterfrucht die größte Verbreitung, sofern das Klima mild genug ist, die spät reifende Birne zu zeitigen.

Eigenschaften des Baumes Der Baum wächst in der Jugend lebhaft, wird aber doch nicht groß wahrscheinlich wegen seiner ungewöhnlichen Fruchtbarkeit. Beastung und Belaubung sind licht. Die mittelstarken, geraden Zweige erscheinen braun und sind übersäet von länglichen, stark hervortretenden Lenticellen. Wenig entwickelt sind dagegen die Knospenwülste, auf welchen konische, dem Zweig sich anschmiegende Augen sitzen. Das junge Laub ist oval, kahl, am Rande aufgebogen, gewimpert; ausgewachsen sind die Blätter flach ausgebreitet, lang gestielt, an der Basis abgerundet und nach vorn zugespitzt, fast ganzrandig, derb und dunkelgrün. Am Grunde der Blattstiele sitzen fädliche Nebenblättchen.

Die sehr großen, weißen Blüthen stehen auf langen, fast kahlen Stielen; die Kelchzipfel sind lanzettlich, mit oberseits falben Haaren bekleidet. Zwischen den großen, kreisrunden, schroff in kurzen Nagel zusammengezogenen Blumenblättern finden sich keine Zwischenräume.

Geht als hohe Pyramide auf Wildling veredelt am besten, kann aber selbst auch als Hochstamm noch gute Resultate gewähren, da der Baum dauerhaft und tragbar ist; einzig auf Quitten paßt unsere Sorte nicht.

Eigenschaften der Frucht In Form und Größe zeigt unsere Birne große Abweichungen. Sie kommt groß und auch nur mittelgroß vor (meist 3“ breit und 3½“ hoch), ist manchmal wahrhaft birnförmig, andremal fast cilindrisch, nach den beiden Enden immer abgerundet und um die Mitte bisweilen stark eingeschnürt, in welchem Falle uns die Frucht an die Winter-Christbirne erinnert. Der lange, starke, holzige Stiel kommt gerade oder gebogen vor, ist entweder der Axe der Frucht inserirt, oder dann etwas seitlich verschoben eingelenkt und in diesem Falle von kleinen, concentrischen Falten umgeben. Die Schale ist etwas rauh, bronzirt oder auch gelblichgrün, auf der Sonnenseite braun- oder carminroth. Zahlreiche große Rostpunkte und ausgedehnte Rostfiguren decken einen großen Theil der Schale. Letztere sind besonders auf der schön gerundeten Kelchwölbung vorhanden; der kleine, harte, bleibende Kelch sitzt in der Mitte einer flachen, ganz regelmäßigen Einsenkung. Das Kernhaus erscheint im Längsschnitt von rautenförmig angeordneten Körnchen eingeschlossen, die bis zum Stiel und Kelch sich fortsetzen. Mittelgroße Samenfächer enthalten schwarze Kerne und es sind erstere durch eine gerade, vom Kernhaus bis nahe an den Kelch sich erstreckende Höhlung getrennt.

Die Birne reift gegen Ende Dezember und hält bis März und länger. Während die Autoren sich darüber streiten, ob die Ransbirne zu den Butterbirnen gehöre oder nicht, sind doch Alle darin einig, daß sie eine recht gute Winterfrucht sei, und daß ein besonderer Wohlgeschmack sie auszeichne. Decaisne sagt: das Fleisch ist im Innern weiß, im Umfang grünlich, fest und körnig. Der reichliche Saft ist säuerlich, gezuckert, wenig herb und von eigenthümlichem Geschmack, uns an den der grauen Winter-Renette erinnernd, jedoch feiner und deutlicher ausgesprochen.

Wie bei manchen andern der edlern Winterbirnen ist der jeweilige Sommer von entschiedenem Einfluß auf die Qualität dieser Frucht, eine Erfahrung, welche besonders auch im vorigen Jahr (1871) gemacht werden konnte und nach welcher allein wir manche Sorte unrichtig, d. i. ungünstig beurtheilen würden.

Poire de Rance.

Farbendruck v J Tribelhorn in St Gallen

Diel I. 3. c.
Lucas V. I. a.
(**† W.)

Pastorenbirne

(Poire du Curé)

Syn. Große Calebasse

Vorkommen Diese Sorte gehört zu den Errungenschaften der neuern Pomologie. In den 20er Jahren dieses Jahrhunderts ward der Stammbaum in einem Walde bei Clion, Kanton Châtillon-sur-Indre, aufgefunden, und wurde, wie dieß seine ausgezeichneten Eigenschaften verdienen, durch Veredelung in ungewöhnlicher Zahl vermehrt. So findet sich denn nun auch schon seit Jahren diese Sorte in allen unsern Baumschulen, und Baumgärtner Muggli im Greut bei Goßau hat sie schon vor 20 und mehr Jahren vielorts verbreitet. – Die kräftige, gesunde Vegetation des Baumes, seine frühe und andauernde Fruchtbarkeit, die Güte und Dauer der Frucht lassen in der That unsere vorliegende Sorte als eine der Verbreitung würdigste erscheinen.

Eigenschaften des Baumes Der Baum ist von kräftigem Trieb, ungemein fruchtbar, so daß er nur sehr selten aussetzt. Er läßt sich sehr leicht zu großen, wohlgeformten Pyramiden und zu schönen Halbhochstämmen erziehen, geht aber auch als Hochstamm, kurz, der Baum fügt sich allen Launen des Züchters. Die Triebe sind schlank, mit langen Internodien, wenig hin- und hergebogen; die Rinde grüngelb, später gelbbraun, mit zahlreichen großen, länglichen Lenticellen besetzt; die noch krautigen Spitzen schwach beflaumt, sind auf der Sonnenseite geröthet, sonst hellgrün. Kurz eirunde Blätter, nach vorn kurz und jählings verjüngt, haben scharf gezähnelte Ränder, sind anfänglich schiffartig eingebogen, am Rande geröthet und schwach flaumig, werden aber bald vollständig kahl. Kolossal sind oft die quirlig um Fruchtknospen gestellten Blätter. Hier erreichen die hellgrünen Blattstiele nicht selten eine Länge von 3“ und darüber, sonst messen sie selten mehr als 1“ und zeigen sich theilweise schwach geröthet. Kleine, fädliche, hellgrüne Nebenblättchen, am Grunde des Blattstiels sitzend, sind hinfällig. Die kleinen, eiförmigen, bräunlichen Augen stehen vom Zweige ziemlich ab und sitzen auf mäßig hervortretenden Knospenträgern.

Große, sehr weiße Blüthen sind der Sorte eigen, die lanzettlichen Kelchabschnitte sind länger als bei den meisten andern Sorten, zurückgeschlagen, auf beiden Seiten weißfilzig; die runden bis rundlichen Blumenblätter schließen zusammen und decken sich theilweise.

Eigenschaften der Frucht Die Frucht ist groß, doch findet je nach dem Jahrgang eine bedeutende Verschiedenheit in den Dimensionen statt. In der Regel erreicht eine gute Frucht die Länge von 4–6“, kann aber auch kleiner und bedeutend größer (bis 9“) vorkommen. Die Birnen sind länglich, bauchig, oft mit flacher Längsrinne vom Stiel zum Kelch. Der Stiel endet meist mit einem fleischigen Wulst, ist stark und sehr glatt, oft schief eingefügt. Die Schale ist gelb, einfarbig, und nur stark besonnte Früchte sind auf der ausgesetzten Seite matt roth verwaschen; zahlreiche kleine Punkte treten aus dieser Röthe hervor. Rostflächen sind selten. Der Kelch ist meist vollkommen, regelmäßig sternförmig ausgebreitet, mitten in einer flachen Vertiefung. Kernhaus und Fleisch, das sehr wenig körnig ist, gehen in einander über, und eine dünne Höhlung nimmt, von schwammigem Gewebe umschlossen, die Kernhausachse ein. Kleine, braunschwarze Kerne liegen in breiten Fächern.

Das weiße, feine Fleisch ist halbschmelzend, der Saft gezuckert, sehr reichlich, von eigenthümlichem, schwach gewürztem Geschmack. Die mit Dezember genießbare Frucht hält sich bis gegen das Frühjahr, und es verdient die Curé schon darum unsere besondere Beachtung, weil sie uns für den Winter eine gute Tafelfrucht liefert und zwar in einer Menge und mit einer Sicherheit, wie dieß wohl von wenig andern Winterbirnen zu erwarten steht, wie z. B. Winterdechantbirne, Argenson, welche aber an Qualität freilich die Pastorenbirne übertreffen.

Wenn in schlechten Jahren und in kaltem Boden die Frucht wenig Wohlgeschmack entwickelt, so ist sie doch immer noch sehr gut zu Compots.

Pastoren-Birne.

(Poire du Curé.)

Farbendruck v J. Tribelhorn in St Gallen

Diel I. 1. 3.
Lucas V. 1. b.
(W.**!†)

Regentin

(Passe Colmar)

Syn. Beurré d'Argenson, Souverain d'hiver, Présent de Malines

Vorkommen Diese Sorte hat sich in der Schweiz überall, soweit edles Tafelobst gezogen wird, verbreitet, und findet sich in allen Baumschulen. Obgleich erst Mitte des vorigen Jahrhunderts von Hardenpont erzogen, hat in verhältnißmäßig kurzer Zeit diese Frucht in allen Obstbau treibenden Gegenden Eingang gefunden.

Eigenschaften des Baumes Der Wuchs des Baumes ist mäßig, und er eignet sich wohl am besten zu Pyramiden auf Wildling; doch kennen wir diese Sorte auch auf Quitten, auf welchen die Regentin viele und vortreffliche Früchte gibt. Daß der Baum auf letztern von geringerer Dauer sei, und ob er gegen Kälte empfindlich sei, wie das illustrirte Handbuch der Obstkunde von Oberdieck, Jahn, Lucas (i. H. d. O.) angiebt, ist nach hiesigen Erfahrungen nicht zutreffend. Hochstämme dieser Sorte sind selten, gehören in guten Boden und in geschützte Lagen, bedürfen je alle drei Jahre des Schnittes. Gedeiht natürlich trefflich an wandständigen Spalieren. Hellgelbe, lederfarbig berindete und gelbbraun punktirte Zweige sind charakteristisch; eben so die lang gestielten, ziemlich schmalen, hängenden ledrigen Blätter von elliptischer Form und schwach, kaum bezahntem Rande, die ihr erst rostiges Aussehen schnell an hellgrüne Färbung tauschen. Die Unterseite ist matt, bläulichgrün, und Mittelrippe und Blattstiel sind fast weiß. Auffallend lange, aufrechte, dem Zweig anliegende Nebenblätter kennzeichnen unsere Sorte ebenfalls.

Ungewöhnlich fruchtbar überträgt sich der Baum bisweilen, wodurch er für's nächste Jahr, und oft für mehrere Jahre an Erschöpfung leidet. Die Blüthen erscheinen mittelfrüh, so daß anfangs Mai das Blühen zu Ende ist. Die Blüthen sind groß, ähnlich denen der Sommer-Christbirne, stehen je zu 8–9 in Blüthentrauben, welche ziemlich früh von dem rasch sich entwickelnden Laube eingehüllt sind. Die Blüthenstiele, von mäßiger Länge, sind kahl, und die Blumenblätter, von eiförmiger bis elliptischer Gestalt, erscheinen kurz, aber breit benagelt.

Eigenschaften der Frucht Die im Bilde dargestellten Früchte stammen von einer etwa 15jährigen Pyramide auf Quitte. Sie sind theils mittelgroß: 2½" (75 mm) hoch, 2" 1"' (63 mm) breit, theils groß: 4¼" (125 mm) hoch und 3¼" (97 mm) breit. Die Gestalt variirt bedeutend, es gibt neben den gewöhnlichen längeren Formen auch recht verkürzte. Am häufigsten erscheint unsere Birne kegelförmig, dickbauchig, beulig, so daß sie darin den Christbirnen (Bon chrétien) gleicht. Auf einer Seite läuft meist eine flache Furche vom Kelch bis zum Stiel. Die anfänglich grüne Schale wird auf dem Lager gelblich, ist zwar ziemlich glatt und fein, jedoch stellenweise mit vielgestaltigen Rostfiguren und stets von rauhen Rostpunkten besetzt. Gekrönt ist diese Birne mit einem blättrigen offenen Kelch, in schwacher Einsenkung und meist von Beulen umgeben. Von ziemlich verschiedener Länge ist der starke, fleischige Stiel, der selten ein Zoll Länge überschreitet; gelbgrün berostet entsteigt er meist schief neben einem Fleischwulst. Seltener geht der Birnenstiel gerade und ohne Absatz in die Frucht über.

Im kleinen, bisweilen hohlaxigen Kernhaus finden sich selten volle Kerne. Das weiße, saftige, butterhaft schmelzende Fleisch hat den trefflichsten Geschmack, ist zuckersüß und würzig.

Unsere Regentin ist eine der besten Winterbirnen, die, wenn sie lange am Baume verblieb, nicht welkt, erst mit Januar und später genießbar wird, und bis Ende März von ausgezeichneter Güte bleibt. Es kann daher diese Sorte allen Liebhabern edlen Winter-Tafelobstes gar nicht zu viel empfohlen werden.

Regentin.

Passe Colmar od. Beurré d'Argenson.

Farbendruck v. J. Tribelhorn in St. Gallen.

Diel II. 3. 1.
Lucas I. 2 a.
(**!†S.)

Russelet von Rheims

(Rousselet de Reims)

Syn. Poire petit Rousselet, Rosalätte (Zürich), Franzosenbirn in Süddeutschland

Vorkommen Alte berühmte Tafel- und Handelssorte, die, wie der Name sagt, aus Frankreich stammt. Zu allen ältern herrschaftlichen Gärten der Schweiz trifft man diese Rousselet, und 80jährige und noch ältere immer noch reich tragende Bäume sind nicht selten.

Eigenschaften des Baumes Der mäßig groß werdende Baum findet sich selten als Hochstamm, fast nur als Pyramide. In dieser Form gedeiht diese Sorte vortrefflich, wird groß, dauerhaft und ungemein fruchtbar; denn der Baum trägt alljährlich und meist sehr voll. Der in der Jugend üppig wachsende Baum gedeiht auf Quitte ebenso gut wie auf Wildling; langer Schnitt ist angemessen. Daß der Baum in kalten Wintern vom Frost leide, wie dieß nach dem i. H. d. O. von Jahn ec. in Deutschland vorkommt, hat Referent am Zürichsee nie erfahren; dagegen will ihm ein kalter, thoniger Boden nicht behagen, was übrigens von den meisten Birnensorten gelten wird. Charakteristisch für diese Sorte ist die braungraue Färbung der Zweige, die, wie auch das zweijährige Holz, auf der Sonnenseite silbern überduftet erscheinen, und ringsum mit zahlreichen runden, weißgelben Punkten überstreut sind. Das große (bis 3“ lang und über 1½“ breit), derbe, dunkelgrüne, glänzende, eiförmige, bis breit elliptische Laub, das unten schwach flaumig und bläulich-grün, und am Rande weitläufig und stumpf gezahnt ist, macht diese Sorte leicht kenntlich. Der 1½“ lange Stiel ist unterseits hellgrün, oberseits roth; er zeigt am Ursprung schmal lineale, dem Zweig zugewendete, denselben links und rechts schützende Nebenblättchen, die jedoch frühzeitig verschwinden. Die hellgrünen Sommertriebe zeigen an der Spitze röthliche Färbung und flaumige Bekleidung, und beides verbreitet sich auf Blattstiel und Blattfläche, so lange diese jung sind. Die ziemlich kurzgestielten, nicht großen Blüthen stehen zu 6–8 in Doldentrauben, von denen nicht selten die Hälfte und darüber anschlagen. Zwischen den sternförmig ausgebreiteten Blumenblättern sind Lücken vorhanden, durch welche die zurückgeschlagenen Kelchlappen sichtbar werden. Die Blumenblätter stehen öfter vertrocknet an der schon ziemlich herangewachsenen Frucht, zu welcher Zeit auch die zahlreichen dunkelrothen Staubfäden, die an der Spitze gegen einander geneigt sind, noch ganz frisch dastehen.

Eigenschaften der Frucht Die Birne ist stumpf eiförmig, 1“9“‘ (56 mm) lang bei einer Breite von 1“8“‘ (54 mm); es gibt aber auch Exemplare, welche nach beiden Dimensionen gleich groß sind, und selbst solche, wo die Breite die Länge übertrifft. Ferner gibt es eine birnförmig gestaltete, weit längere Form, die in der Schweiz seltener ist und als die eigentliche Russelet von Rheims (Stammform) betrachtet wird, während die hier beschriebene als gestreifte Russelet (Rousselet panaché) aufgeführt, und als Varietät der vorigen angesehen wird (Nr. 27 und Nr. 118 des i. H. f. O. v. Jahn.)

Der starke, gebogene, grüne und hellbraune Stiel sitzt obenauf, ebenso der braune, kurzblättrige, meist vertrocknete Kelch, der die kurze, lebhaft geröthete Kelchröhre verschließt. Die Schale ist dick, grün, großentheils mit dunkler Röthe übergossen, glatt, hoch mit zahlreichen Rostpunkten besäet und mit größern Rostflächen, zumal um den Kelch, bekleidet. Ein mäßiges, stark hochlachsiges Kernhaus umschließt in engen Kammern ziemlich große, braune Kerne in der Zahl 6–8. Sowie das Grün der Schale in's Gelbliche überzugehen beginnt, muß die Frucht abgenommen werden. Trotz ihres wenig versprechenden Aussehens, trotz des Mangels an jedem Geruch, ist das schmalzige Fleisch dieser Frucht doch von höchst würzigem, delikatem Geschmack. Die Frucht reift nach und nach von Mitte September an, und hält höchstens 14 Tage. Sehr geschätzt als Tafelfrucht, und ebenso geeignet zu Compots und zum Dörren. Zu letzter Verwendung gelangt die Russelet bei uns jedoch selten. In Rheims dagegen bilden die geschälten und getrockneten Birnen einen werthvollen Handelsgegenstand, und welchen Werth die Franzosen selbst dieser Birne beilegen, drückt der deutsche Pomologe Diel aus, indem er sie den Stolz der Franzosen nennt.

Russelet von Rheims.

(Rousselet de Reims.)

Farbendruck v. J Tribelhorn in St.Gallen.

Diel Cl. II. Ordn. 3 (1).
Lucas Cl. I. Ordn. 2 b.
(S.*††)

Römische Schmalzbirne

Syn. Sucré Romain, Franzmadame, Frauenschenkel
(Ist nicht zu verwechseln mit der Beurré Romain Decaisn, die bei uns jedenfalls länger schon existirt, aber selten vorkommt)

Vorkommen Bei uns ist diese Sorte erst in neuerer Zeit eingeführt; wenigstens sind die mir bekannten Bäume nicht über 25–30 Jahre alt. Das illustrirte Handbuch der Obstkunde von Lucas ec. führt an, daß Diel diese Sorte von Harlem erhalten habe, glaubt aber, es sei selbe schon früher in Deutschland unter andern Namen gepflanzt worden.

Eigenschaften des Baumes Unser Baum wächst besonders in Baumschulen lebhaft, erreicht eine ziemliche Größe und entwickelt eine pyramidale Krone. Um Zürich ist diese Sorte selten als Hochstamm, meist als Pyramide auf Kernstamm oder als Spalier zu treffen, und auch vorzugsweise nur in geschlossenen Gärten. Er liebt einen mäßig feuchten Boden, und ist an solchen Standorten recht fruchtbar. Nicht selten gehen am Grind einzelne Zweige ein; der vegetationskräftige Baum ersetzt aber solche Verluste durch neue Triebe.

Die grünlich-gelben Sommertriebe sind dünn beflaumt, mit schmalen, weißen Strichelchen besetzt, schwach oder gar nicht hin- und hergebogen. Die Blätter stehen auf ziemlich vortretenden Knospenträgern, sind lang (2–2½“) gestielt, lang eiförmig, an der Basis kaum herzförmig, an der schwach abwärts neigenden Spitze lang ausgezogen, schwach schiffförmig, hellgrün, oben glänzend, unten matt. Die Blätter sind ganzrandig und am Saum mit weißem Flaum deutlich umrahmt. Ebenso sind Blattstiel und Mittelrippe von hellgrüner Farbe und schwach flaumig. Um die Fruchtknospen stehen in spiraligem Quirl meist sechs Blätter, deren erstes durch besonders kurzen Stiel sich auszeichnet. Die Blüthen bilden mehrblüthige, ansehnliche Trauben. Die lang genagelten (gestielten) Blumenblätter sind löffelförmig, rund.

Eigenschaften der Frucht Von Mitte August ist in Zürich während mehrerer Wochen diese Birne unter den Marktfrüchten wohl die allerhäufigste. Ihr lachend schönes Aussehen macht sie über alle ihre Geschwister hervorleuchten und empfiehlt sie Jedem, der den Obstmarkt besucht. Die Frucht ist schön birnförmig, stets regelmäßig gerundet, mit bald kürzerer, bald längerer Spitze, in welcher ein starker, fleischiger, 1“ langer, gekrümmter Stiel obenauf eingelenkt ist. Der Kelch sitzt in ganz leichter Einsenkung und ist sternförmig ausgebreitet. In der Größe wechselt unsere Birne sehr ansehnlich; ihre Länge kann zu 2–3“ (60–90 mm), die Breite von 1½–2¼“ (44–67 mm) angenommen werden. Die glatte, hellgrüne Schale ist auf der Sonnenseite rothbraun getuscht, bei der Reife ist jenes Grün in Gelb verwandelt und im Roth tritt streifiges Carminroth auf. Rost findet sich höchstens an der Kelchwölbung. Ohne solchen und auch ohne jede Spur von Roth sind die Schattenfrüchte, die, ganz reif geworden, wie wächsern aussehen und gegen den Stiel hin fast durchscheinend werden. Das Kernhaus ist sehr klein und die engen Kammern enthalten nur wenige vollkommene, kleine Kerne. Das saftige Fleisch ist wenig körnicht, gelblich-weiß und von süßem, angenehmem Geschmack. Obgleich die Birne höchstens 14 Tage gut bleibt, worauf sie mehlig wird, so dauert doch ihre Herrschaft Wochen lang, da die Früchte ungleich reifen. Das Pflücken soll, wie bei allen Sommerbirnen, vor dem Zeitpunkt höchster Reife erfolgen.

Für alle Zwecke recht gut; doch scheint mir, es werde ihr Werth als Tafelfrucht von denen übertrieben, welche die römische Schmalzbirne als ersten Ranges taxiren.

Römische Schmalzbirne.

(Sucré Romain.)

Farbendruck v. J. Tribelhorn in St. Gallen.

Diel Cl. III. Ordn. 1.
Lucas Cl. X. Ordn. 1.
(S. u. H.††*)

Schwarzrädler

Vorkommen In der Gemeinde Egnach im obern Thurgau ist die Schwarzrädlerbirne schon seit Mitte des vorigen Jahrhunderts bekannt und ziemlich stark verbreitet; ob sie anderswo unter diesem oder vielleicht unter anderm Namen vorkommt, ist sehr zu bezweifeln, weßwegen die Wahrscheinlichkeit immer mehr Boden gewinnt, daß diese Birne in der bezeichneten Gegend aus Kernen entstanden. Im letzten Decennium ist sie auch in den Kantonen St. Gallen und Appenzell eingebürgert worden, wo der Baum noch 3200 Fuß üb. M. vorzüglich gedeiht. Er liebt schweren Boden mit kalkhaltigem Untergrund.

Eigenschaften des Baumes Der Baum ist gesund, starkwüchsig und groß, seine Aeste sind mittelstark, stehen unten horizontal auswärts, nach oben aber immer mehr zunehmend spitzwinklig, so daß ausgewachsene Hochstämme eine hochkugelige, zuweilen auch eine breitpyramidale Krone erhalten. Die Sommertriebe sind stark, meist gerade, nur hie und da etwas stufig, spärlich punktirt und oft an der Spitze verdickt, braunroth, kahl und nur um die Augen herum etwas silberhäutig, welche dicht stehen und auf hervorstehenden, wulstigen Augenträgern sitzen. Das Fruchtholz ist silberhäutig und reich an Fruchtspießen. Die Blüthenknospen sind kurz, spitzkegelförmig und braunroth. Durch die massenhaften Fruchtspieße erhalten die Zweige, resp. die Krone, ein etwas struppiges, dorniges Aussehen. Die Zweige hängen sich nach und nach durch die zunehmende Last der Früchte. Die Blätter sind ungleich groß, bald rundlich, bald elliptisch, mit kurz abgesetzter Spitze, schwach sägezähnig, dunkelgrün. Der Blattstiel ist im Verhältniß zur Größe des Blattes, von 7‴ bis 1“ 7‴ Länge. Der Baum gehört zu den früh-, doch nicht zu den frühestblühenden; er erreicht ein Alter von 160 bis 170 Jahren, trägt alle Jahre und je das zweite Jahr reichlich. 70 bis 80 Sester ist sein höchster Ertrag.

Eigenschaften der Frucht Die Gestalt der Schwarzrädler ist rundlich oder kreiselförmig, kelchbauchig, von ihrem größten Durchmesser aus wölbt sie sich gegen den Kelch schön flachrund, gegen den Stiel mehr verjüngt stumpfspitz, ab. Die Birne ist klein, 1“ 5‴ (47 mm) hoch und eben so breit, meistens aber eher etwas breiter als hoch. Der Kelch ist sternförmig, schmal- und spitzblätterig, offen, sitzt in einer seichten, oft kaum merklich faltigen Vertiefung. Der Stiel ist holzig, meistens krumm, 1“ lang, von der Wurzel aus bis zur Hälfte gewöhnlich grün, der übrige Theil röthlichbraun, sitzt oft neben einem Fleischhöcker wie seitwärts eingesteckt. Die Schale ist vom Baume grüngelb, später gelb; die Grundfarbe tritt nie rein hervor. Sonnenwärts überzieht ein verwaschenes oder undeutlich gestreiftes Dunkelbraun oder mattes Blutroth den größten Theil der Frucht, die mit zahlreichen, ziemlich gleichmäßig von einander entfernten, weißlichgelben, auf der Schattenseite hellbraunen Punkten besetzt ist. Dünne Rostüberzüge um die ganze Frucht machen sie etwas rauh anzufühlen. Das Fleisch ist grünlichweiß, grobkörnig, fest, doch hinreichend saftig und hat einen süßlichen, etwas gewürzten Geschmack. Das Kernhaus ist geschlossen, die etwas kleinen Kammern enthalten gewöhnlich wenige, aber vollkommene, kaffeebraune Kerne. Die Frucht reift in ganz frühen Jahrgängen Ende August, meist aber Anfangs September, hält drei bis vier Wochen und wird dann teig.

Nutzung Diese Birne ist ein vorzügliches Kochobst dessen Schnitze sehr beliebt sind; ebenso angenehm ist sie zum Rohgenuß, obschon sie nicht zu den feinen Tafelobstsorten gehört. Das aus ihr bereitete Getränk ist ausgezeichnet, hält aber nicht lange.

Die frühe Reifezeit dieser sehr gesuchten Marktfrucht, die außerordentliche Tragbarkeit und die stete Gesundheit des Baumes empfehlen die Anpflanzung desselben besonders für Wirthschaftszwecke.

Schwarzrädler.

Farbendruck v. J. Tribelhorn in St. Gallen.

Diel Cl. III. Ordn. 3.
Lucas Cl. VII. Ordn. 1.
(S.††)

Schwärzibirne

Syn. Schwärzenbirne, Islibirne, Islerbirne, Bäriker-Birne

Vorkommen Diese Birnsorte kommt in den Kantonen Aargau, Solothurn, Bern häufig, auch Luzern ziemlich verbreitet vor, und ist ohne Zweifel eine in diesen Gegenden entstandene Sorte. Nach Zürich, wo diese Sorte den Namen Bäriker Birne führt, dürfte sie von Bärikon (Bezirk Bremgarten) eingewandert sein.

Eigenschaften des Baumes Der Baum wächst in der Jugend rasch, wird groß, hat eine hochaufstrebende, pyramidale Krone, gebildet von starken, anliegenden Aesten. Sommerzweige lang, glatt, dunkelgelb, mit wenigen hellgelben Punkten besetzt. Auf der obern oder dem Licht zugekehrten Seite ist die Farbe röthlich-braun, und die Punkte sind zahlreicher, und wenn auch klein, doch ganz deutlich. Eine leichte, flaumige Bekleidung ist Ende Juni abgestreift und nur noch die Endknospe weiß befilzt. Die Augen sind ziemlich groß, treten nicht vor, sondern schmiegen sich dem Zweige an, so daß sie eher flach aussehen. Das Fruchtholz ist lang, kräftig und stark belaubt; je vier bis sieben Blätter umgeben in quirlförmiger Anordnung die Fruchtaugen. Die eirunden, schifﬀörmigen, oft fast flachen Blätter erreichen eine Länge von 3" und eine Breite von 2", und brechen rasch ab zu einer kurzen Spitze. Der kräftige, grünliche Blattstiel mißt ⅓ der Blattlänge. Die obere Blattfläche ist glänzend dunkelgrün, die untere glatt hellgrün, der Rand fein und regelmäßig gezahnt; das ganze Blatt ist von derbem Gewebe. Der Baum blüht frühe und trägt alle zwei Jahre reichlich, verlangt aber einen kräftigen, tiefgründigen, etwas feuchten Boden, ist dagegen in Beziehung auf Lage und Klima nicht sehr wählerisch. Bäume von über 60 Jahre sind nicht selten und tragen solche oft über 40 Sester.

Eigenschaften der Frucht Die Form der Schwärzibirne ist die Birnform, aber oft durch Unregelmäßigkeiten gestört in Folge der großen Tragbarkeit, da an einem und demselben Fruchtspieß oft drei bis sechs Früchte hangen. Die Größe der Birne beträgt 2" 5''' (74 mm) Höhe, und 1" 8''' (53 mm) Breite. Der Kelch ist offen, sternförmig, schwach behaart, und sitzt in einer seichten Einsenkung. Der Stiel ist hart, holzig, gerade, grünlich-gelb, und stets halb so lang wie die Birne. Die Grundfarbe der Schale ist grün, bei voller Zeitigung gelblich-grün, und nur selten zeigen besonnte Früchte eine erdfarbene, verwaschene Röthe. Viele feine, bräunliche Punkte sind regelmäßig über die ganze Frucht zerstreut. Das gelblich-weiße Fleisch ist grobkörnig, fest, aber sehr saftreich. Kernhaus eiförmig, mit wenigen dunkelbraunen Kernen. – Die Birne wird Anfangs bis Mitte September reif, hält höchstens 14 Tage und ist vom Baume gleich genießbar, und wenn die Birne auch nicht zu den feineren Tafelbirnen gehört, so findet sie wegen ihres saft- und kraftvollen Fleisches doch viele Liebhaber. Für die Küche wie zum Dörren und zum Rohgenuß gleich beliebt, ist die Schwärzibirne eine gesuchte Marktfrucht. Der Name Schwärzibirne wird ohne Zweifel entstanden sein, weil der Most dieser Sorte nicht hält, und in wenigen Tagen schwarz wird.

Schwärzi-Birne.

Farbendruck v J. Tribelhorn in St Gallen

Diel Cl. V. Ordn. 1.
Lucas Cl. XII. Ordn. 1.
(W.††)

Schweizer Bratbirne

Syn. Kugelbirne, Kügelibirne, Bratbirne

Vorkommen Diese Birne kommt vorzugsweise im Kanton Zürich vor, namentlich in der Gegend von Küßnacht, Meilen, Stäfa ec. Sehr wahrscheinlich ist sie eine in diesem Kantone entstandene Kernfrucht.

Eigenschaften des Baumes Der Baum ist klein, buschig, wächst langsam; er würde sich deßhalb vorzüglich als Unterlage für Pyramiden und Halbhochstämme eignen. Die Sommerzweige sind von mittlerer Länge und Stärke, etwas stufig und kahl, röthlich braun mit feinen, gelblich-weißen Punkten besetzt; die Augen sind dunkelbraun, spitzkegelförmig, etwas abstehend und sitzen auf ziemlich stark vorstehenden Trägern. Das Fruchtholz ist kurz und silberhäutig. Die Blätter sind ziemlich groß, meist rundlich, zuweilen auch eirund, fast ganzrandig, und nur hie und da schwach gesägt oder gekerbt. Die obere Blattfläche ist glänzend dunkelgrün, die untere matt, ohne eine Spur von Wolle. Ein mittleres Blatt ist 2“3‘‘‘ lang und 1“8‘‘‘ breit, der Blattstiel 1“ lang. Das Blatt ist von der Spitze aus stets rückwärts gebogen.

Der Baum blüht im Mai und trägt fast alljährlich und oft traubig voll. Er ist hinsichtlich des Bodens und der Lage nicht wählerisch, findet sich meist in Wiesen längs der Straßen, auch nicht selten an rauhen sterilen Rainen.

Eigenschaften der Frucht Die Form dieser beliebten Wirthschaftsbirne ist plattrund, der Bauch in der Mitte rundet sich nach beiden Seiten schön, nach dem Stiel jedoch mehr verjüngt ab. Einzelne ganz flache, auf der Mitte der Frucht am deutlichsten bemerkbare Erhöhungen machen die Rundung etwas uneben. Sie ist meist ungleichhälftig. Ihre gewöhnliche Größe beträgt in der Höhe 1“4‘‘‘ (42 mm), in der Breite 1“6‘‘‘ (48 mm). Der Kelch ist offen, aufliegend, sternförmig, sehr schwach befilzt und sitzt in einer seichten Einsenkung. Der Stiel ist stark, holzig, ½ Zoll lang, meist etwas seitlich wie eingedrückt. Die Grundfarbe der Schale ist anfänglich grün, später gelblich grün, tritt aber höchst selten rein hervor, indem sie fast ganz mit einem röthlich-braunen rauhem Rost, Rostfiguren und grauen Rostpunkten bedeckt wird. Auf der Sonnenseite der Frucht zeigt sich eine erdartige Röthe, auf der die Punkte besonders deutlich hervortreten. Das Fleisch ist grobkörnig, ziemlich saftreich und fest. Die Kelchröhre ist etwas breit kegel-, das Kernhaus kreiselförmig; in letzterem befinden sich muschelförmige, breite, geräumige Kammern mit kleinen, vollkommenen, dunkelbraunen Kernen. Die Birne reift erst um Martini und hält bis gegen das Frühjahr.

Nutzung Diese Birne ist im Winter für die Küche gesucht, und am Zürichsee die gewöhnlichste Kochfrucht; ist auch zum Rohgenuß nicht übel.

Schweizer Bratbirne.

Farbendruck v. J. Tribelhorn in St Gallen

Diel Cl. III. Ordn. 3.
Lucas Cl. II. Ordn. 2.
(S.*††)

Sommer-Apothekerbirne

(Bon-Chrétien d'été)

Syn. Mailänder (K. Zürich), Römer- (Chur), Mainzer-, Christians-, Sommer-Christ-, Apotheker-, Augsburger- und Sommer-Augsburger-, gute Christ-, Malvasier-, Straßburger-, Zucker-, Türkenbirne, Bon Chrétien d' été ordinaire, Safran d' été

Vorkommen Die Birne, eine der ältesten, ist wie in Italien, Frankreich, Deutschland, so auch in der Schweiz schon längst und stark verbreitet. Diel beschrieb sie schon anfangs dieses Jahrhunderts, er sagt: «Diese große, schon von unsern Urvätern so sehr geschätzte Birne, die auch noch jetzt alle Achtung verdient, ist in Bezug auf den Boden und Standort eigensinnig.» In Hausgärten, besonders zwischen Gebäuden, gedeiht sie am besten, an ungeschützten Orten dagegen springt sie auf; verlangt demnach eine geschützte Lage, einen etwas feuchten, ziemlich beschatteten und tiefgründigen Boden.

Eigenschaften des Baumes Der Baum wird sehr groß und ist kenntlich an dem sperrigen, unregelmäßig herabhängenden Holz, durch seine dünne Belaubung und an seinem im Winde, wie die Pappelblätter, zitternden Laube. Seine starken Hauptäste sind spitzwinklig, abstehend und bilden mit dem herabhängenden Fruchtholz eine umfangreiche, breitgewölbte Krone. Die Sommertriebe sind lang und schlank, stufig, etwas düster-röthlich auf der Sonnenseite, gegenüber grün-röthlich und weiß-grau punktirt. Die Blätter sind ziemlich groß, breit elliptisch, 2" breit und 3" lang, öfters auch rein elliptisch und eiförmig, glatt, fein gesägt, etwas schiff- und wellenförmig, fein geadert, mit etwas röthlich gefärbter Mittelrippe, oben glänzend, unten hell grasgrün; sie sind zur Blüthezeit schon vollständig entwickelt, was dem Baum zu dieser Zeit ein sehr freundliches Aussehen verleiht. Der Blattstiel ist dünn, 1½" bis 2" lang. Die Augen sind groß, lang, spitzkegelförmig, schwarzbraun und stehen auf stark vorstehenden Augenträgern. Der Baum blüht früh, leidet aber auf rauhem Standorte häufig durch Frühlingsfröste. Er ist bei richtiger Behandlung nur unter günstigen Verhältnissen fruchtbar, wie z.B. im Kanton Graubünden, wo er als Hochstamm alt und stark wie unsere Eichen wird. Er wird jedoch am häufigsten als Spalier gezogen und dient zur Bekleidung großer Mauern und ganzer Giebelwände.

Eigenschaften der Frucht Die Frucht ist sehr groß, meist ungleich geformt, höckerig, durchschnittlich 2¾" (83 mm) lang und 2½" (75 mm) breit und hat das Eigenthümliche, daß die Form der Frucht selbst vom gleichen Baum sehr verschieden auftritt. Der größte Durchmesser des Bauches ist nur wenig entfernter vom Stiel als vom Kelch, nach welchem sich die Wölbung breit kegelförmig abrundet; nach dem Stiel dagegen nimmt die Frucht stark und etwas eingebogen ab und läuft in eine stumpfe Spitze aus. Die Birne hat nach allen Seiten Beulen und Eindrücke, welche jedem einzelnen Exemplar ein anderes Aussehen geben. Auch sind die beiden Hälften ungleich. Der kleinblätterige, halbgeschlossene Kelch steht in einer kleinen, flachen Einsenkung, die gewöhnlich mit Rippen umgeben ist, welche sich über die Frucht ziehen, aber meist bald verlaufen. Der starke, fast 2" lange Stiel steht auf einer stumpfen Spitze auf, ist häufig mit kleinern oder größern Beulen oder wirklichen Fleischauswüchsen besetzt, und erscheint wie eingesteckt oder schief eingedrückt in einer schwachen Vertiefung. Die Farbe der etwas geschmeidigen Schale ist anfänglich hellgrün, verwandelt sich aber bei voller Reife in ein schönes Goldgelb. Die Sonnenseite ist bei freihängenden Früchten oft schön hellroth, mehrentheils aber nur etwas unansehnlich bräunlich-roth angelaufen. Es kommen in diesem Roth hellgraue, auf dem übrigen Theile der Frucht dunklere Punkte und nicht selten Rostflecken und Regenmale vor. Bei voller Zeitigung am Baume riecht die Frucht sehr angenehm muskirt, welkt nicht und ist dann fett anzufühlen. Das Fleisch ist weiß, grobkörnig, abknackend, im Kauen rauschend, oft und namentlich bei unvollkommenen Früchten um das Kernhaus steinig, sonst saftvoll und von einem sehr angenehmen zuckersüßen Muskatellergeschmack, der aber bisweilen eine feine Herbe zeigt. Das Kernhaus ist klein, die Kammern eng und enthalten mehrtheils nur taube Kerne. Die Frucht reift Ende August und Anfangs September. Am Baume ausgereifte Früchte halten nur wenige Tage. – Das Bild enthält mittelgroße Früchte vom Hochstamm, am Spalier werden dieselben beträchtlich größer.

Nutzung Diese Birne ist zum Rohgenuß wie für die Küche, vorzugsweise aber zum Dörren empfehlenswerth, indem wenige Birnen so delikate Schnitze liefern, wie diese.

Sommer Apothekerbirne.

Farbendruck v. J. Tribelhorn in St. Gallen

Diel Cl. II. Ordn. 3.
Lucas Cl. I. Ordn. 2.
(S.**††)

Sommer-Eierbirne

(Poire d'oeuf Bauh)

Syn. Beste Birn, Colmar d' été, Spitzeierbirne, s'Kaneiersbirne, Träterbirne, Welsch Bründler (Thurgau)

Vorkommen Kommt durch die Schweiz in allen Obstbau treibenden Gegenden vor, zu Berg und Thal, in Gärten und im Freien. Als ursprünglich deutsche Frucht wurde früher diese Sorte besonders in der Wetterau und um Frankfurt a. M., auch im Elsaß am häufigsten gebaut; jetzt ist sie fast überall zu finden, jedoch mit wenigen Ausnahmen in nicht großer Anzahl.

Eigenschaften des Baumes Gutes Wachsthum, ansehnliche Größe und gute Tragbarkeit empfehlen diese Sorte. Doch soll nach Jahn der Baum einen milden Boden verlangen, sonst werde die Frucht nur klein und obendrein steinig. Am Zürichsee kommt der Baum recht mächtig und mit schönen Früchten beladen vor, selbst an etwas sterilen Standorten, wie z. B. an unkultivirt darliegenden Borden. In Kiesboden soll der Baum ein besseres Gedeihen zeigen als in Thonboden. Die reichästige Krone ist pyramidal, die Aeste aufstrebend, und nur die untern stark abstehend und selbst abwärts gebogen. Trotz der Kleinheit der Blätter ist der Baum dicht belaubt, da die Blätter sehr zahlreich und meist dicht beisammen stehen. Der hellgrüne, fast drehrunde, 10–15''' lange Blattstiel trägt die eiförmige, 15–20''' lange und 10–12''' breite Blattspreite, welche nach vorn, rasch sich verjüngend, in eine kurze, rückwärts gerollte Spitze ausläuft, während die Basis sich regelmäßig rundet und nur selten herzförmig abschließt. Der Blattrand, ohne irgend welche Bezahnung, trennt die fast kahle, mattgrüne Oberseite des Laubes von der stark flaumigen Unterseite, die deßhalb in weißgrüner Färbung erscheint.

Die Sommerzweige etwas wollig, zeigen, abgerieben, auf ihrer mehr oder minder braunen Oberhaut viele gelbliche, warzige Punkte. Die Blüthe des Baumes ist mittel, und 1869 fiel sie auf den 22. April. Der Blüthenstand bildet eine reiche Doldentraube von 10–14 mittelgroßen Blüthen, deren Blumenblätter, kleine Zwischenräume zwischen sich lassend, elliptisch, weiß, löffelförmig, kurz genagelt sind. Die nur zölligen Blüthenstiele haben, wie der Kelch mit seinen zurückgeschlagenen Zipfeln, gleiche Behaarung, wie das Laub unterseits und ragen zur Blüthezeit über die noch nicht völlig entwickelten Blätter hervor. Die Blüthenknospen sind dick, stumpf, kastanienbraun, bisweilen etwas wollig.

Eigenschaften der Frucht Die Eierbirne ist von elliptischer Form, mittelbauchig, und von der Mitte gegen den Kelch und Stiel gleichmäßig und allmälig abnehmend; sie hat eine Höhe von 1" 5''' (45 mm) bis 1" 8''' (53 mm) und eine Breite von 1" 4''' (41 mm) bis 1" 6''' (48 mm). Der Kelch ist halboffen und klein, steht obenauf, von kleinen Fleischperlen umrahmt. Ein verhältnißmäßig starker Stiel von 1–1½" Länge, meist etwas gekrümmt, ist jenem gegenüber eingefügt, theils obenauf, theils in kleiner Einsenkung. Ebenso charakteristisch, wie die Form der Frucht, ist die Schale. Sie erscheint rauh und dick, brüchig, gelbgrün und auf der Sonnenseite mit röthlichem Anflug; zudem ist sie über und über mit ziemlich großen, deutlichen Rostpunkten besäet, die auf der Sonnenseite roth umringelt auftreten.

In dem kleinen Kernhaus stecken zahlreiche (meist 10) schwarze Samen, umgeben von weißem, saftigem Fleische, das im rechten Reifestadium halb schmelzend und von recht angenehmem, eigenthümlichem Geschmack ist, so daß manche Liebhaber diese Birne aus dem zweiten Rang in den ersten versetzen. Auf unsern Obstmärkten ist die Eierbirne im August und mehr noch im Monat September ein der häufigsten und gesuchtesten Sorten, die, wenn sie etwas vor völliger Reife abgenommen wird, wohl drei Wochen gut bleibt.

Baum und Birne sind so leicht und sicher zu erkennen, wie wenig andere, und es ist die Frucht für Küche und Tafel so schätzbar, daß der tragbare Baum in unsern Gärten und Feldern häufiger angebaut zu werden verdient.

Sommer-Eierbirne.

(Poire d'oeuf.)

Farbendruck v J. Tribelhorn in St Gallen

Diel Cl. I. Ordn. 3.
Lucas Cl. I. Ordn. 1.
(S.**)

Sparbirne

(Epargne)

Syn. Frauenschenkel, Magdalenen-, Große Früh-, Schatz-, Samson-, Heilige Samson-, Brüsseler-, Jakobi-, Margarethen-, Frauenbirne, Franzmadame, Große Madeleine, Storchenschnabel, Lange grüne Sommerbergamotte, Große Sommerbergamotte, Poire Madame, Beau Présent, St-Samson, Épargne ou Présent d'été, Cuisse Madame, Jargonelle des Anglais, Beurré de Paris

Vorkommen Diese Sorte ist in allen obstbautreibenden Gegenden der Schweiz, in einigen derselben sehr stark verbreitet, ebenso in Deutschland, Frankreich, England, Belgien ec., wird meist als Hochstamm in der Nähe der Häuser, in Hausgärten oder Hauswiesen gezogen, und gedeiht ganz besonders auf vielbetretenem Boden (Trampelplätzen). Nach Dochnahl stammt sie aus Frankreich (1675).

Eigenschaften des Baumes Der Baum wächst in seiner Jugend rasch, wird jedoch nur mäßig groß und hat eine unregelmäßige, lichte, schwachbelaubte Krone. Die Aeste sind weitläufig, abstehend und herabhängend, weßhalb er auch keine schöne Pyramide bildet. Die Sommertriebe sind kahl, sehr lang, dick, abwärts gekrümmt, nach vorn nur sehr wenig abnehmend, auf der Sonnenseite bräunlichroth, schwach silberhäutig, gegenüber gelbröthlich und mit vielen starken Punkten besetzt. Die Augen sind etwas abstehend, groß, dick, kegelförmig, spitz, braunröthlich, etwas wollig und sitzen auf wulstigen, starken Augenträgern. Das Fruchtholz ist kurz. Das in seiner Form veränderliche Blatt ist meistens eiförmig, an den Rändern aufgebogen, (schiffförmig), groß, mit abgesetzt auslaufender Spitze, 3¼" lang und 2¼" breit; dasjenige der Fruchtaugen hingegen 4" lang und 3" breit. Beide sind stark, lederartig, fein geadert, bald scharf-, bald stumpfsägezähnig und glänzend dunkelgrün. Blattstiel dünn, 1" bis 1½", an den Fruchtblättern oft nahezu 3" lang, weßhalb die Blätter sich im Winde leicht bewegen, ähnlich denen der Zitterpappel, wodurch der Baum sich besonders kennzeichnet.

Der Baum blüht früh, trägt bald und fast alljährlich reichlich. Auf Quitten veredelte Spalierbäume müssen ziemlich stark zurückgeschnitten werden, sonst erschöpfen sie sich bald wegen allzugroßer Fruchtbarkeit. – In reichen, zehn- und mehrblüthigen Dolden entwickeln sich die großen, schneeweißen Blüthen auf langen Stielen, die, wie der Kelch mit seinen horizontal ausgebreiteten Kelchzipfeln, etwas flaumig erscheinen. Die Blumenblätter sind groß, fast rund, muschelig, wie bei einer halbgeöffneten Rose gegeneinander geneigt; der Rand ist wellig und vorn mit einigen Kerben versehen. Der Baum ist zur Blüthezeit schon ziemlich belaubt, wodurch er ein recht freundliches Ansehen erhält, indem die großen, vollständig entwickelten, glänzend grünen Blätter mit den herrlichen Blüthendolden sich mischen. Der Baum erreicht in der Regel kein sehr hohes Alter.

Eigenschaften der Frucht Die ansehnlich große, schön birnförmige Frucht ist nach oben stark bauchig, nach dem Stiel etwas leicht eingebogen und endigt, lang kegelförmig abnehmend, in eine stumpfe, meist seitwärts gedrückte Spitze. Der Bauch sitzt um die Hälfte der halben Fruchtlänge näher dem Kelch, um den sich derselbe stark abnehmend zurundet. Eine Hochstammfrucht mittlerer Größe ist 2" 8"' (84 mm) lang und 1" 7"' (51 mm) breit, gleich der Abbildung. Ganz vollkommene Früchte auf Zwergstämmen erreichen eine Länge von 3¾" (113 mm) bis 4" (120 mm) und eine Breite von 2½" (75 mm). Der kurze, offene, stehende Kelch hat spitze, oft wie zerrissene Blätter mit niedergebogenen Spitzen, sitzt oben auf und hat gewöhnlich einige unregelmäßige Beulen in seiner Umgebung, die jedoch zuweilen auch gänzlich fehlen. – Der meist gekrümmte, sehr starke Stiel ist an der Wurzel fleischig, bräunlichgrün, weißgelblich punktirt, 1½" lang, sitzt oben auf oder ist seitwärts eingedrückt. Die Schale ist glatt, dick, meist hart, anfänglich hellgrün, bei voller Zeitigung schön hellcitronengelb; bei stark besonnten Früchten erdartig roth, gestreift oder verwaschen. Es giebt auch solche, die nur eine schwache, goldartige Röthe haben. Punkte zahlreich und oft stark hervortretend, bilden um die Kelchwölbung bald feine, glatte Rostflecken, bald schwache Rostüberzüge. Die Frucht riecht fein, angenehm, etwas muskirt und welkt nicht. Das Fleisch ist mattweiß, fein, sehr saftvoll, butterhaft schmelzend, von einem sehr angenehmen, erquickenden, muskatellerartigen, erhabenen Geschmack. Das kleine, enge Kernhaus hat flache Kammern, die mehr taube als vollkommene Kerne enthalten. Die Birne reift Mitte August, selten Ende Juli oder Anfangs August, muß etwas vor der völligen Reife gepflückt werden, sonst nehmen die Wespen die besten. Sie hält, wenn sie etwas grün gebrochen wird, etwa 14 Tage.

Nutzung Als Tafel- und besonders als Marktfrucht ist sie eine der beliebtesten und unter den frühen Sommerbirnen jedenfalls eine der besten.

Sparbirne.

Epargne.

Farbendruck v. J. Tribelhorn in St. Gallen

Diel Cl. V. Ordn. 2.
Lucas Cl. VII. Ordn. 2.
(S.††)

Spitzbirne

Vorkommen Diese Mostbirnsorte ist in den Kantonen Thurgau und St. Gallen sehr stark verbreitet; außerhalb dieser Gegenden kommt sie nicht mehr so häufig, sondern nur vereinzelt vor. Sie stammt sehr wahrscheinlich aus dem obern Thurgau, wo sie schon mehr als zwei Jahrhunderte einheimisch ist. Der Baum liebt schweren Thonboden mit kalkigem Untergrund und öftere Düngung. Dann kömmt er überall gut fort und selbst noch in einer Höhe von 2200 Fuß ü.M.

Eigenschaften des Baumes Der Baum wächst lebhaft und wird sehr groß. Seine schöne, schlanke, hochpyramidale Krone zeichnet ihn vor allen andern Bäumen aus. Durch die vielen dornenartigen Seitentriebe und Fruchtspieße ihrer Zweige erhält sie ein wildlingartiges, struppiges, verworrenes Außehen, weßhalb sie öfter unter das Messer genommen und ausgeputzt werden muß. Die untern Aeste sind stark abstehend, weiter hinauf spitzwinklig, die obersten anliegend. Die Sommertriebe sind rothbräunlich, lang, etwas stufig, kahl weißgrau und ziemlich stark punktirt; die Fruchtspieße stehen eng und bilden einen schwachen, spitzen Winkel. Das glänzend dunkelgrüne Blatt hat eine kreisrunde Form mit schwachgekerbtem Rande und deutlich abgesetzter Spitze. Blüthezeit und Zeitigung treten früh ein. Das höchste Alter des Spitzbirnbaums reicht bis auf 200 Jahre, sein höchster Ertrag bis 110 Sester. Das feine, harte Holz ist sehr gesucht und wird zu Druckmödeln in Färbereien verwendet.

Alte Bäume liefern 4–5 Klafter Brennholz. Zum Nachtheil dieses Baumes in Aeckern und Wiesen spricht die Erfahrung, daß unter demselben Kulturpflanzen so kümmerlich gedeihen, wie unter wenig andern.

Eigenschaften der Frucht Die Birne ist klein, um den Kelch meist flach abgerundet und gegen den Stiel stark abnehmend, oft etwas eingebogen, stumpf zugespitzt. Es ist ungewiß, ob die Birne ihren Namen von ihrer eigenen Form oder von derjenigen des Baumes erhalten hat. Ihre durchschnittliche Größe ist 1“3‘‘‘ (39 mm) hoch und 1“1½‘‘‘ (35 mm) breit, wie das kleinere Exemplar der Abbildung zeigt. Der vollkommene, große, sternförmige Kelch hat zurückgebogene, flach aufliegende, spitze Blättchen, sitzt in einer sehr seichten Vertiefung, von oft nur kleinen, flachen Erhabenheiten umgeben. – Der Stiel, 7‘‘‘ bis 9‘‘‘ lang, ist dünn, holzig, gerade oder nur schwach gekrümmt und meistens an der Wurzel fleischig. Die Grundfarbe der Schale ist gelblichgrün, mit zahlreichen, feinen, dunklen und helleren Punkten besetzt, welche auf der Schattenseite grünlich, auf der Lichtseite braunröthlich umringelt sind. Rostfiguren oder Rostanflüge und Warzen finden sich mehr oder weniger häufig. Das Fleisch ist gelblichweiß, süßlichherb, ziemlich saftig, grobkörnig, ungenießbar. In den einzelnen Kammern des Kernhauses, das etwas hohlachsig ist, befinden sich meist zwei, ziemlich ausgebildete, schwarzbraune Kerne. Die Frucht, die in der Regel gegen Mitte September und nur ausnahmsweise Anfangs dieses Monates zeitigt, hält zwei bis drei Wochen, fällt aber gerne vom Baume und muß fleißig zusammengelesen werden.

In den Jahren 1840, 1847, 1862 und 1864 konnte man in der ersten Hälfte des Herbstmonats schon Spitzbirnmost trinken.

Im Jahr 1862 wogen 10 Schweizer-Sester 222 Pfund, woraus 45 Maaß Saft gewonnen wurde, welcher 55° wog. Auf derselben Probe wog der Spitzbirnsaft 1840: 60°, 1847; 60° bis 62°, 1864: 58°. Der Saft hält längstens ein Jahr. Die Spitzbirne, welche nach ihrem Gehalt nur halb so viel werth ist, als die Bergbirne, wird wegen ihrer frühen Reife und weil von ihr der erste Most gewonnen werden kann, unverhältnismäßig theuer bezahlt.

Nutzung Diese Frucht wird außschließlich zur Bereitung von Most verwendet, welcher zum Trinken sehr angenehm ist.

Spitzbirne.

Farbendruck v. J. Tribelhorn in St. Gallen

Diel Cl. I. Ordn. 3.
Lucas Cl. I. Ordn. 1.
(S.**!†)

Stuttgarter Gaishirtel

(Rousselet de Stoutgard)

Syn. Gaishirtle, Stuttgarter Russelet, Wahre Stuttgarter Gaishirtel

Vorkommen Diese deutsche Nationalbirne mangelt selten in den Tafelobstgärten der Schweiz, ist aber am häufigsten in den angrenzenden deutschen Staaten zu finden. Sie ist in der Gegend von Stuttgart von einem Ziegenhirten als Wildling aufgefunden und durch ihn bekannt geworden. J. J. Walter von Stuttgart war, nach Diel, der erste deutsche Pomologe der ihrer schon im Jahre 1779, jedoch nur dem Namen nach erwähnte. Der Baum gedeiht in jeder Bodenart. Nach dem «Illustrirten Handbuch» soll er im rauhen Klima schon etwas zärtlich und nur für Hausgärten und an geschützten Stellen hochstämmig noch zu empfehlen sein. In St. Gallen (2000 Fuß üb. M.) kömmt er noch gut fort.

Eigenschaften des Baumes Der Baum wird nur mittelgroß, wächst ziemlich lebhaft, hat eine pyramidale Krone mit spitzwinklig anliegenden Aesten, welche sehr früh eine Menge Fruchtspieße ansetzen. Die Sommertriebe sind ansehnlich lang, nicht sehr stark, etwas stufig, an der Spitze verdickt und wollig, oft ein wenig gewunden, auf der Sonnenseite mit einem ganz dünnen Silberhäutchen gefleckt, violetartig braunroth, ziemlich glänzend und nur mit sehr wenigen, unten am Triebe deutlich sichtbaren, feinen weißgrauen Punkten besetzt. Das Fruchtholz ist stark silberhäutig und kurz. Die Blüthenknospen sind kegelförmig, stumpfspitz, dunkelbraun, oft stark silberhäutig und abstehend. Die Augen sind dick und sehr spitz, stehen unten am Trieb sehr weit, oben nur wenig ab, sind braun und weiß geschuppt und sitzen auf stark vorstehenden, häufig in der Mitte etwas gerippten Augenträgern. Die Blätter sind durchschnittlich klein und verschieden in der Form, elliptisch, mit einer sehr langen auslaufenden Spitze, eirund, rundlich, meist herzförmig, stehen mit den Rändern etwas aufwärts, sind aber am Stiel etwas rückwärts gebogen und haben eine kurze, halbaufgesetzte Spitze. Wie die Form, so ist auch ihre Größe verschieden, es giebt 1¼“ breite und 2“ lange, 1¾“ breite und 2“ 4‴ bis 7‴ lange Blätter; obschon am Blattsaume etwas wollig, sind sie doch gewöhnlich glatt, meist ganzrandig, zuweilen wellenförmig, ziemlich dunkelgrün und langgestielt (1 bis 1½“ lang), ohne Afterblätter. Die Blätter der Blüthenaugen sind nicht größer, haben dagegen aber längere Stiele. Der Baum trägt bald und alljährlich und sehr oft reichlich.

Eigenschaften der Frucht Die Gestalt der Birne ist perlförmig, nach oben kugelig, nach unten, dem Stiel zu, stumpfkegelförmig, ähnlich der langstieligen französischen Blankette. Der Bauch sitzt ⅔ der ganzen Fruchtlänge nach dem Kelch hin, um den sie sich halbkugelförmig, zuweilen auch etwas plattrund zuwölbt. Nach dem Stiel macht sie eine starke Einbiegung und endigt mit einer schönen, abgestumpften Spitze. Die Frucht ist klein gewöhnlich 1“ 3‴ (39 mm) breit und 1“ 9‴ (57 mm) lang. Der Kelch ist vollkommen, offen, weich, langgespitzt und schmalblätterig, meist sternförmig, obenauf oder flachsitzend, zuweilen mit mehreren Falten oder kleinen Beulen umgeben, welche die Kelchfläche uneben machen. Der Stiel ist verhältnißmäßig stark, ungleich lang, er differirt zwischen 5 und 10‴, holzig, wie eingesteckt, selten in einer kleinen Grube, ist aber stets mit einigen feinen Rippen, oft auch nur von einem etwas starken Fleischwulst umgeben, wodurch die abgestumpfte Spitze ungleich wird. Die Schale ist zart, fein, am Baume leicht beduftet, glatt, etwas stark, später geschmeidiger, blaß hellgrün, dann gelblichgrün; ist sie hellgelb, so ist gewöhnlich die Frucht schon überreif und teig. Die Sonnenseite der freihängenden Früchte ist mit einer erdartigen, bräunlichen Röthe stark verwaschen, welche bei nur etwas beschatteten Früchten oft aus einer großen Menge bräunlicher, rothumkreister Punkte besteht, während auf der Schattenseite diese Punkte dunkelgrün erscheinen. Um die Kelchwölbung zeigen sich ganz feine, größere oder kleinere Rostanflüge oder Figuren, die schwach rauh anzufühlen und zimmetfarbig sind. Die Frucht hat nur einen schwachen Geruch und welkt nicht. Das Fleisch ist weiß, wohlriechend, etwas körnig, saftvoll, butterhaft schmelzend, von einem süßen, gewürzhaften, fein zimmetartigen oder von einem erhabenen, süßsäuerlichen Muscatellergeschmack; zu früh genossen, ist das Fleisch fast abknackend und gewürzlos, um das Kernhaus herum etwas steinig. Das Kernhaus ist klein und geschlossen, die Kammern länglich und geräumig, mit wenig vollkommenen, kaffeebraunen Kernen. Die Frucht reift Ende August und Anfangs September, hält nur wenige Tage im besten Stadium ihrer Reife. Es giebt nicht viele Früchte, bei denen dieses Stadium so schwer zu treffen ist. Der richtige Zeitpunkt ihrer höchsten Güte ist der, wenn das Grüne in's Gelbe übergehen will.

Nutzung Die Stuttgarter Gaishirtel ist eine der allerköstlichsten Birnen, muß aber wenigstens acht Tage vor der Zeitigung gepflückt werden. Sie verdient die allgemeinste Verbreitung.

Stuttgarter Gaishirtel.

(Rousselet de Stouttgart.)

Farbendruck v. J. Tribelhorn in St. Gallen

Diel Cl. VI. Ordn. 2.
Lucas Cl. X. Ordn. 2.
(H.††)

Sülibirn

Syn. Säuli-, Sau-, Kleine Sau-, Rummelter-, Mostrummelter-, Sül-, Seil-, Rocken-, Braunbirne

Vorkommen Am häufigsten ist diese Sorte in der nördlichen und östlichen Schweiz und in den angrenzenden deutschen Staaten verbreitet, kommt zu Berg und Thal, in milden und rauhen Lagen und allerlei Boden fort.

Eigenschaften des Baumes Größe, schöner und üppiger Wuchs mit hochgebauter Krone zeichnen diesen Mostbirnbaum vor vielen andern aus. Die spitzwinklig abstehenden Aeste neigen sich an ihren Enden etwas abwärts, ebenso die kahlen, dünnen, stufigen Sommertriebe, welche gelblichbraun, gegenüber röthlichbraun gefärbt und fein schmutziggelb punktirt sind. Fruchtholz kurz, grob und zerstreut punktirt, enthält durchschnittlich einen reichlichen Ansatz von Fruchtaugen. Die Blätter, veränderlich in ihrer Form, sind bald rundlich, bald elliptisch beinahe ganzrandig und haben lange Blattstiele. «Zuerst blühen und zuletzt reifen» ist bei dieser Sorte zum Sprüchwort geworden. Das Alter dieser sehr fruchtbaren Bäume beläuft sich auf 180 Jahre und ihr höchster Ertrag bis auf 120 Sester.

Eigenschaften der Frucht Die Birne gehört zu den kleinen, ist rundlich oder kreiselförmig, gegen den Kelch meist schön abgerundet, gegen den Stiel stumpf zugespitzt, selten und dann nur schwach eingebogen. Eine Mittelfrucht ist 1“4“‘ (42 mm) lang und 1“4“‘ (42 mm) breit. Es giebt aber auch Früchte, die breiter als lang, und solche, die länger als breit sind. Der Kelch sitzt in einer schwachen Vertiefung, oft auch obenauf, ist sternförmig und vollkommen. Der Stiel, 7“‘ bis 10“‘ lang, ist etwas gekrümmt, rothbraun, nahe an der Wurzel grün, und gelblich punktirt. Die vom Baume hellgrüne, später grüngelbe Schale ist auf der Sonnenseite erdartig geröthet, dicht besetzt mit großen Rostpunkten, Rostfiguren und Ueberzügen, besonders um Stiel und Kelch, oft über die ganze Frucht, zuweilen auch nur stellenweise.

Das Fleisch ist gelblichweiß, grobkörnig, herb und nur kernteig genießbar, das Kernhaus hohlachsig, enthält nur wenige vollkommene Kerne. Die Birne reift von Mitte bis Ende Oktober, hält zwei und nur bei kalter Witterung drei Wochen auf Lager. 10 Sester Sülibirnen wogen im Jahre 1842: 240 Pfund, woraus 50 bis 55 Maaß Saft erhältlich waren, der 62 bis 64 Grad wog. Das Verhältniß des Preises dieser Birne ist ein eigenthümliches; gelten 10 Sester Bergbirnen 10 Fr., so erhält man für das gleiche Quantum Sülibirn 6 Fr., weßhalb man oft sagen hört: «Die Sülibirn gilt nie, was sie werth ist.»

Nutzung Die Sülibirn wird ausschließlich zur Mostbereitung verwendet, wofür man die Früchte nur so lange ablagert, bis Einzelne kernteig werden. In diesem Stadium werden die Früchte sofort gemahlen und gepreßt. Der Saft ist vortrefflich und hält sich zwei Jahre lang.

Sülibirne.

Diel Cl. V. Ordn. 2.
Lucas Cl. X. Ordn. 2.
(S. H.††)

Theilersbirne

Syn. Theiligs-, Zuger-, Zuger Most-, Streuler-, Sträuli-, Luzerner-, Fäßlibirne, Brünnler

Vorkommen Der Theilersbirnbaum ist in der Schweiz am häufigsten in den Kantonen Zürich, Zug, Luzern und Schwyz verbreitet, wo er in einzelnen Gegenden mehr als die Hälfte aller Birnbäume ausmacht. Seine Abkunft ist unbekannt; er ist schon seit uralten Zeiten einheimisch und unzweifelhaft der Schweiz eigenthümlich. Er gedeiht in hoher wie in tiefer, in geschützter und ungeschützter Lage, in gebundenem, kiesigem oder steinigem Boden.

Eigenschaften des Baumes Der Baum zeigt in der Jugend einen raschen und kräftigen Wuchs und ist daher zur Nachzucht sehr empfehlenswerth, da man später mit Vortheil edlere, aber schwächer wachsende Sorten in die Krone pfropfen kann. Er wird groß, ist sehr gesund und dauerhaft, hat eine schöne pyramidale Krone mit fast rechtwinklig abstehenden Aesten, die von der Mitte an herabhängend werden. Die Sommertriebe sind stark, gerade, etwas stufig, röthlich-braun, schwach silberhäutig, gegen die Spitze etwas befilzt, mit in die Augen fallenden braunen, gelbumringelten Punkten besetzt. Das Fruchtholz ist gleichfarbig, grob punktirt und reich an Fruchtspießen, welche meist eine ziemliche Anzahl Blüthenknospen tragen. Die Augen sind etwas abstehend, stumpf kegelförmig. Der Baum blüht mittelfrüh und reichlich, ist gegen Kälte nicht besonders empfindlich, trägt schon in der Jugend gern, oft alljährlich, und liefert in der Regel alle zwei Jahre einen reichlichen Ertrag, der sich bis auf 100 Sester erstreckt; er sollte aber alle drei Jahre ausgelichtet werden. Die Blätter sind oben glänzend dunkelgrün, unten weißlich flaumig, klein, elliptisch, ganzrandig, die Spitze rückwärts-, die Ränder aufwärts-, am Rande wellig gebogen, 2“2‘‘‘ lang, 1“3‘‘‘ breit, mit 1“ bis 1¾“ lange Stielen, und haben lanzettförmige Afterblätter. Da der Baum früh trägt und sehr fruchtbar ist, so findet er fast eine zu häufige Verbreitung, welche zu der Qualität der Früchte in keinem richtigen Verhältniß steht. Der Baum ist schon von weitem leicht erkenntlich an seinem schlanken Stamme, der pyramidalen Krone, den herabhängenden Aesten und der grau erscheinenden Belaubung.

Eigenschaften der Frucht Die Frucht ist kaum mittelgroß, kreiselförmig, nach dem Stiele zu etwas wenig eingebogen und abgestumpft kurzkegelförmig, um den Kelch herum etwas abgeplattet. Sie ist 2“ (60 mm) lang und 1“6‘‘‘ (40 mm) breit. In obstreichen Jahrgängen sind die Früchte kleiner. Der Kelch ist lang spitzblättrig, oft straußförmig, oft hornartig, schwach eingesenkt, mit wenigen Beulchen umgeben. Die Kelchhöhle ist weit, gelbbraun und kurzröhrig. Der Stiel ist 1–1¼“ lang, an der Wurzel etwas fleischig, grünbraun, mit feinen Wärzchen besetzt, steht obenauf wie eingesteckt, entweder von Fleischringeln umgeben, oder schief neben einem Högker. Die Schale ist anfänglich grün, in voller Reife grünlich-gelb. Gröbere und feinere hellbraune Rostpunkte sind regelmäßig auf der ganzen Frucht vertheilt, wozu sich noch hell zimmetfarbige Rostüberzüge besonders um Kelch und Stiel, Rostfleckchen und Wärzchen auf dem übrigen Theil der Frucht gesellen, welche an der Sonnseite meist stärker und schöner, zuweilen bräunlich-roth hervortreten. Das Fleisch ist mattweiß, angenehm herbsüß, nur teig genießbar, saftreich, aber ohne Gewürz. Das Kernhaus ist durch feine Körner bezeichnet, bisweilen etwas hohlachsig. Die Kammern sind klein, mit schönen, vollkommenen, dunkelbraunen Kernen besetzt. Die Frucht reift Anfangs September und hält je nach der Witterung kaum 8–14 Tage; wird vielfach teig an dem Baume, was jedoch vermieden werden sollte.

Nutzung Die Theilersbirnen werden meistens zu Most, doch auch zum Dörren verwendet. Sie geben viel und auch guten, haltbaren Most, wenn die Früchte vor der vollständigen Reife und mit Zusatz von sauren Aepfeln gemostet werden. Von teigen Birnen wird das Getränk gegen den Sommer gerne essigsauer, auch zähe und schwarz. Der Most hält aber nicht über ein Jahr. 15 bis 16 Sester geben 100 Maß Saft, welcher auf der Oechsle‘schen Probe 67° wiegt.

Anmerkung Man ist mancherorts im Zweifel, ob die Brünnler oder Bründler mit der Theilersbirne identisch seien. Bei näherer Untersuchung stellte sich heraus, daß, obwohl Frucht, Wuchs und Form des Baumes, sowie die Blätter, sehr viel Aehnliches miteinander haben, Frucht und Baum ersterer kleiner und die Krone weniger schön und hoch pyramidal ist; auch ist der Theilersbirnbaum fruchtbarer und seine Frucht etwas herber als die des Bründlers.

Nach Kohlers Aufzählung und Beschreibung der wichtigsten Kernobstsorten des Kanton Zürich gibt es auch eine saure Theilersbirne, auch Säurler genannt. Dieser ist in der Form und Tragbarkeit der obigen ähnlich, dagegen erheblich größer. Die Schale der reifen Frucht ist gelblich-grün, das Fleisch sauer, weßhalb zum Dörren nicht tauglich. Diese sehr saftreiche Birne giebt einen vorzüglichen, äußerst milden und hellen Most.

Der Baum wächst ebenfalls kräftig und erreicht eine seltene Höhe, woran er auch im Winter leicht erkannt wird. Sein Ertrag ist bedeutend und steht darin keiner Sorte nach. Die Blätter sind stark und fest. Die Blüthe tritt mittelfrüh ein und ist empfindlich gegen Fröste. Der Baum kommt in ganz leichtem Boden überall fort, muß aber auch wie jener öfter und mit Sorgfalt gelichtet werden.

Theilersbirne.

Farbendruck v. J. Tribelhorn in St. Gallen

Diel Cl. IV. Ordn. 2.
Lucas Cl. X. Ordn. 1.
(H.††)

Wasserbirne

Syn. Kugel-,Thurgi-, Thurgauer-, Schweizer-, Schweizer Wasser-, Späte Wasserbirne, Weingifterin, Marzenbrat-, Kessel-, Graiten-, Glockenbirne

Vorkommen Die Wasserbirne ist in den meisten obstbautreibenden Gegenden der Schweiz verbreitet, besonders aber in den nördlichen und nordöstlichen Kantonen; auch findet sie sich in den angrenzenden Staaten. Sie stammt wahrscheinlich aus dem Kanton Thurgau und kommt in allen Lagen und Bodenarten gut fort, eignet sich aber auch für Berg-, als Thalgegenden.

Eigenschaften des Baumes Dieser rasch und kräftig wachsende Baum wird in Form und Größe der Eiche ähnlich. Seine, bei jungen Exemplaren meist hochgebaut kugelförmige, bei älteren breitkugelige Krone hat starke, spitzwinklig abstehende Aeste und mit kurzem Fruchtholz besetzte, silberhäutige Zweige. Die Sommertriebe sind schlank, braun und fein punktirt. Die Blüthe erscheint ziemlich früh, ist aber dauerhaft und nicht sehr empfindlich. Die großen, dunkelgrünen, glänzenden Blätter sind elliptisch, seltener eirund oder eiförmig, und nur schwach gesägt. Der Baum fängt in der Regel erst an zu tragen, wenn er schon einigermaßen erstarkt ist; dann liefert er aber alljährliche und oft sehr reiche Ernten, bisweilen 240 bis 250 Sester. Er erreicht nicht selten ein Alter von über 200 Jahren.

Eigenschaften der Frucht Die Form der mittelgroßen Frucht ist fast kugelig; von dem meist in der Mitte, oft auch näher dem Stiel liegenden Bauch nimmt dieselbe nach beiden Seiten gleichmäßig ab; durch einzelne starke Beulen wird sie unregelmäßig und bildet oft ungleiche Hälften. Eine Mittelfrucht ist 2“ 3‘‘‘ (69 mm) hoch und 2“ 4‘‘‘ (72 mm) breit. Der vollkommene, braune Kelch sitzt in einer etwas weiten, tiefen und schiefen Einsenkung. Die Spitzen der Kelchblättchen sind zurückgebogen. Der starke, 1 bis 1¼“ lange, röthlichbraune, knospige Stiel steht auf einem etwas eingedrückten Fleischhügelchen. Die ziemlich rauhe Schale ist grüngelb, auf der Sonnenseite trübroth verwaschen, mit zahlreichen Rostpunkten und Rostflecken besprengt; im Rothen erscheinen die Punkte weißlich. Das Fleisch dieser süßherben, sehr saftreichen Mostbirne ist gelblichweiß, grobkörnig und nur lagerreif genießbar. Das Kernhaus ist hohlachsig, citronenförmig; die Fächer sind geräumig und enthalten nur wenige vollkommene, schwarzbraune, lange Kerne. Die Frucht reift Mitte Oktober, selten schon Ende September, und hält fünf bis sechs Wochen.

Nutzung Diese Birne wird meistens zum Mosten verwendet. Um gutes, helles Getränk zu erhalten, müssen die Früchte am Baum vollkommen reif werden und vor dem Pressen so lange auf Haufen liegen, bis sie kernteig sind. Der Saft wird nur dann haltbar, wenn Aepfel oder rauhe Birnsorten damit vermischt gemostet werden. Gedörrt liefern diese Birnen sehr gute Schnitze. 10 Sester wogen im Jahr 1862 223 Pfd., woraus 50 Maß Saft gewonnen wurden, der aus Thalgegenden 54°, aus Berggegenden 65° zog.

Auf dem Markte gelten die Wasserbirnen gewöhnlich 10 bis 12 pCt. weniger als andere gute Mostbirnen. Ihrer hohen Fruchtbarkeit und ihres Saftreichthums wegen wird diese Sorte aber mit Recht sehr häufig angepflanzt; auch pflegen die Landwirthe mit gutem Erfolge Edelreiser der schmächtiger wachsenden Weinbirne auf halbausgewachsene Wasserbirnbäume zu pfropfen.

Wasserbirne.

Diel Cl. V. Ordn. 2.
Lucas Cl. VII. Ordn. 2.
(S.††)

Frühe Weinbirne

Syn. Knaus-, Wein-, Pfullinger-, Elsäßer-, Frühe Frankfurter-, Röthel-, Zank-, Weinbergsbirn, Faßfüller, Herbstgürtel

Vorkommen Diese frühe Sommerwirthschaftsbirne stammt unzweifelhaft aus dem obern Thurgau, wo sie schon über 300 Jahre bekannt ist und von dort aus in alle angrenzenden Kantone und deutschen Staaten verpflanzt wurde. Sie ist sehr wahrscheinlich identisch mit der sogenannten Knausbirne, welche Lucas im Jahr 1844, Metzger 1847 und Kohler 1864 beschrieb. Der Baum gedeiht fast in jeder Bodenart und Lage.

Eigenschaften des Baumes Der Baum wächst schön und kräftig, wird außerordentlich groß (Lucas sagt: eichengroß); er gehört mit allem Recht unter die Riesen der Obstbäume. Es giebt Prachtexemplare, von denen man sagt: «Dieser Baum ist der Stolz des Gutsbesitzers.» – Ein vollkommen ausgewachsener Baum hat Aeste wie Stämme, die, unten etwas stark abstehend, nach oben sich allmälig spitzwinkliger in die Höhe ziehen und eine breit- und hochpyramidale Krone bilden. Die Sommertriebe sind schlank und stumpf, d. h. gewöhnlich mit einer starken Knospe endend, gelblichbraun, sonnenwärts etwas silberhäutig, ziemlich häufig fein gelblichweiß punktirt, die Augen etwas abstehend. Das Fruchtholz ist stark, silberhäutig, mit groben, schmutzigweißen Punkten besetzt. Die Blüthenknospen sind zahlreich, langspitzkegelförmig, hellbraun, kahl und etwas silberhäutig. Die länglich eiförmigen Blätter haben langgezogene Spitzen, eine Länge von 3“ und eine Breite von 1“3‘“, sind fein geadert, zart, schwach vertieft sägezähnig, grasgrün und unten wollig. Der Blattstiel ist dünn und charakteristisch lang (2 bis 2½“). Der Baum blühte im Jahre 1862 Ende der dritten Woche April, trägt alljährlich und oft reichlich, bis 160 Sester, und erreicht nicht selten ein Alter von 200 Jahren. Man pflanzt diese Bäume ihres hohen und schönen Wuchses wegen gerne auf Aeckern, hingegen ihrer frühreifen und genießbaren Frucht willen, um sie vor Näschern zu schützen, nahe an die Wohnhäuser.

Eigenschaften der Frucht Die Gestalt der ansehnlich großen Sommermostbirne nähert sich der schönen Birnform, ist stark oder vollbauchig, ihr größter Durchmesser ist näher dem Kelch, um den sie sich schön und regelmäßig zurundet. Die Frucht ist gewöhnlich gegen den Stiel etwas eingebogen, zuweilen ist diese Einbiegung kaum bemerkbar. Die Spitze ist meist abgestumpft. Von der Kelcheinsenkung aus ziehen sich oft einzelne flachen Erhabenheiten bis, nur selten über dessen Wölbung hinaus. Eine mittelgroße Frucht ist 1“8‘“ (55 mm) breit und 2“1‘“ (63 mm) hoch, es giebt aber auch bedeutend größere. Der vollkommene und sternförmige Kelch ist befilzt und sitzt in einer flachen, seichten Vertiefung. Der Stiel ist durchschnittlich 1“ lang dick und fleischig, grün, gegen das Ende in's Bräunliche übergehend und scheint wie etwas eingesteckt. Die Grundfarbe der Schale ist grünlichgelb, bei voller Zeitigung fast hellgelb. Die Sonnenseite ist theils verwaschen, theils streifenartig trüb geröthet; ganz beschattete Früchte zeigen nur einen geringen Anflug davon. Auf der ganzen Frucht zeigen sich zahlreiche, regelmäßig vertheilte, feine Rostpunkte, mitunter auch Rostanflüge. Das Fleisch ist gelblichweiß, grobkörnig, um das Kernhaus etwas steinig, sehr saftig, süßherb mit einem weinsäuerlichen Beigeschmack. Die Birne ist kernteig am genießbarsten. Das Kernhaus ist geschlossen und hat wenige, aber vollkommene, schwarzbraune Kerne. Die Frucht reift Ende August oder Anfangs September, hält längstens 14 Tage und teigt dann von innen heraus schnell.

Nutzung Man benutzt diese Birne meist zur Mostbereitung, häufig auch zu Schnitzen, wozu sie sich sehr gut eignen und ein wohlschmeckendes Dörrobst abgeben. Auf dem Markte wird sie als frühreife Sommerbirne zum Rohgenuß verkauft. Man muß die Früchte einige Tage vor der vollen Reife ernten, um sie mit gutem Erfolge zum Mosten verwenden zu können, wozu sie ihrer Saftfülle wegen äußerst schätzbar sind. Der Most ist vorzüglich, aber, wenn er nicht mit dem Safte rauherer Obstsorten vermengt wird, nicht haltbar. Aus 10 Sestern gewinnt man bis 40 Maß Saft. Diese Weinbirne ist eine Frucht zweiten Ranges, nichtsdestoweniger verdient sie die größte Verbreitung und sollte in keiner wirthschaftlichen Obstanlage fehlen. Nach Metzger soll diese Sorte von allen Wirtschaftsbirnen bei Hohenheim den sichersten jährlichen Ertrag abwerfen.

Frühe Weinbirne.

Farbendruck v. J. Tribelhorn in St. Gallen

Diel Cl. VI. Ordn. 3.
Lucas Cl. X. Ordn. 2.
(H. † †)

Die späte Weinbirne

(Poire vineuse tardive)

Der späte Weinbirnbaum ist in der Schweiz vielfach, ganz besonders im Kanton Thurgau und St. Gallen verbreitet. Auch findet er sich in den Nachbarländern, namentlich am Bodensee. Es wird vermuthet, daß diese Sorte thurgauischen Ursprungs sei. Der Baum liebt einen schweren, tiefgründigen, mittelfeuchten Boden und gedeiht noch in einer Höhe bis 2100' ü. M. Er kommt in jeder Lage fort; die Blüthe ist aber gegen nasse Witterung besonders empfindlich.

Der Baum ist mehr als mittelgroß, darf jedoch nicht zu den größten gerechnet werden; er hat eine hochgehende Krone mit abstehenden Aesten, licht gestellten und zierlich gebogenen Zweigen.

Die Sommertriebe sind weißbehaart, die Zweige braun mit weißlichen Punkten besetzt, die Knospen spitz, abstehend.

Die Blüthenknospen sind eirund, mäßig zugespitzt, ziemlich eng beisammen, braun von Farbe und etwas grau befilzt.

Die Blätter sind rundlich zugespitzt, oben hellgrün, glänzend, auf der Rückseite wollig, ganzrandig und sehr stark geadert.

Der Baum blüht in gewöhnlichen Jahren Anfangs Mais und reift die Frucht in der ersten Hälfte Oktobers. Er wächst in der Jugend sehr rasch, ist dauerhaft und erreicht ein Alter von wenigstens 150–160 Jahren. In hohen Lagen dagegen ist sein Wachsthum in der Jugend langsam, und man zieht es vor, ihn auf ältere Exemplare raschwüchsiger Sorten (z. B. Wasserbirnstämme) zu pfropfen. In etwas geschützter Lage trägt er fast alljährlich und oft sehr reichlich, jedoch nicht über 100 oder 110 Sester.

Die späte Weinbirne auch Schweizerbirne genannt, ist ziemlich groß, bauchig, kreiselförmig, gegen den Stiel zu stumpf zulaufend und kommt in ihrer Gesammtgestalt der schönen Birnform nahe.

Eine mittelgroße Frucht ist 2" 4½"' (74 mm) lang und 2" 3"' (70 mm) breit. Die abgebildete Frucht ist eins der größern Exemplare.

Der Kelch ist offen, spitzblättrig, häufig aber unvollkommen ausgebildet, und sitzt in einer schwachen Vertiefung von ungleich starken Erhabenheiten umgeben.

Der holzige, etwas gekrümmte Stiel ist 1" 1½"' lang.

Die zartschalige Frucht ist frisch vom Baume weg grünlichgelb, auf der Sonnenseite eigenthümlich düster roth angelaufen und mit Rostpunkten übersäet, die auf der Sonnenseite gelblich umringelt erscheinen. Um Kelch und Stiel ist die Frucht reichlich berostet, öfters weißlich gefleckt.

Das Fleisch ist gelblichweiß, grobkörnig, saftvoll, von weinsäuerlichem, rauhem, zusammenziehendem Geschmack, unbrauchbar zum Rohgenuß.

Diese Obstsorte giebt ein äußerst angenehmes, haltbares Getränk und wird meistens 30–35 % höher bezahlt als gewöhnliches Mostobst. Der leicht sich klärende Saft bekommt eine eigenthümliche, röthlichgelbe Farbe und ist von süß weinsäuerlichem Geschmack. Frisch vom Baume müssen die Früchte, ehe sie gemostet werden, 6–8 Tage abgelagert werden, sonst wird das Getränk zu herb und rauh.

Zehn Schweizersester dieser Obstsorte haben ein Gewicht von 216–222 Pfd. und geben zwischen 34 und 40 Maaß Saft von 63–75° Oe.

Der Saft hält 2–3 Jahre, schmeckt aber im zweiten Jahre am angenehmsten. Diese Obstsorte ist, wo die Bodenverhältnisse dem Gedeihen günstig sind, zum Anbau sehr zu empfehlen.

Späte Weinbirne.

(Poire vineuse tardive.)

Farbendruck v. J. Tribelhorn in St Gallen.

Diel Cl. I. Ordn. 3.
Lucas Cl. I. Ordn. 1 .
(S.**†)

Williams Christbirne

(Bonchrétien Williams)

Syn. Williams Apothekerbirne, Bon Chrétien William, Bartlett of Boston, Charles Durieux, Poire d'Angleterre, Passe Goemanns, Delavault

Vorkommen Wie im Auslande ist diese Sorte auch in der Schweiz fast in allen größern Baumschulen und in vielen Gartenobstanlagen zu finden. Diese köstliche Tafelbirne, die in keinem Garten fehlen sollte, stammt nach Bivort's Mittheilung aus Berkshire in England, wo sie schon 1770 bekannt war und nach ihrem Verbreiter, Herrn Williams zu London, benannt wurde. Von dort kam sie 1799 ohne Namen nach Amerika zu einem Herrn Bartlett zu Dochester bei Boston, woher sie dort allgemein Bartlett, auch Bartlett of Boston heißt. Der Baum verlangt, wenn auch nicht besonders guten Boden, doch eine geschützte Lage; er gedeiht dann noch bei 2000' ü. M. vortrefflich.

Eigenschaften des Baumes Der stattliche Hochstamm hat eine schönbelaubte, pyramidale Krone, mit unten spitzwinklig abstehenden, oben anliegenden Aesten. Sommertriebe sind lang, stark, etwas stufig, an der Sonnenseite schwach geröthet, nur wenig punktirt und an der Spitze etwas wollig; sie haben dreieckige, spitze Augen mit stark vorstehenden Augenträgern. Das Fruchtholz ist silberhäutig; die Blätter sind groß, dunkelgrün, glänzend, glatt, meist elliptisch, nur etwas schiffförmig aufwärts gebogen, fein geadert und gezahnt. Das Blatt der Fruchtaugen ist zuweilen auch eiförmig, nur am Grunde oft stark verschmälert und häufig scharf gesägt. Die Afterblätter sind fadenförmig. Der Baum trägt frühe, fast alljährlich und oft reichlich. Auf Quitten veredelt, erschöpft er sich bald, daher Wildlinge als Unterlage vorzuziehen sind.

Eigenschaften der Frucht Die Gestalt der Birne ist veränderlich, meistens schwankend zwischen Ei- und Birnform, auf Hochstamm ziemlich lang, kelchbäuchig, gegen den Bauch flach abgerundet. Von der Kelchfläche aus verlaufen breite Rippen oder beulenartige Erhabenheiten, von denen öfter einige bis unter den Bauch sich ziehen. Von der Mitte der Bauchwölbung an gegen den Stiel ist sie etwas eingezogen und endigt stumpf kegelförmig. Eine Mittelfrucht des Hochstammes hat 2" 7''' (81 mm) Höhe und 2" 1''' (63 mm) Breite, eine solche des Zwergstammes 3" 7½''' (112 mm) Höhe und 2" 4½''' (74 mm) Breite, gehört demnach zu den großen Birnsorten. Der offene von flachen Beulen umgebene Kelch ist hartblätterig, kurzgespitzt und in die Höhe stehend. Der Stiel ist meist 1" lang, stark, fleischig, eingedrückt, rostfarbig, zerstreut punktirt und neben einem Wulste wie eingedrückt. Die anfänglich gelblich grüne, später grün- oder hellgelbe, bisweilen etwas matt geröthete Schale hat zimmetfarbige Punkte, Figuren und Rostanflüge, welche die reine Grundfarbe nur sparsam durchblicken lassen; ist in der Umgebung von Kelch und Stiel ganz berostet. Das Fleisch ist gelblich weiß, sehr fein, ganz steinfrei, saftreich, schmelzend, fein säuerlich, und durch einen leichten, zimmet- oder calmusartigen Geschmack gewürzt. Das Kernhaus hat eine kleine hohle Axe mit schwarzbraunen, vollkommenen Kernen. Die Frucht zeitigt im September, muß in warmen Jahren schon Ende August, in kältern Mitte September gebrochen werden. Wenn sie am Baume schon gelblich wurde, schmeckt sie bald verspiesen noch gut, ist aber delikater und hält sich länger, wenn sie acht Tage vor dieser Periode gepflückt wird. Vollkommen zeitig hält sie nur einige Tage.

Nutzung Diese feine, köstliche Birne wird gewöhnlich nur für die Tafel verwendet, und verdient zur Anpflanzung empfohlen zu werden.

Williams Christbirne.

Bonchretien Williams.

Farbendruck v. J. Tribelhorn in St. Gallen

Diel I. 2. 2.
Lucas IV. 1. b.
(**†H.)

Wildling von Motte

(Besi de la Motte)

Syn. Grüne Bergamotte, grüne Herbstbergamotte, Poire de la Motte

Vorkommen Diese ältere französische Sorte ist in der Schweiz seit langer Zeit bekannt, und findet sich wohl überall, sowol in neueren Pflanzungen, doch, wie mir scheint, häufiger noch in älteren. Wurde als Wildling aufgefunden, und wahrscheinlich nach dem Finder oder Verbreiter benannt. Die Früchte, welche im Bilde dargestellt sind, wurden einem freistehenden Baume entnommen.

Eigenschaften des Baumes Dieser auch für Hochstamm vorzüglich geeignete Baum wächst rasch in der Jugend, vermindert aber bald seine Triebkraft. Er geht trefflich auf Wildling und gut auch auf Weißdorn (Cratägus). An den stark abstehenden Aesten finden sich schlanke, oft gekrümmte Zweige von grünlichgelber Färbung, mit zahlreichen runden Punkten besäet und mit kleinen, kurzen, dem Zweig anliegenden Knospen. Ebenfalls dünn sind die steifen Fruchtspieße, die nicht selten in Dornen enden, wodurch der Baum einem Wildling ähnlich wird. Jahn in Meiningen findet für seine Gegend den Baum nicht ganz passend, da seine Zweige leicht grindig werden; auch sagt er, daß ein zwanzigjähriger Baum im dortigen schweren Boden selten eine vollkommene Frucht trage. Diese Uebel sind am Zürichsee nicht bekannt; so trägt z.B. eine mehr als dreißigjährige, auf Quitte erzogene Phyramide, unmittelbar hinterm Haus im Garten, also in schattiger Lage, je alle zwei Jahre sehr reichliche und sehr vollkommene Früchte, und nicht selten betrug die Ernte 3–4 Sester, was für einen Baum dieser Größe sehr viel heißt. – Nach Lucas ist der Baum weniger heikel als die meisten Tafelbirnen, und liefert selbst in rauheren Lagen noch schmelzende Früchte. Die Blätter, von eirunder oder elliptisch eirunder Form, sind sehr stark zugespitzt, ganzrandig, kahl, nur am Rande bewimpert, und getragen von sehr schlanken Stielen. An den Holztrieben finden sich weit schmalere, fast weidenartige Blätter. Zur Blüthezeit ist das Laub noch klein, oben grünlich, mit einigen rostfarbigen Längsstreifen, unten flaumig. Die Blüthen sind klein, kurzgestielt, zu reichblüthigen Sträußen zusammengestellt. Die elliptischen Blumenblätter lassen weite Lücken unter einander und gehen durch allmälige Verschmälerung in den Nagel über. Gelbflaumig erscheinen Blüthenstiel und Kelch.

Eigenschaften der Frucht Die Frucht ist bergamottenförmig, d. h. in der Regel rund und wie zusammengedrückt in der Axenrichtung, so daß sie breiter als hoch erscheint. Unser Bild stellt etwas hohe Früchte dar (Stielfrucht und Längsschnitt). Hinsichtlich der Größe kann sie theils den mittleren, theils den großen Formen beigezählt werden, so daß Früchte von 3“ (90 mm) Höhe und Breite gar nicht selten sind. Der Kelch, in seichter Senkung, ist aufrecht aus fünf schmalen, ziemlich harten Zähnen bestehend. Der Fruchtstiel ist auffallend kurz (kaum ¾“), und steckt in kleiner, oft beulenumgebener Höhle. Die erst grasgrüne (blaugrüne), später gelbliche Schale ist mit zahlreichen, sehr großen Rostpunkten übersäet, und nicht selten kommen größere gelbe Rostflecken, zumal um den Kelch herum, vor. Röthe tritt niemals auf. Ein geschlossenes, geräumiges Kernhaus enthält schwarze, vollkommene oder auch taube Samen. Das Fleisch ist von weißem Aussehen, zart, sehr schmelzend, daher stark kältend, und leicht gewürzt. In weniger geeigneten Lagen und in ungünstigen Sommern erlangt die Birne ihre wahre Güte nicht; die Früchte werden steinig und rißig; in günstigen Verhältnissen bringen selbst Hochstämme recht edle Früchte.

Von Mitte Oktober reift unsere Frucht, die von dieser Zeit an fleißig nachgesehen sein will, und hält durch den November bisweilen bis Januar. Es ist eine schätzbare Eigenschaft dieser nicht lange dauernden Tafelfrucht, daß sie, vor völliger Fruchtreife geschält und gedörrt, vortreffliches Dörrobst gibt. Soll sie aber zum Rohgenuß dienen, dann muß sie lange hängen, sonst schrumpft sie und schmeckt schlecht.

Wildling von Motte.

(Besi de la Motte)

Farbendruck v. J. Tribelhorn in St. Gallen

Diel IV. 3. a.
Lucas VII. 2. b.
(**††H.)

Wildling von Sargans

(Sarganser Wildling)

Syn. Aeulisbirne, Äulebirne

Vorkommen Im Jahr 1627 wurde das Rheinthal von einer furchtbaren Ueberschwemmung heimgesucht. Da fand der Stadtweibel von Sargans, dessen Name der Verfasser nicht erfahren konnte, im «Aeuli» (kleine Au – Sarganser Au) ein in Erlengebüsch angeschwemmtes, in Schlamm steckendes Birnbäumchen, welches Früchte trug. Diese fand unser Weibel vorzüglich und der Vermehrung werth, welche denn auch durch die Reiser des Stammbaumes bewerkstelligt wurde. Erst vor circa 40 Jahren erhielt diese Sorte durch Kaplan Gafader in Sargans den heutigen Namen «Sarganser Wildling». Am häufigsten kommt diese Sorte in und um Sargans, dann in den angrenzenden Gemeinden vor.

Eigenschaften des Baumes Der Baum erlangt mittlere Größe und hat eine breitpyramidale, dicht belaubte Krone, von spitzwinklig abstehenden Aesten gebildet. Die Sommertriebe sind dünn, rothbraun, etwas stufig, häufig endknospig und weißgrau, fein punktirt. Das Fruchtholz ist sehr kurz, silberhäutig und stark punktirt. Die Knospen sind dick, spitz kegelförmig; die Augen stehen genähert und sind fast kahl. Die kleinen Blätter (2“ 1‘“ lang, 1“ 3‘“ breit) sind elliptisch, kahl, oben matt grasgrün, ganzrandig und wellenförmig. Dünne, 1½“ lange Blattstiele tragen fadenförmige Nebenblättchen. Der Baum trägt alljährlich und alle zwei Jahre reichlich.

Der Baum liebt einen etwas feuchten Boden und geschützte Lage, ist dauerhaft, und erreicht ein Alter von wenigstens 100 Jahren.

Eigenschaften der Frucht Die Gestalt der Frucht ist birn- oder länglich kegelförmig, nach dem Stiel zu meist schwach eingebogen, nach dem Kelch kugelförmig abgerundet, mehr oder minder dickbauchig, meist regelmäßig gebaut, jedoch beulig, und so auf den ersten Blick einer kleineren Frucht von Soldat laboureur gleichend. Die Birne erlangt eine Höhe von 3“ und eine Breite von 2“ 3‘“. Der Kelch ist wenig offen, hornartig, meist unvollkommen, schmalblättrig, oben rückwärts gebogen, unten beim Uebergang in die seichte Kelcheinsenkung flaumig. Diese Einsenkung wird durch Rippen uneben gemacht, die sich gegen die Mitte der Frucht verlaufen. Der kurze (4–5‘“ lange), dicke, fleischige Stiel steckt auf der stumpfen Spitze der Frucht wie eingedrückt, oder ist von einem Fleischwulst oder dgl. Höcker auf die Seite geschoben. Charakteristisch ist seine grüngelbe Farbe, und sind die zahlreichen kleinen, röthlichen Wärzchen, welche seine Oberfläche rauh machen. Die Schale der Frucht ist vom Baume glänzend, hellgrün, in ihrer vollen Reife gelbgrün, uneben, von feinen, zahlreichen Punkten bedeckt, wodurch die Schale sich rauhlich anfühlt. Rostflecken, Rostfiguren und Rostüberzüge finden sich, wenn auch meist wenig ausgedehnt, besonders um den Kelch fast an jeder Frucht. Frisch vom Baume ist das Fleisch hart, herb und ungenießbar; im Stadium der Reife aber saftig, schmelzend, süß, etwas gewürzt, gelblichweiß, grobkörnig um das Kernhaus. Ein mäßiges Kernhaus birgt geräumige Kammern, deren jede je zwei vollkommene, höckerige, kaffeebraune Kerne enthält. Die Frucht reift Mitte bis Ende September und hält, etwas vor der Kernreife gepflückt, wie dies geschehen sollte, 14 Tage bis 3 Wochen; reif vom Baum wird sie schnell, in 4–5 Tagen teig. Von ältern Bäumen sind die Früchte denen der jüngern Bäume vorzuziehen.

Zum Rohgenuß ist diese Birne köstlich, schätzbar für die Küche und zum Dörren. Gemostet gibt sie ein gut schmeckendes Getränk, das aber nicht lange hält.

Wildling von Sargans.

Farbendruck v. J. Tribelhorn in St. Gallen

Diel I. 3. 3.
Lucas V. 1. b.
(**!†W.)

Winter-Dechantsbirne

(Doyenné d'hiver)

Syn. Pfingstbergamotte, Bergamotte de Pentecôte, Osterbutterbirne

Vorkommen Ist eine noch neue Frucht, und soll 1825 in einem Klostergarten bei Löwen aufgefunden und von da aus durch van Mons und andere belgische Obstzüchter nach allen Ländern verbreitet worden sein. So gelangte sie auch in die Schweiz, und wurde von den Baumschulen rasch unter die Obstliebhaber verbreitet.

Eigenschaften des Baumes Dieser Baum verbindet mit kräftigem Wachsthum große Fruchtbarkeit, und trägt in jeder Form und in jeder Lage; doch müssen die Bäume in schattiger Lage licht gehalten werden. Als Hochstamm wird er seltener gezogen, um so häufiger dagegen als Pyramide. Als beste Unterlagen gelten Wildlinge; auch soll die Sorte noch besser auf Weißdorn (Cratägus), als auf Quitte gedeihen. Am Zürichsee kommen 12–15' hohe Pyramiden auf Quitte vor, die nichts zu wünschen übrig lassen. Es sind diese Bäume sehr gesund und fruchtbar, haben jedoch einen gemäßigten Holztrieb. Die jungen krautigen Triebe erscheinen an der Spitze röthlich, werden aber bald freundlich grün, und bei dem allmäligen Verholzen wird die Rinde gelbbraun in's Grünliche mit ziemlich zahlreichen kleinen schmutzigweißen Punkten. Das zweijährige Holz ist wenig verändert. Bräunliche, spitzeiförmige Knospen sitzen auf starken Trägern. Die mäßig großen, oben fahlen, unten bläulichgrünen, schwach flaumigen Blätter haben 1" lange, am Grunde geröthete Stiele, an denen noch im Juli die schmalen, abstehenden Nebenblätter vorhanden sind. Der Blattrand ist ziemlich tief und gleichmäßig gesägt. Von mittlerer Blüthezeit öffnet unser Baum, nachdem er schon vollbelaubt ist, seine reichen Blüthensträuße (8–12 Blüthen). Die Blüthen selbst sind mittel, nie ganz offen, und die nicht an einander schließenden, elliptischen Blumenblätter stehen auf kurzem Nagel. Mittellange Blüthenstiele sind hellgrün und wenig flaumig.

Eigenschaften der Frucht Unsere Birne ist, weil von beiden Seiten eingedrückt, stumpf eiförmig, bisweilen fast walzig, von ansehnlicher Größe: 3½" (105 mm) lang und 2¾" (83 mm) breit. Sie ruht sicher auf der breiten, ebenen Kelchwölbung. In flacher, oft recht wohlgerundeter, oft auch welliger Einsenkung steht der am Grund etwas wollige, sonst kahle, halb offene, starre Kelch, am Grunde mit Fleischperlen umgeben. Gegenüber ist ein gerader, starker, am Ende kolbig verdickter, brauner, etwa 1" langer Stiel in ein kleines Grübchen eingesteckt, das von einem Wulste theilweise umschlossen wird. Eine derbe Schale, anfangs hellgrün ist im Bilde etwas zu graulich), später gelbgrün, auf der Sonnenseite mit schönem Roth (durch zahlreiche rothe Punkte) bedeckt, umschließt das weiße, vollsaftige, butterhafte, um's Kernhaus ziemlich körnige Fleisch, das durch seinen erfrischenden und würzigen Geschmack uns erfreut, wenn nur noch wenige andere Birnsorten zu finden sind. Im kleinen, engklammerigen, geschlossenen Kernhaus liegen wenige hellbraune, vollkommene Samen.

Wird die Frucht anfangs Oktober gebrochen und gut, d. i. trocken und kühl aufbewahrt, so dauert sie bis März; es gibt aber schon während des Winters einzelne zeitige Exemplare. Zu spät geerntete Birnen dieser Sorte sind weniger haltbar, werden selbst mehlig, während zu frühe gebrochene Früchte schrumpfen, und das Fleisch nie den rechten Wohlgeschmack erlangt.

Im Winter gelten in Zürich einzelne Früchte 20 und 25 Ct. auf dem Obstmarkte.

Winter=Dechantsbirne

(Doyenné d'hiver.)

Farbendruck von J. Tribelhorn in St Gallen

Diel IV. 3
Lucas VII. 2.
(S.††)

Zuger Röthler Birne

(Wildling von Zug)

Vorkommen Am Zuger See, vornämlich auf der Westseite um Buonas, aber um Zug selbst nicht besonders gedeihlich, und eher in Ab- als Zunahme begriffen. Um Zug hat der Baum seinen Stand nur in stark begülltem Wiesland, während auf der andern Seite auf Ackerfeld. Wo der Baum gedeiht, verdient er wegen seiner großen Fruchtbarkeit und wegen der Vorzüglichkeit der Frucht zum Mosten, Dörren, Kochen – angepflanzt zu werden. Wo unser Zuger Röthler nicht gut fortkommt, da bietet eine andere vortreffliche Wirthschaftssorte, die sog. Bartli Röthler oder Walchwyler Röthler, welcher denselben Verbreitungsbezirk hat, den besten Ersatz.

Eigenschaften des Baumes Der Baum, von mäßiger Größe, hat keinen besonders schönen Wuchs. Die hohe, runde Krone erscheint licht und oft wie lückenhaft, da die abstehenden (45°) Aeste nicht regelmäßig auftreten, und im Verlauf halbbogenförmig nach unten gerichtet, große Lücken zwischen sich zeigen, die nur unvollkommen durch die senkrecht aufstrebenden Zweige ausgefüllt werden. Diese, von ganz kurzen Fruchtspießen dicht besetzt, geben dem Baum das Aussehen eines Wildlings. Roth bis lederbraun sind die einjährigen Zweige, auf der kahlen, glänzenden Rinde finden sich nur wenige rundliche Rindenhöckerchen; am zweijährigen, weißgrau berindeten Holze treten diese als längliche und weiße Punkte deutlicher hervor. Geröthet sind auch die kegelförmigen, abstehenden, auf starken Trägern sitzenden Knospen. Die Blüthen erscheinen von Mitte April vor der vollen Entwicklung der Blätter, so daß der Baum zur Blüthezeit noch ziemlich kahl aussieht. Die Blüthen stehen meist zu 5–6 in gedrängter Doldentraube. Die starken, hellgrünen Blüthenstiele, sowie der Kelch mit seinen sternförmig ausgebreiteten, etwas zurückgerollten Kelchzipfeln sind mit Flaum dicht bekleidet. Stiel und Außenseite des Kelchs erscheinen dadurch weiß, die Oberseite der Kelchabschnitte aber gelb (orangefarbig). – Die anfänglich kurzgestielten, breit eiförmigen Blätter sind ebenfalls dicht filzig. Später streckt sich der Blattstiel sehr ansehnlich bis auf 2" Länge, er erscheint, wie die noch etwas längere Mittelrippe, hellgrün. Die ungewöhnlich großen Blätter sind herzeiförmig, schwach bezahnt, unterseits, wo bis zum Juli die weißen Flaumüberzüge sich erhalten, matt hellgrün, auf der Oberseite dunkelgrün, glänzend. Die jungen Triebe bleiben ebenfalls bis tief in den Sommer mit einem dichten weißen Filz bekleidet. Die Blumenblätter sind groß, rund löffelförmig, kurz gestielt.

Eigenschaften der Frucht Die Frucht, von mittlerer Größe, mißt 2¼–2½" in die Höhe, und in der Mitte, wo sie am dicksten ist, 2" in der Breite, findet sich ebenso häufig birnförmig, als kegelförmig gestaltet. In schwacher, mit flachen Erhabenheiten besetzter Einsenkung sitzt der breitblättrige, wenig offene, hornige Kelch, dessen Lappen, wie die nächste Umgebung, schwach befilzt erscheinen. Wohlgerundet ist die Kelchwölbung. Der starke, 1–1½" lange Stiel steckt schief und trägt am Ursprung einige Fleischringeln, wodurch er hier, wie auch an seinem Ende, verdickt erscheint. Auf der grasgrünen Schale, die später weißlichgelb wird, tritt an Sonnenfrüchten eine schöne, lichtere bis dunklere Röthe auf, die bis auf die Hälfte der Frucht sich ausdehnt, und in diesem Roth finden sich zahlreiche gelbe Punkte, wodurch solche Früchte in der Färbung an die Forellenbirne erinnern. Rostflecken und Regenmale verleihen der Schale eine fühlbare Rauhigkeit. Das gelblichweiße Fleisch schmeckt herbsüß und würzig, und obgleich saftig, finden wir das Fleisch wegen seiner grobkörnigen Beschaffenheit doch nur im Stadium des kernteigen Zustandes zum Rohgenuß angenehm. Um das schwach hohlaxige Kernhaus ist das Fleisch selbst steinig, und die langen, schwarzen Kerne füllen die Fächer vollständig. – Reift von Anfang bis Mitte September, hält 10–14 Tage, dann teigend. Für die Küche, zum Dörren und Mosten gleich schätzenswerth.

Zuger Rötheler Birne.

Farbendruck v. J. Tribelhorn in St. Gallen

Diel Cl. III Ordn. 2.
Lucas Cl. II. Ordn. 2.
(S.**)

Zuckerbirne

Syn. Zürcher Rousselet, Kleine Rousselet (Solothurn)

Vorkommen Diese kleine köstliche Tafelbirne findet sich im Kanton Zürich am häufigsten. Ihre Abstammung ist unbekannt. Kohler glaubt in der «Aufzählung und Beschreibung der wichtigsten Kernobstsorten des Kantons Zürich», diese Frucht sei identisch mit der Aurate, der kleinen rothen Sommermuskateller, die Diel schon 1805 beschrieb. Baum, Frucht und Nutzung haben äußerst viel Aehnliches, jedoch die Reifezeit, das Fleisch, die Farbe der Schale und etwas an der Form der Blätter u. a. m. stimmt mit keiner der bis jetzt beschriebenen Rousselets vollkommen überein. Die Zuckerbirne kommt auch im Kanton Bern vor, wo Kohler selbe in einzelnen Sortimenten vorfand unter dem Namen: Rousselet rouge d'été.

Eigenschaften des Baumes Der Baum ist sehr groß, hat einen prächtigen pyramidalen Wuchs, trägt spät und sollte daher immer auf größere Bäume gepfropft werden. In diesem Falle trägt er schon im zweiten Jahr nach seiner Veredlung Früchte. Die einjährigen Holztriebe sind ziemlich schmächtig, haben sehr zahlreiche Ringelspieße und stark abstehende Augen, sind gelblich-braun oder ledergelb, mit ziemlich vielen feinen weißgelblichen Punkten besetzt. Das Fruchtholz ist silberhäutig. Die Blätter sind klein, eirund, ganzrandig, herzförmig, fein gerippt, unterseits weißflaumig, oberseits graugrün von sehr kurzen anliegenden grauen Härchen. Ein mittleres Blatt ist 1" 3"' lang, 8"' breit. Der am Grunde röthlich angelaufene, sonst weißlich-grüne Blattstiel ist dünn und bis 1½" lang. Wegen der kleinen langgestielten Blätter erscheint die Krone ziemlich licht. Die Blüthen sind klein und sternförmig; die Blumenblätter länglich elliptisch; die Blüthentrauben 7–8-blüthig. Der Baum kommt immer nur in Obstgärten vor, wo er sehr groß und alt wird und je das andere Jahr reichlich trägt. Obgleich die Birne klein ist, kann ein Baum doch vier Tausen (16 Schweizer-Sester) und darüber liefern, die 50 und mehr Franken eintragen.

Eigenschaften der Frucht Diese kleine, zu den mittelfrühen Sommerbirnen gehörende Tafelfrucht ist etwas abgestumpft kreisel-, nach dem Stiele zu meist schön birnförmig. Der Bauch sitzt ⅔ der ganzen Fruchtlänge nach dem Kelch hin, um den sich derselbe schön kreisrund zuwölbt. Nach dem Stiel hin hat die Frucht eine sanfte Einbiegung und endigt mit einer abgestumpften kurzen Kegelspitze. Eine Hochstammfrucht ist durchschnittlich 1" 5"' (45 mm) hoch und 1" 3"' (39 mm) breit. Der Kelch ist sternförmig, aufliegend, grau- und langspitzblättrig und sitzt in einer schwach vertieften, oft etwas verschobenen Einsenkung, wodurch die Frucht in zwei ungleiche Hälften sich theilt. Der Stiel ist hellgrün, schlank, gebogen, 1–1¼" lang und sitzt auf der mehr oder weniger abgestumpften Spitze, entweder wie seitwärts eingesteckt, oder in einer ganz kleinen, seichten Vertiefung, von Fleischringeln umgeben. Die Schale ist anfänglich blaß hellgrün, später grünlich-gelb, auf der Sonnenseite schön blutroth verwaschen und um den Kelch etwas berostet. Die Rostpunkte sind zahlreich und besonders im Roth sehr sichtbar, feiner und weniger bemerkbar auf der Schattenseite. Die Frucht hat einen angenehmen Geruch und welkt nicht. Das Fleisch ist etwas gelblich-weiß, abknackend, saftvoll, wohlriechend, auflösend und von angenehmem muskirten Zuckergeschmack. Das Kernhaus ist geschlossen; die Kammern sind klein und muschelförmig, vollsamig, mit schönen schwarzbraunen Kernen besetzt. Um die Kapsel herum ist das Fleisch feinkörnig. Die Frucht reift im August und hält 14 Tage bis 3 Wochen.

Nutzung Roh, gekocht und eingemacht ist die Zuckerbirne gleich schätzbar. Sie ist allgemein sehr beliebt und daher auch zur weitern Verbreitung empfehlenswerth.

Zuckerbirne.

Farbendruck v. J. Tribelhorn in St Gallen.

Diel Cl. III. Ordn. 2.
Lucas Cl. VII. Ordn. 2.
(H.††!*)

Zweiäuglerbirne

(Poire à deux têtes)

Syn. Zweibutzenbirne, Zweibotzenbirne, Poire à deux yeux

Vorkommen Kommt in der nordöstlichen Schweiz nicht selten vor. Wir finden diese Sorte da stets nur als Hochstamm, meist in geschlossenem Wiesboden, in alten bis ganz alten Exemplaren, woraus man schließen möchte, der Baum sei früher häufiger und verbreiteter gewesen, habe dagegen in neuerer Zeit weniger Berücksichtigung gefunden. Während die Sorte in einigen Gegenden der Schweiz ganz fehlt, so zeigt dieselbe auswärts eine sehr große Verbreitung. Jedenfalls ist diese Sorte eine uralte, und wird von den französischen Pomologen schon im 16ten, 17ten und 18ten Jahrhundert genannt (Estienne 1530, Merlet 1675 und Duhamel 1768).

Eigenschaften des Baumes Der langsam, aber groß wachsende Baum bildet eine hochpyramidale, sehr ästige Krone, deren untere Aeste hängend, die obern stark aufstrebend sind. Mittellange Zweige, die braun oder violett gefärbt und weiß punktirt, an der Spitze weichhaarig erscheinen, tragen auf wenig hervortretenden Augenträgern die kegelförmigen, ziemlich anliegenden Knospen. Die Belaubung ist reich und die Blätter sehr groß, eiförmig bis elliptisch und abgesetzt zugespitzt, getragen von einem dünnen, langen (2") Stiel. Unterseits sind die Blätter weichhaarig, oberseits kahl, der Rand ist schwach wellenförmig und fein gezahnt. Sehr große, lanzettförmige Nebenblättchen sind der Sorte eigen.

Die mittelgroßen Blüthen erscheinen weiß oder leicht rosa angehaucht, auf langem, filzigem Stiele. Die Kelchabschnitte, am Grunde verbreitert, nach oben sehr verschmälert und spitz, stehen ausgebreitet oder zurückgeschlagen, und sind oberseits mit heller Behaarung bedeckt. Kleine Zwischenräume bestehen zwischen den länglich kreisförmigen, genagelten Blumenblättern. Die Blüthezeit ist mittelfrüh, und der Baum in dieser Zeit nicht gar empfindlich. Er trägt alljährlich, aber reichlich nur in Zwischenräumen von mehreren Jahren.

Eigenschaften der Frucht Die Gestalt der Birne ist sehr veränderlich, doch finden wir sie meist birnförmig – ähnlich einer kleinen Sommerchristbirne –, den Bauch nahe in der Mitte, doch meist etwas näher dem Kelch, nach welcher Seite die Frucht breit sich abrundet, während sie gegen den Stiel rasch abnimmt. Größere Exemplare messen 70–75 mm Länge und 50–55 mm Breite, während kleinere Exemplare bei einer Länge von 55 mm eine Breite von 45 mm besitzen. Der fast ganz obenauf sitzende Kelch ist quer eingeschnürt, so daß er zweitheilig und langgestreckt erscheint; er wird von rundlichen Beulen unregelmäßig umgränzt, und hat unter sich eine erbsengroße, kugelige Höhle. Der Stiel mißt 55 mm und darüber, ist dünn und stets gekrümmt, von einem Fleischhöcker seitlich gedrängt, in einer mehr oder minder ausgebildeten Grube, die von 1–2 kreisförmigen Wulsten umwallt ist, eingelenkt. Er ist gelbgrün bis gelbbraun, am äußersten Ende wenig angeschwollen und knospig, gegen die Frucht hin öfter fleischig werdend. Die Schale glatt, fettig, glänzend, auf der Schattenseite grünlichgelb, auf der Sonnenseite mit leichtem, verwaschenem Roth überzogen, zeigt überall zahlreiche, feine Punkte, die im Roth weißlich bis graulich und roth umringelt, sonst grünlich sind. Rostflekke sind mehr oder minder zahlreich vorhanden, besonders ist die Kelchwölbung bisweilen mit zimmtfarbigem Rost ganz überzogen. Das Fleisch ist weiß oder schwach grünlich unter der Schale, grobkörnig, saftvoll, sehr süß, doch ohne Gewürz, steinig um das Kernhaus. Dies letztere ist hohlachsig und bringt meist nur taube, hellbraune Kerne.

Eine recht gute Wirthschaftsbirne, die als solche eine größere Verbreitung verdiente. Von Anfang September bis Ende dieses Monats begegnen wir dieser guten Marktfrucht, die nicht über 2–3 Wochen hält und welche z. B. bei mir im Jahr 1868 schon am 1. September teig zu werden anfing.

In der nördlichen Schweiz kommt häufig eine andere, gleichzeitig reifende und gleich gute Wirthschaftsbirne vor, die man mit der beschriebenen nicht verwechseln, sondern unter dem Namen brauner Sommerkönig oder Sommer-Frankfurter merken wolle.

Zwei-Aeuglerbirne.

(Poire à deux yeux.)

Farbendruck v. J. Tribelhorn in St. Gallen

Schlußwort

Mit diesem X. Hefte hat die schweizerische pomologische Kommission ihre Aufgabe gelöst, welche ihr vor Jahren von der Direktion des schweizerisch-landwirthschaftlichen Vereines übertragen worden ist. Es geziemt sich, am Schlusse dieser Arbeit, einen Blick auf das Geleistete zurückzuwerfen, und zu prüfen, in welchem Maße es gelungen sei, das vorgesteckte Ziel zu erreichen. 100 der besten und empfehlenswerthen Kernobstsorten für Tafel und Wirthschaft, zunächst schweizerischen Ursprungs, sollten durch Bild und Text jedem Abnehmer unseres Werkes genau bekannt gemacht werden. Was die Auswahl der Sorten anbetrifft, so darf die pomologische Kommission sich das Zeugniß geben: keine Zeit und Mühe gespart zu haben, um nur Gutes und Bestes zu bieten, und es darf unser Werk in dieser Hinsicht getrost mit allen bisher erschienenen Arbeiten gleicher Tendenz in Vergleich treten. Anlangend die bildlichen Darstellungen dürften die schweizerischen Obstsorten einzig dastehen. Zunächst sind die Originalbilder, welche nun dem schweizerischen Polytechnikum als Eigenthum übergeben worden sind – durch Herrn Bühlmeier in St. Gallen in solch meisterhafter Weise zur Darstellung gelangt, daß sie die strengste Kritik nicht zu scheuen haben. Naturwahrheit in der Projektion und Schönheit in der Ausführung sind gleich sehr zu loben. Die einläßliche und getreue Vervielfältigung der Originalbilder durch lithographischen Farbendruck gereicht der betreffenden Anstalt zur Ehre, sowie sie auch dem vorliegenden Werke einen bleibenden Werth verleiht. Die Texte werden ebenfalls als zutreffend zu bezeichnen sein. Sie bieten die nöthigen Ergänzungen zu den Bildern. Freilich leisten sie, für sich allein kaum, was Einzelne von denselben verlangen dürften, nämlich den Schlüssel zur vollständig sichern Erkennung der zugehörigen Sorten. Man erinnere sich, daß wir es hier nicht mit verschiedenen Arten zu thun haben, die je durch ein oder mehrere constante specifische Merkmale von einander sich unterscheiden; wir stehen hier vor Sorten, die auf's Mannigfaltigste variiren und unvermerkt in einander übergehen. Abgesehen von den durch die Natur der Sache bedingten Unvollkommenheiten dürfen wir auch die Beschreibungen mit aller Befriedigung gut heißen, und dürfen annehmen, daß die Abnehmer unsers Werkes durch Bild und Beschreibung immer zur richtigen Erkennung der betreffenden Obstsorten gelangen werden, zumal, wenn sie nach einiger nicht allzu mühevoller Uebung mit der Terminologie (Kunstsprache) der Beschreibungen bekannt geworden sind.*) Ja, wir dürfen ferner annehmen, daß Jeder, der unsere Arbeit sorgfältig benutzt und die gebotenen Sorten, in Früchten wie Bäumen, sicher unterscheiden gelernt hat, auch im Stande sein wird, andere Obstsorten mit Hülfe guter Beschreibungen (i. H. d. O., Schw. O.-S. ec.) aufzufinden.

[…]

Am Schlusse unserer Arbeit angelangt, wünschen wir derselben bei unsern Abnehmern den besten Erfolg, und hegen die Hoffnung, es werde dieselbe an recht vielen Orten einen günstigen Einfluß für die so segensreiche Obstkultur üben. – Dank Allen, die zum Gelingen des Werkes beigetragen haben, speziell den Tit. eidsgenössischen Bundesbehörden, dem schweizerischen landwirthschaftlichen Verein und dessen Direktion, sowie all' den Privaten und Korporationen, die in irgend welcher Weise das nationale Werk gefördert haben.

Im Dezember 1872.

Die dermalige eidsgenössische
pomologische Kommission:
J. M. Kohler, Küßnacht (Zürich), Präsident.
Pfau-Schellenberg, Neukirch (Thurgau), Aktuar.
Ad. Boßhard, Pfäffikon (Zürich).
Johs. Gut, Langenthal (Bern).
François Wyß, Solothurn.
A. Zimmermann, Aarau.

*) Terminologie für Obstkunde von Pfau-Schellenberg, die nächstens erscheint, wird hiefür empfohlen.

Anhang

Aargauer Herrenapfel

Seite 34

Ananas-Reinette

Seite 36

Kleiner Api

Seite 38

Baumann's Reinette

Seite 40

Großer Bohnapfel

Seite 42

Pomme Bovarde

Seite 44

Hinweis: Früchte auf Foto unreif.

Breitacher
Seite 46

Champagner-Reinette
Seite 50

Christ's gelbe Reinette
Seite 52

Danziger Kantapfel

Seite 54

Fraurothacher

Seite 60

Gestrickte Reinette

Seite 64

Glanz-Reinette

Seite 66

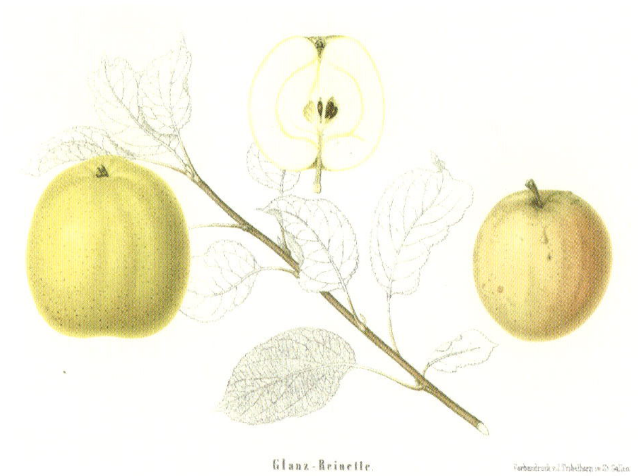

Goldzeug-Apfel

Seite 68

Gravensteiner

Seite 70

Hinweis: Foto zeigt rot gefärbte Mutante von Gravensteiner.

Hans Ulrichs-Apfel

Seite 72

Hornußecher

Seite 74

Jägerapfel

Seite 78

Große Casseler Reinette

Seite 80

Königlicher Kurzstiel

Seite 82

Luiken-Apfel

Seite 86

Saurer Majen-Apfel

Seite 88

Nägeli- oder Palmapfel

Seite 90

Rother Oster-Calvill

Seite 92

Pariser Rambour-Reinette

Seite 94

Graue portugisische Reinette

Seite 102

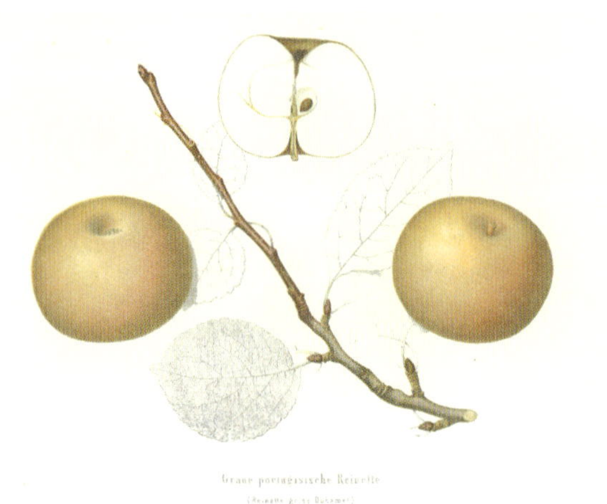

Hebel's Apfel

Seite 104

Surgrauech

Seite 106

Sauer-Kläusler

Seite 108

Schafnase

Seite 110

Schinzen-Apfel, gestreifter

Seite 112

Sommer-Gewürzapfel

Seite 116

Sonntags-Apfel

Seite 118

Spätlauber

Seite 120

Uster-Apfel

Seite 126

Wagner-Apfel

Seite 130

Waldhöfler Holzapfel

Seite 132

Winter-Goldparmaine

Seite 134

Weißer Winter-Calville

Seite 136

Bergbirne

Seite 142

Champagner-Bratbirne

Seite 144

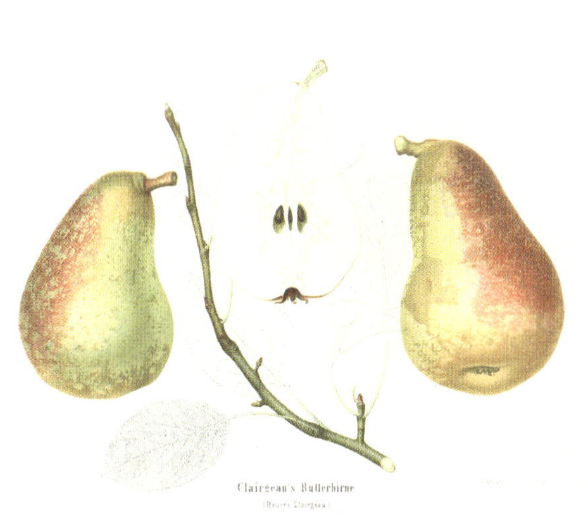

Clairgeau's Butterbirne

Seite 146

Deutsche Nationalbergamotte

Seite 148

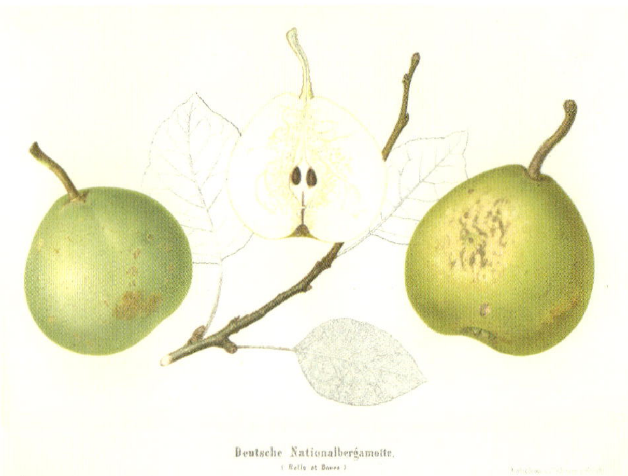

Diel's Butterbirne

Seite 150

Esperen's Bergamotte

Seite 152

Großer Katzenkopf

Seite 154

Gelbe Mostbirne

Seite 156

Guntershauser Birne

Seite 160

Hardenpont's Winterbutterbirne

Seite 162

Weiße Herbstbutterbirne

Seite 168

Herzogin von Angouleme

Seite 172

Liegels Winter-Butterbirne

Seite 174

Längler

Seite 176

Die Langstielerin

Seite 178

Marxen-Birne

Seite 184

Mockenholzbirne

Seite 186

Pastorenbirne

Seite 192

Russelet von Rheims

Seite 196

Römische Schmalzbirne

Seite 198

Schwarzrädler

Seite 200

Schwärzibirne

Seite 202

Schweizer Bratbirne

Seite 204

Sommer-Apothekerbirne

Seite 206

Sommer-Eierbirne

Seite 208

Sparbirne

Seite 210

Stuttgarter Gaishirtel

Seite 214

Sülibirn

Seite 216

Theilersbirne

Seite 218

Wasserbirne

Seite 220

Frühe Weinbirne

Seite 222

Die späte Weinbirne

Seite 224

Williams Christbirne

Seite 226

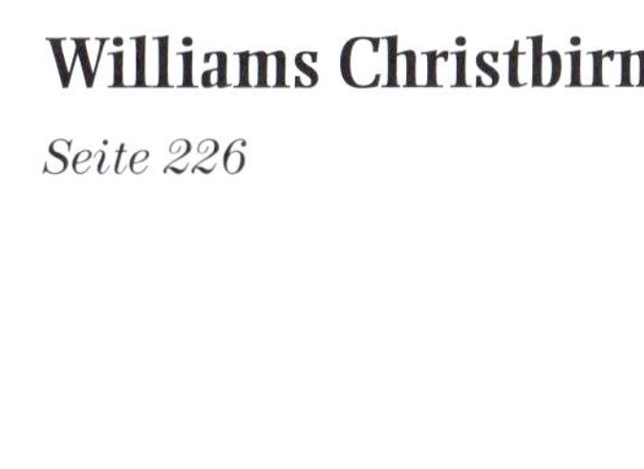

Wildling von Sargans

Seite 230

Winter-Dechantsbirne

Seite 232

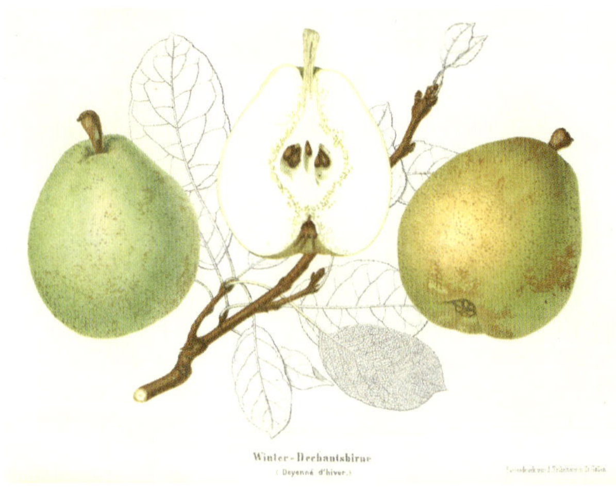

Zuger Röthler Birne

Seite 234

Zuckerbirne

Seite 236

Zweiäuglerbirne

Seite 238

Leider konnte nicht zu allen Sorten ein aktuelles Foto lokalisiert werden. Die Gegenüberstellung beschränkt sich auf Sorten mit verifizierten Bildern.

Dank

Allen Institutionen, die Abbildungen für dieses Werk zur Verfügung gestellt haben, sei an dieser Stelle herzlich gedankt. Ein besonderer Dank gebührt Rolf Blust von Gristen, Egnach, der uns mit reichen Informationen zu Gustav Pfau-Schellenberg und seinem Wohnort versorgte. Ebenso gedankt sei Gertrud Burger von ProSpecieRara, die nicht nur das Geleitwort verfasst, sondern auch mit Hinweisen zu Literatur und Vereinen zu diesem Werk beigetragen hat.

Der Verlag dankt außerdem der Bücherei des Deutschen Gartenbaues e. V., die uns für das vorliegende Werk freundlicherweise eine digitalisierte Version des Originalwerkes zur Verfügung gestellt hat. Einen herzlichen Dank richten wir auch an GEWA, Stiftung für berufliche Integration, für die präzise Abschrift der originalen Frakturschrift in eine heute leserliche Form. Ein besonderer Dank gebührt ferner David Szalatnay für die Überprüfung der Gegenüberstellung von Foto und Zeichnung für die verifizierten Sorten.

Institutionen und Vereine,
die sich in der Schweiz mit Obstkunde befassen

Agroscope, Kompetenzzentrum des Bundes: www.agroscope.admin.ch
Forschungsinstitut für biologischen Landbau: www.fibl.org
Fructus: www.fructus.ch
Nationale Datenbank Schweiz: www.bdn.ch
Obstgartenaktion Schaffhausen: www.obstgarten-aktion.ch
Obstsortensammlung Roggwil SG – Verein: www.obstsortensammlung.ch
Obstverein Mittelbünden: www.obstverein-gr.ch
ProSpecieRara, Stiftung: www.prospecierara.ch
Retropomme neuchâtel, Fondation: www.retropomme.ch
SAVE Foundation: www.save-foundation.net
SKEK, Schweizerische Kommission Erhaltung Kulturpflanzen: www.cpc-skek.ch
Verein Edelchrüsler: www.edelchruesler.ch

Literatur

Pomologie in der Schweiz – Werke chronologisch

Gessner, Conrad (1565): Historia Plantarum. Manuskript, 1565 mit dem Tode Gessners beendet.

Rhagor, Daniel (1639): Pflantz-Gart. Bern 1639. (weitere Auflagen: 1650, 1651, 1676)

Bauhin, Johannes (1650): Historia Plantarum universalis. 3 Bde. Yverdon 1650.

Oekonomische Gesellschaft Bern (1764): Vollständige Anleitung zu der Pflanzung, Erziehung und Wartung der Fruchtbäume aus Hrn. Ph. Millers grossem englischem Gärtner-Lexikon durch Veranstaltung der löbl. Oekonom. Gesellschaft in Bern zusammengetragen. In: Sammlung auserlesener Schriften von staats- und landwirthschaftlichem Inhalte. Mit Beyfall. einer löbl. Oekonomischen Gesellschaft zu Bern herausgegeben. Bern 1764.

Culture des arbres fruitiers (1784): Traité abrégé de la culture des arbres fruitiers, Qui enseigne ce qu'il faut faire à cet égard chaque mois de l'année / Traduit de l'anglois des jardiniers [Thomas] Mawe, [John] d'Abercrombrie, & c. Neuchâtel 1784.

Physikalische Gesellschaft in Zürich (1786): Anleitung über die Anlegung, Pflanzung, Pflege der Obstbäume etc. Zürich 1786.

Schinz, Johann Rudolf (1787): «Von den Feigen- und übrigen Obstbäumen im Tessin» und «Die Kastanien im Tessin (Sorten)» in: Beyträge zur nähern Kenntniss des Schweizerlandes. Zürich 1787.

Gessner, Johannes (1804): Tabulae phytographicae. Hg. von C. S. Schinz. Zürich 1795–1804.

Truog, Leonhard (1808): Pomologisch-praktische Grundsätze, vorzüglich zur Empfehlung guter Kernobstsorten. In: Der neue Sammler, Band IV, 1. Heft. Chur 1808.

Zollikofer, Caspar Tobias (1831–1834): Pomologische Studien 1831–1834. Manuskript, Faksimile Druck durch die Vereinigung Fructus. Wädenswil 2005.

Regel, Eduard August von (1855): Der Obstbau des Kantons Zürich: Eine Aufzählung und Beschreibung der auf dem Landwirthschaftlichen Feste zu Stäfa im Herbst 1854 ausgestellten Aepfelsorten nebst Anleitung zur Kultur der hochstämmigen Obstbäume als Festschrift für das Landwirthschaftliche Fest im Oktober 1855 / Hg: Verein für Landwirthschaft und Gartenbau im Kanton Zürich. Zürich 1855.

Thurgauer Obstbaustatistik (1861): Statistik des Thurgauischen Obstbaues / Im Auftrage der Regierung bearb. von einer durch die Direktion des thurg. landwirthschaftlichen Vereins bestellten Kommission; (Von G[ustav] Pfau-Schellenberg und H[einrich] Erzinger). Frauenfeld 1861.

Kohler, Johann Michael (1864): Aufzählung und Beschreibung der wichtigsten Kern-Obstsorten des Kantons Zürich, veranstaltet durch den Züricher Verein für Landwirthschaft, redigirt mit Benutzung der von verschiedenen landw. Gemeindsvereinen mitgetheilten Materialien. Zürich 1864.

Stamm-Register (1865): Stamm-Register vorzüglicher Kernobstsorten für den Kanton Bern [nebst kurzer Anleitung zur Pflege der Obstbäume und zu zweckmässiger Verwerthung des Obstes]; hg. von der kant. Kommission für Obstbaumzucht. Bern 1865. 2. Auflage 1866.

Zehender, Friedrich (1865): Auswahl einiger der besten und abträglichsten Aepfelsorten für Obstgärten und das Land überhaupt. Bern 1865.

Zehender, Friedrich (1866): Auswahl von Birnsorten, die entweder zum Rohgenuss oder für die Wirthschaft als Koch-, Dörr- oder Mostobst ausgezeichnet oder auch zu jeder diesen Verwendungen vorzüglich sind. Bern 1866.

Schweizerische Obstsorten (1863–1872): Hg: Schweizerischer Landwirthschaftlicher Verein. Bd 1 Äpfel; Bd 2. Birnen. St-Gallen 1863–1872 (Zweite Auflage: Aarau 1896).

Beschreibung schweizerischer Obstsorten (1870, 1877): Hg: Schweizerischer Obst- und Weinbauverein, bearbeitet von der Kommission für Obstbeschreibung. (Präsident Gustav Pfau). Frauenfeld 1870 & 1876.

Schaffhauser Obstbau-Statistik (1887): Obstbau-Statistik des Kantons Schaffhausen vom Jahr 1886. Schaffhausen 1887.

Aargauische Obstbau-Statistik (1888): Aargauische Obstbau-Statistik für das Jahr 1885: Veranstaltet vom Aargauischen Statistischen Verein. Bearbeitet in Verbindung mit dem Vorstand des Vereins von J. Müller. Aarau 1888.

Schweizerischer Obst.- und Weinbauverein (1891): Auswahl der besten Obstsorten, die in der Schweiz als Tafel- und Mostobst zu empfehlen sind, und die in der Schweiz anerkannten besten Trauben für Tafel- und Weintrauben. Hg. Schweizerischer Obst.- und Weinbauverein, bearbeitet von Ad.[olf] Bosshard und A.[lbert] Kraft. Bern 1891.

Comission pomologique de la Suisse romande (1908): Pomologie populaire romande. Genève 1908.

Drittes Bernisches Stammregister vorzüglicher Kernobstsorten (1910): Hg. von der Oekonomischen und gemeinnützigen Gesellschaft des Kantons Bern. Bern 1910.

Comission pomologique de la Suisse romande (1916): Pomologie romande illustrée. Genève 1916.

Viertes Bernisches Stammregister vorzüglicher Kernobstsorten (1921): Hg. von der Oekonomischen und gemeinnützigen Gesellschaft des Kantons Bern. Bern 1921.

Zschokke, Theodor (1925): Schweizerisches Obstbilderwerk – Pomologie Suisse illustrée. Hg. Schweizerischer Obst- und Weinbauernverein, Verband schweiz. Obsthandels- u. Obstverwertungsfirmen in Zug, Verband schweiz. Handelsgärtner unter Mitwirkung der Schweiz. Versuchsanstalt für Obst-, Wein- und Gartenbau in Wädenswil und zahlreicher Mitarbeiterschaft. Zürich 1925.

Kobel, Fritz (1937): Die Kirschensorten der deutschen Schweiz. Bern 1937.

Commission Pomologie Romande (1937): Nouvelle Pomologie romande illustrée. Neuchâtel. 2. Auflage 1944 und Ergänzung 1945: Arbres et arbustes à petits fruits. Neuchâtel 1945.

Kessler, Hans (1947): Apfelsorten. Hg: Schweizerischer Obstverband Zug. Bern 1947.

Kessler, Hans & Schär, Ernst (1948): Birnensorten. Hg: Schweizerischer Obstverband Zug. Bern 1948.

Aubert, Philippe (1949): Pomologie illustrée = Pommes et Poires. Ed: Fruit-Union Suisse, Zug. Berne 1949.

Aeppli, Alfred & al. (1983) [Gremminger, Ueli; Rapillard, Charly; Röthlisberger, Kurt]: 100 Obstsorten: Beschreibung und Wertung von 100 Kern- und Steinobstarten. Landwirtschaftliche Lehrmittelzentrale. Zollikofen 1983.

Werke zum Thema – alphabetisch

Bartha-Pichler, Brigitte; Brunner, Frits; Gersbach, Klaus; Zuber, Markus (2005): Rosenapfel und Goldparmäne. 365 Apfelsorten - Botanik, Geschichte und Verwendung. Baden (& München) 2005.

Bibliographie der schweizerischen Landeskunde, Fascikel V9ab, Landwirthschaft, Heft III – Gemüse, Obst und Weinbau. Bern 1894.

Blust, Rolf (2017): Gustav Pfau Schellenberg. Website Egnach: www.egnach.ch

Bolli Paul (1988): Obstland Graubünden: Tradition, Entwicklung und Bedeutung des Bündner Obstbaus. Chur 1988.

Brugger, H (1963): Ein schweizerisches Obstbilderwerk. Librarium : Zeitschrift der Schweizerischen Bibliophilen- Gesellschaft = revue de la Société Suisse des Bibliophiles. 6, Heft 3. Zürich 1963.

Corbaz, Roger (2006): Les variétés fruitières de l‘ Arboretum National du Vallon de l‘ Aubonne. Lausanne 2006.

Diel, August Friedrich Adrian (1799–1832): Versuch einer systematischen Beschreibung in Deutschland vorhandener Kernobstsorten. 26 Bände. Frankfurt a. M. 1799–1832.

Duhamel du Monceau, Henri Louis (1758): La physique des arbres; où il est traité de l' anatomie des plantes et de l' économie rurale. 2 vol. Paris 1758.

Duhamel du Monceau, Henri Louis (1768): Traité des arbres fruitiers. 2 vol. Paris 1768.

Füllemann, Verena; Füllemann, Markus; Bänninger, Alex (1997): Faites vos pommes! Eine Art Kulturgeschichte des Apfels. Bern 1997.

Knoop, Johann Hermann (1753): (Beschouwende en werkdadige Hovenier-Konst of Inleidung tot de Waare Oeffening der Planten. Leeuwarden 1753.

Kobel, Fritz (1931): Lehrbuch des Obstbaues auf physiologischer Grundlage. Berlin 1931. [Kobel, Fritz (1937): Die Kirschensorten der deutschen Schweiz. Bern 1937.

Kobel, Fritz und Spreng, Hans (1949): Neuzeitliche Obstbautechnik und Tafelobstverwertung. Bern 1949.

Lucas, Karl Friedrich Eduard (1854): Die Kernobstsorten Württembergs. Eine systematische Uebersicht derselben, mit kurzer Beschreibung und mit Bemerkungen über ihre verschiedenen Benennungen, ihre Verbreitung und über ihre Verwendungsarten / im Auftrag der K. Centralstelle für die Landwirthschaft bearbeitet. Stuttgart 1854.

Martini, Silvio: G. Pfau-Schellenberg (1815–1881). Schweizerische Landwirtschaftliche Monatshefte 43. Bern 1965.

Martini, Silvio: Geschichte der Pomologie in Europa. 25 Nationen – 116 Porträts. Bern, Wädenswil 1988.

Miller, Philip (1732): The Gardeners Dictionary. 3 Bde. London 1732. (Zahlreiche Auflagen, auch in deutscher Übersetzung ab 1750).

Empfehlungen für Vorzügliche Obstsorten für den Kanton Aargau. In: Mittheilungen über Haus-, Land- und Forstwirthschaft für die Schweiz. Aarau 1853 und 1854.

Salathé, André (2017): Pfau [-Schellenberg], Gustav. In: Historisches Lexikon der Schweiz. online unter http://www.hls-dhs-dss.ch

Schaer, Eugen (1955): Pflaumen- und Zwetschgensorten der Schweiz. Bern 1955.

Schläfli, August (1995): Jakob Gustav Pfau-Schellenberg (1815–1881). In: Thurgauer Köpfe. Thurgauer Beiträge zur Geschichte 132 (1995). Frauenfeld 1996.

Stuber, Martin (2017): Von der patrizischen Gartenkultur zum systematischen Sortenkatalog – Bernischer Obstbau in der longue durée. In: Boscani Leoni, Simona / Stuber, Martin: Wissensgeschichte(n) der pflanzlichen Ressourcen in der Longue durée. Jahrbuch zur Geschichte des ländlichen Raums. St. Pölten 2017.

Szalatnay, David; Kellerhals, Markus; Frei, Martin; Müller, Urs (2011): Früchte, Beeren, Nüsse. Die Vielfalt der Sorten – 800 Porträts. Bern (& Stuttgart & Wien) 2011.

Vaucher, Edmond (1887): Le jardin fruitier: Taille et soins des arbustes qui y sont cultivés / Avec 23 figures dans le texte. Genève 1887.

Vauthier, Bernard (2011): Le patrimoine fruitier de Suisse romande : fruits d'aujourd'hui et pomologie ancienne / Bernard Vauthier ; préf. de Pierre Lieutaghi. Neuchâtel 2011 (frühere Auflagen 1997, 2004)

Bildnachweis

Die Zeichnungen aus dem Werk «Schweizerische Obstsorten», die im Inhalt, auf Umschlag, Vor- und Nachsatz verwendet werden, sind mit Ausnahme von S. 151 Reproduktionen einer Originalausgabe im Besitz der Bücherei des Deutschen Gartenbaues e.V. Der Haupt Verlag dankt der Bücherei für die freundliche Genehmigung zum Abdruck.

Diel's Butterbirne (S. 151): Schweizerische Obstsorten/Birnen. [S.l.]: Schweizerischer Landwirtschaftlicher Verein, [1863]. ETH-Bibliothek Zürich, Rar 9024, http://dx.doi.org/10.3931/e-rara-34379/PublicDomainMark

Bilder Einleitung

S. 8 links: Privatbesitz
S. 9: Zentralbibliothek Zürich, Graphische Sammlung;
S. 10: Universitätsbibliothek Erlangen-Nürnberg, Digitale Sammlungen, Manuskript H62/MS 2368 – Kirschen: Band 2, Blatt 398 recto; Birne & Apfel: Band 1, Blatt 8a verso;
S. 11 Mitte links: Sammlung Bernischer Biographien, Band 1, 1884;
S. 11 rechts außen: aus Bauhin 1599: Kurtzer und warhafftiger Bericht: Was schwärer und mühseliger Kranckheiten vom Jahr 1596 biß ins 1599 wol und glücklich seyen geheilet worden;
S. 12 links: Institut für Medizingeschichte der Universität Bern;
S. 12 rechts: Zentralbibliothek Zürich, NF 170;
S. 13 Mitte links: Privatbesitz;
S. 14: Staatsarchiv St. Gallen, BMA 559;
S. 15: Manuskript: Faksimiledruck von 2005 des Originals im Besitz des Fideikommiss der Zollikofer von Altenklingen;
S. 16 links: Blätter für Bernische Geschichte, Kunst und Altertumskunde, Band 10, Heft 2, 1914;
S. 17 rechts: aus Martini 1988;
S. 18 links oben: aus Martini 1988;
S. 18 links unten: aus Martini 1988;
S. 19: Historisches Museum Schloss Arbon, Leihgabe Historisches Museum Thurgau;
S. 20: Winterthurer Bibliotheken, Sammlung Winterthur, Signatur 010086_O;
S. 21 links: Winterthurer Bibliotheken, Sammlung Winterthur, Brief von Gustav Pfau-Schellenberg an unbekannt, 23.02.1862. Ms AS 15/54;
S. 21 rechts: Swisstopo, Bewilligung BA170064;
S. 22: Evangelisches Pfarrarchiv Egnach;
S. 24 links außen: Foto Rolf Blust, Egnach;
S. 24 Mitte links: Egnach, commons.wikimedia;
S. 26–27: Bücherei des Deutschen Gartenbaues e.V.;
S. 29 links: ETH-Hochschularchiv, Hs 262:2, online unter: http://dx.doi.org/10.7891/e-manuscripta-15479;
S. 29 rechts: Bücherei des Deutschen Gartenbaues e.V.

Bilder Anhang

David Szalatnay: Sämtliche Apfel- und Birnenfotos im Anhang stammen von David Szalatnay, außer den nachfolgend aufgeführten.

ProSpecieRara:
S. 253 (Sauer-Kläusler)

Hans-Sepp Walker, www.walwal.ch:
S. 269 (Zweiäuglerbirne)

Markus Zuber:
S. 245 (Pomme Bovarde),
S. 246 (Christ's gelbe Reinette),
S. 249 (Jägerapfel),
S. 250 (Luiken-Apfel),
S. 251 (Rother Oster-Calvill),
S. 255 (Wagner-Apfel),
S. 256 (Weißer Winter-Calville)

Register

M

N

O

P

R

S

T

Aargauer Herrenapfel
Seite 34

Ananas-Reinette
Seite 36

Kleiner Api
Seite 38

Baumann's Reinette
Seite 40

Großer Bohnapfel
Seite 42

Danziger Kantapfel
Seite 54

Edelborsdorfer
Seite 56

Etlins Reinette
Seite 58

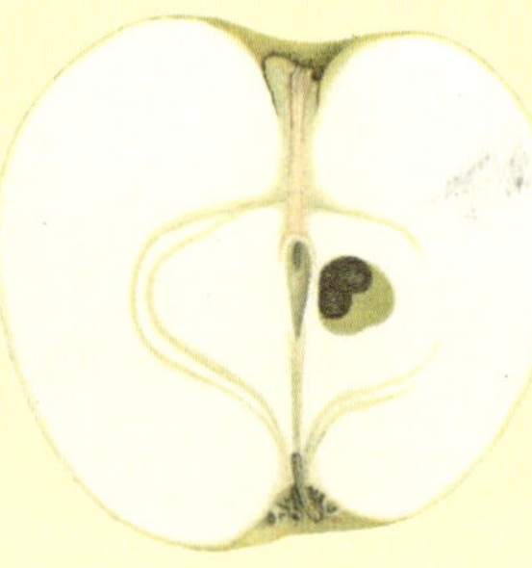

Fraurothacher
Seite 60

Gäsdonker Reinette
Seite 62

Hornußecher
Seite 74

Gelber Jakobsapfel
Seite 76

Jägerapfel
Seite 78

Große Casseler Reinette
Seite 80

Königlicher Kurzstiel
Seite 82

Pariser Rambour-Reinette
Seite 94

Süßer Pfaffenapfel von Solothurn
Seite 96

Graue portugisische Reinette
Seite 102

Hebel's Apfel
Seite 104

Surgrauech
Seite 106

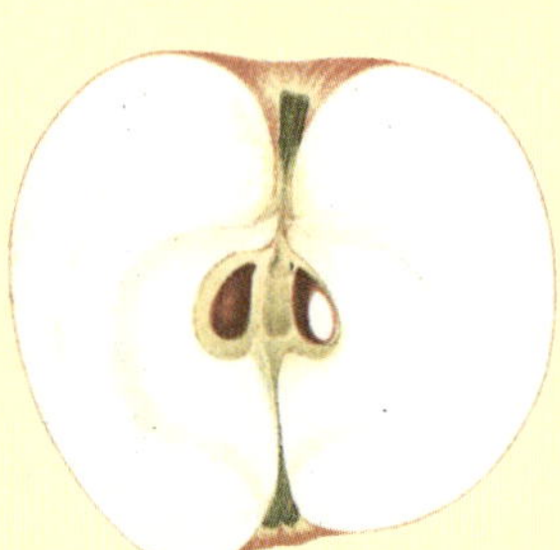

Sonntags-Apfel
Seite 118

Spätlauber
Seite 120

Spitzwißiker
Seite 122

Rother Stettiner
Seite 124

Uster-Apfel
Seite 126